Hans Israël

Einführung in die Geophysik

Mit 157 Abbildungen

Springer-Verlag Berlin · Heidelberg · New York 1969

Professor Dr. HANS ISRAËL
Rheinisch-Westfälische Technische Hochschule Aachen

ISBN-13: 978-3-642-48455-1   e-ISBN-13: 978-3-642-86512-1
DOI: 10.1007/978-3-642-86512-1

Einbandbild s. Abb. 33, Seite 40

Meinen Mitarbeitern gewidmet

Vorwort

Die Zeit für geschlossene und umfassende lehrbuchmäßige Darstellungen großer Wissens- und Forschungsgebiete aus einer Feder ist vorbei. An ihre Stelle ist das Handbuch mit seinen Darstellungen einzelner Spezialgebiete durch kompetente Spezialisten getreten.

Diese durch die lawinenartige Vermehrung der wissenschaftlichen Publizistik bedingte Änderung wird den Bedürfnissen des in dem betreffenden Gebiet tätigen Spezialisten am besten gerecht. Gleichzeitig aber erschwert sie es dem Studierenden, der in das Gebiet Eingang sucht, zunächst einen Gesamtüberblick zu gewinnen, der die Voraussetzung für das spätere tiefere Eindringen in der einen oder anderen Spezialrichtung ist und sein muß.

Hier liegt die Aufgabe für *einführende Darstellungen* in größere Gebiete. In Ergänzung zur einführenden Grundvorlesung soll sie dem Studierenden in kurzer Form einen Gesamtüberblick über das betreffende Gebiet und seine Hauptergebnisse vermitteln. Sie soll ihn an die Probleme heranführen, ohne diese in ihren Einzelheiten zu behandeln, soll ihm außerdem den Weg zur vertiefenden Spezialliteratur erleichtern.

Unter diesen Gesichtspunkten soll mit der vorliegenden *Einführung in die Geophysik* der Versuch gemacht werden, das gesamte Gebiet der Umweltphysik kurz in seinen Grundzügen darzustellen. Das Buch wendet sich in erster Linie an den Studierenden, der sich auf der Grundlage der Physik diesem Erscheinungsgebiet zuwendet. Es soll ihm vor allem die im Vergleich zur physikalischen Laboratoriumsarbeit in vielerlei Hinsicht anders gelagerte Arbeits- und Betrachtungsweise darstellen.

Diesem Ziel entsprechend ist auf die Angabe von Einzelliteratur weitgehend verzichtet. Anstelle dessen sind im Anhang in einem Literaturkatalog zu allen Teilgebieten zusammenfassende Darstellungen angeführt, die zum genaueren Studium der angesprochenen Einzelprobleme empfohlen werden. Die Zitate beziehen sich auf Angaben mit Jahreszahlen im Text und sind alphabetisch nach Verfassernamen geordnet.

Der Plan und die Anlage des Ganzen sind aus Vorlesungen des Verfassers in Tübingen und Aachen entstanden.

Aachen, September 1968 H. ISRAËL

Inhaltsverzeichnis

Zur Einführung 1
    a) Wesen und Aufgaben der geophysikalischen Arbeit . . . 1
    b) Einteilung der Geophysik 2

Teil I: Physik der Lithosphäre 3
    1. Die Erde als Himmelskörper 3
        a) Dimensionen 3
        b) Entstehung der Erde 3
        c) Entwicklungsgeschichte der Erde 4
    2. Die Figur der Erde 5
    3. Erdgestalt und Schwere 8
    4. Das Reduktionsproblem 11
    5. Isostasie 14
    6. Bewegungsvorgänge I: Erdkörper 17
        a) Präzession; Nutation 17
        b) Polhöhenschwankungen 18
        c) Schwankungen der Rotationsdauer 20
        d) Gezeiten 20
    7. Bewegungsvorgänge II: Krustenbewegungen 22
    8. Erdbeben 27
        a) Häufigkeit und Verteilung von Erdbeben 28
        b) Klassifizierung der Erdbebenstärken 31
        c) Erdbebenentstehung 32
    9. Erdbebenwellen 33
    10. Seismische Analysen 37
    11. Der Innenaufbau der Erde 39

Teil II: Erdmagnetismus 43
    Vorbemerkung 43
    1. Der Magnet Erde 43
    2. Grundlagen; Einheiten 47
    3. Das Permanentfeld (Hauptfeld) und seine Analyse 50
    4. Die säkulare Veränderlichkeit des Permanentfeldes 57
    5. Versuche zur Erklärung des Permanentfeldes und seiner
       säkularen Veränderlichkeit 61
        a) Permanente Magnetisierung 62
        b) Rotationseffekte 62
        c) Stromsysteme im Erdinneren 63

6. Die kurzzeitigen Variationen 65
   a) Die tagesperiodischen Variationen 67
   b) Die erdmagnetische „Aktivität" 72
   c) Magnetische Stürme 74
   d) Weitere Störungserscheinungen 77
7. Die Ursachen der Variationen; solar-terrestrische Beziehungen 80
8. Die Magnetosphäre 87

Teil III: Physik der Hydrosphäre 88
  Übersicht 88
   a) „Freies Wasser" 88
   b) „Gebundenes Wasser" 89
 A. Ozeanographie 89
  1. Die Meeresbecken 89
  2. Der Aufbau des Meeres 91
   a) Wassereigenschaften 91
   b) Schichtung; Wassermassen 93
  3. Ozeanische Bewegungen und ihre Ursachen 95
   a) Strömungen und Zirkulationen 96
   b) Wellen und Seegang 98
   c) Gezeiten 103
 B. Der Süßwasserbereich 105
  1. Kreislauf und Umsatz 105
  2. Glazeologische Probleme 107

Teil IV: Physik der Atmosphäre 110
  1. Übersicht 110
  2. Die Entstehung der Atmosphäre 113
  3. Zusammensetzung und Aufbau der Atmosphäre 115
  4. Atmosphäre und Strahlung I 119
 A. Die Troposphäre 121
  Grundlagen der Meteorologie 121
   a) Strahlungseinflüsse 122
   b) „Wettergestaltende" Einflüsse 126
 B. Die Stratosphäre 132
  1. Die Zweiteilung der Atmosphäre 132
  2. Das atmosphärische Ozon 134
 C. Die Mesosphäre 137
  Die Schicht zwischen 60 und 85 km Höhe 137
 D. Die Thermosphäre 140
  1. Atmosphäre und Strahlung II 140
  2. Die Ionosphäre 144
  3. Das Polarlicht 150
  4. Die hohen Schichten 153

E. Die Exosphäre 157
  1. Die höchsten Schichten der Atmosphäre 157
  2. Erscheinungen im Grenzbereich der Atmosphäre 159

Teil V: Ergänzungen 162
  A. Die Radioaktivität im Rahmen der Geophysik 162
    1. Die radioaktiven Elemente 162
    2. Zerfall und Umwandlung; Einheiten 166
    3. Vorkommen, Verteilung, Häufigkeit 167
    4. Anwendungen radioaktiver Untersuchungen in der Geophysik 175
      a) Altersbestimmung und Datierung 176
      b) Radioaktive Substanzen als „tracer" 178
  B. Atmosphärische Elektrizität 180
    1. Übersicht; Grundtatsachen 180
    2. Das luftelektrische Grundproblem 181
    3. Der „Verbraucherteil" 184
    4. Der „Generatorteil" 187
    5. Probleme 190
  C. Atmosphärische Spurenstoffe 190
    1. Spurengase 191
    2. Schwebstoffe 192
  D. Meßmethoden 196
    1. Schweremessung 196
    2. Seismische Messungen 198
    3. Erdmagnetische Messungen 201
    4. Ozeanographische Messungen 203
    5. Meßmethoden im atmosphärischen Bereich 205
    6. Messungen in den in Teil V behandelten Spezialgebieten . . 213
      a) Radioaktivität 213
      b) Luftelektrizität 213
      c) Schwebstoffe 214

Literatur 215

Sachverzeichnis 219

Zur Einführung

a) Wesen und Aufgaben der geophysikalischen Arbeit

Die Aufgabe der Geophysik besteht darin, die physikalischen Erscheinungen und Vorgänge im irdischen Bereich zu beobachten, zu analysieren und zu deuten. Sie umfaßt damit alles, was sich im Bereich vom tiefen Erdinneren bis zu höchsten Atmosphärenhöhen, in denen die Materiedichte in die des interplanetaren Raumes übergeht, physikalisch abspielt, soweit es direkt oder indirekt der Erkundung zugänglich ist.

Die Arbeitsmethoden der Geophysik sind im allgemeinen die der Physik. Indes ergeben sich dabei von der Sache her einige charakteristische Unterschiede. Diese gehen darauf zurück, daß das wichtigste Hilfsmittel des Physikers in Gestalt des gezielten und gesteuerten Experiments im Bereich der Geophysik fast nie anwendbar ist: Die Vorgänge, mit denen wir es hier zu tun haben, treten uns als Experimente entgegen, die von der Natur selbst durchgeführt werden, ohne daß wir auf ihren Ablauf Einfluß nehmen können.

Erschwerend kommt hinzu, daß die natürlichen Experimente fast immer einen von zahlreichen Einflüssen abhängigen Verlauf zeigen, der meist nicht in allen seinen Einzelheiten erfaßt werden kann. In vielen Fällen stehen zudem Erscheinungen zur Bearbeitung, die sich, weil unerreichbar in Raum und Zeit, der unmittelbaren Beobachtung entziehen.

Dies macht beim Übergang von der Physik zur Geophysik eine gewisse Umstellung der Arbeitsweise und ein gewisses Umdenken bezüglich einiger gewohnter Begriffe nötig:

An die Stelle des Laboratoriums tritt das Observatorium, an die des gezielten Experimentes die ständige Wiederholung und Verfeinerung der Beobachtung.

Besonders typisch ist die in der Geophysik vielfach angewandte „synoptische Arbeitsweise", die die gleichzeitige und mit gleichartigen Mitteln durchgeführte Beobachtung des gleichen Vorganges von mehreren Stellen aus beinhaltet.

Der Begriff der Abweichung der Meßwerte voneinander hat in beiden Gebieten eine verschiedene Bedeutung: In der Laboratoriumsarbeit lassen sich diese Abweichungen als Meßfehler ansehen und durch Verbesserung der Meßbedingungen verringern bzw. durch statistische Methoden eliminieren. In der Geophysik handelt es sich dagegen in der Regel um *reale* Abweichungen*. Zwar greift man auch hier zur Statistik; man muß sich dabei aber stets dessen bewußt bleiben, daß es sich *nicht*

---

* s. Seite 2

1   Israël, Geophysik

um Meßfehler handelt, und daß deshalb der Streubreite der Abweichungen die gleiche Bedeutung bei der Beschreibung des Vorganges zukommt wie den der Beobachtung entnommenen Ergebniswerten selbst.

Schließlich gewinnt der Begriff einer Theorie im geophysikalischen Rahmen eine etwas andere Bedeutung: In beiden Bereichen dient die Hypothese als notwendiges Hilfsmittel, das als Denkmodell die Deutung eines Erscheinungskomplexes versucht. Ihr „Beweis" und damit ihre Aufwertung zur Theorie erfolgt im einen Fall (Physik) durch das bestätigende Laboratoriumsexperiment, während dies im anderen Fall (Geophysik) in der Regel nur durch den Nachweis der Widerspruchslosigkeit mit allen dahin gehörigen Erfahrungen erfolgen kann.

b) Einteilung der Geophysik

Für eine Gliederung des zu behandelnden Stoffes in einzelne Teilgebiete bietet sich die natürliche Dreiteilung des geophysikalischen Bereiches in

Lithosphäre,

Hydrosphäre und

Atmosphäre

an.

Darstellungen der Geophysik halten sich in der Regel an diese Dreiteilung, zu der als besonderes Gebiet noch der

Erdmagnetismus

hinzukommt.

In der hier gegebenen

Einführung in die Geophysik

wird diese Einteilung beibehalten in der Reihenfolge Lithosphäre — Erdmagnetismus — Hydrosphäre — Atmosphäre. In einem 5. Teil („Ergänzungen") sind als Spezialgebiete behandelt:

Radioaktivität im geophysikalischen Bereich,

Atmosphärische Elektrizität,

Atmosphärische Spurenstoffe.

In einem Anhang „Meßtechnik in der Geophysik" werden die in diesem Bereich üblichen Meßverfahren kurz skizziert — soweit sie Besonderheiten gegenüber den physikalisch gebräuchlichen Methoden aufweisen.

---

* Voraussetzung ist natürlich eine den an sie zu stellenden Ansprüchen angepaßte Meßempfindlichkeit! — Am Rande mag gesagt werden, daß die natürliche Streubreite geophysikalischer Meßergebnisse selbstverständlich *nicht* dazu berechtigt, die Ansprüche an die Meßgenauigkeit herabzusetzen!

Teil I

Physik der Lithosphäre

1. Die Erde als Himmelskörper

a) Dimensionen

Die Erde gehört zur Gruppe der vier kleinen Planeten des Sonnensystems. Sie stellt eine in erster Näherung kugelförmige Materiezusammenballung mit einer Masse von rund $6 \cdot 10^{27}$ g und einer mittleren Dichte von 5,5 g/cm^3 dar. Sie umkreist die Sonne in einer mittleren Entfernung von $149,5 \cdot 10^6$ km (Extremwerte: 147 und $152 \cdot 10^6$ km) auf einer schwach elliptischen Bahn von $939,2 \cdot 10^6$ km Länge, dreht sich außerdem um ihre gegen die Bahnebene um 23,5° geneigte Achse.

Um die genannten Dimensionen in eine leichter vorstellbare Relation zueinander zu bringen, denkt man sich alle Maße im Verhältnis $1:10^9$ verkleinert, also 1000 km auf 1 mm zusammengezogen. Die Erde schrumpft dann auf eine Kugel von 13 mm zusammen, die von dem auf eine Kugel von 3,5 mm Durchmesser verkleinerten Mond in durchschnittlich 38 cm Abstand umkreist wird. Die Sonne ist in diesem Maß eine Kugel von 140 cm Durchmesser in einer Entfernung von 150 m. Das gesamte Sonnensystem hätte einen Durchmesser von 6 km*.

b) Entstehung der Erde

Die Frage, wie es zur Bildung der Erde gekommen ist, hängt untrennbar mit der Frage nach der Entstehung des Sonnensystems zusammen. Dies führt in die Gedankenwelt der Kosmogonie und kann hier nicht im einzelnen behandelt werden**.

Versuche zur Klärung dieses Problems sind seit den ersten dazu von KANT und LAPLACE entwickelten Vorstellungen bis auf den heutigen Tag in großer Zahl und unter den verschiedensten Aspekten unter-

---

* Man kann das Bild auf kosmische Dimensionen erweitern, wenn man sich das obige Modell nochmals im gleichen Verhältnis $1:10^9$ verkleinert denkt: Das Sonnensystem schrumpft dann auf weniger als 1/100 mm zusammen. Der nächste Fixstern (Alpha Centauri) wäre 4 cm entfernt. Unser Milchstraßensystem erhielte einen Durchmesser von 1 km. Die fernsten Objekte schließlich, die als extragalaktische Spiralnebel bekannt sind, wären 5000 und mehr km entfernt. Das Licht würde in diesem Maßstab etwa 1 cm pro Jahr zurücklegen.

** Einen kurzgefaßten kritischen Überblick findet man u.a. im Kapitel „The origin of the earth" von H.C. UREY in dem Buch „Nuclear Geology" von H. FAUL (New York 1954).

1*

nommen worden, ohne daß bis heute ein in allen Punkten befriedigendes Bild dieses Geschehens gegeben werden kann.

Eine wesentliche Schwierigkeit bei der Diskussion dieser Fragen ist die, daß kein weiteres Beispiel dieser Art im Kosmos beobachtet werden kann. Ein eventueller Begleiter unseres nächsten Fixsterns, des Alpha Centauri würde — selbst wenn er die Größe des Jupiter hätte und ebensoweit vom Zentralstern entfernt wäre — von der Erde aus als Stern 23. Größe in 4 Bogensekunden Abstand vom Zentralstern erscheinen!

c) Entwicklungsgeschichte der Erde

Hier steht es nicht viel besser. Die Entwicklung der heutigen Erde aus einem Urkörper wirft eine Vielzahl von Einzelproblemen auf, die — vor allem für die Periode bis zur Bildung einer erkalteten Kruste — kaum mehr als Vermutungen zulassen.

Als gesichert kann angenommen werden, daß im Urkörper eine Temperatur von einigen 1000° geherrscht hat, gleichgültig ob wir eine Entstehung aus heißer Solarmaterie oder eine Zusammenballung aus kalter Meteoritenmaterie voraussetzen. Im ersten Fall wäre die Wärme der Materie mitgegeben worden, im zweiten bei der Zusammenballung durch die Umwandlung kinetischer Energie in Wärme entstanden. Für den ersten Fall hält man heute Anfangstemperaturen von ca. 6000 bis 8000° für den zweiten solche von vielleicht 2000° für wahrscheinlich.

Für die erste Entwicklungsphase der Erde bis zum Übergang der Materie in verfestigten Zustand ist eine durch Turbulenz unterstützte relativ rasche Abgabe von Wärme nach außen anzunehmen. Nach diesem Zeitpunkt wird die weitere Abkühlung auf reine Wärmeleitung beschränkt und damit soweit verlangsamt, daß im tieferen Erdinneren heute noch die Ausgangstemperatur anzunehmen ist:

Abb. 1 zeigt das Ergebnis einer Rechnung, in der die Abkühlung einer Kugel von Erdgröße unter der Annahme einer Ausgangstemperatur von 1400° durch reine Wärmeleitung in Abhängigkeit von der Tiefe dargestellt ist. Danach würde nur in einer Schicht von weniger als 1000 km Dicke innerhalb der zu $3 \cdot 10^9$ Jahren anzunehmenden Zeit seit der Verfestigung eine Temperaturabnahme erfolgt sein (linke gestrichelte Kurve).

Erschwert werden solche Abschätzungen durch die Tatsache, daß in den der Erdoberfläche nahen Gesteinen eine merkliche Wärmeproduktion durch die in ihnen enthaltenen radioaktiven Substanzen erfolgt. Wären diese Substanzen in gleicher Konzentration im ganzen Erdkörper enthalten, so würde eher eine Aufheizung des Erdinneren als eine Abkühlung erwartet werden müssen.

Als Ausweg bietet sich die Annahme an, daß diese Substanzen im wesentlichen in den Krustengesteinen konzentriert sind und nach der Tiefe hin sehr stark zurücktreten — eine Annahme, die durch die Ver-

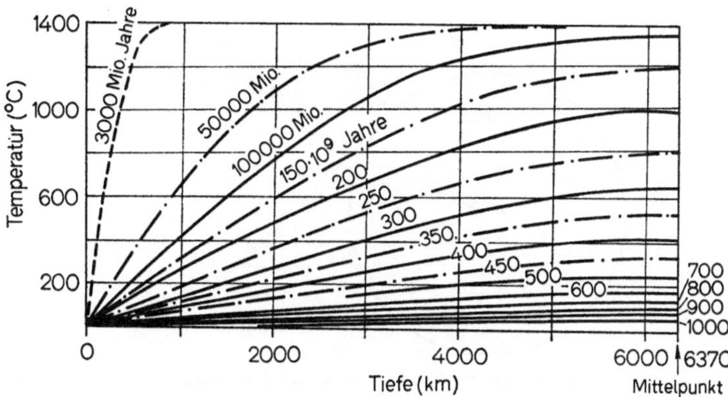

Abb. 1. Abkühlung einer starren Kugel von Erdgröße und der Wärmeleitfähigkeit von Granit durch reine Wärmeleitung (ohne Vorhandensein von Radioaktivität)

teilung der Radioaktivität auf verschiedene Gesteinsarten und durch den *sehr* viel geringeren Gehalt von Meteoriten an radioaktiver Substanz gestützt wird (vgl. Teil V, Tabelle 14). — Ein anderer Ausweg, der an einen Aufbrauch der radioaktiv im Erdinneren erzeugten Überschußwärme zu gebirgsbildenden Vorgängen denkt, besitzt weniger Wahrscheinlichkeit.

Mit der Bildung fester Materie aus dem Urmaterial ist eine Zäsur in der Erdentwicklung gegeben, da von diesem Zeitpunkt an der Innenraum und der Außenraum eine in thermischer und anderer Hinsicht verschiedenartige Entwicklung nehmen (s. dazu auch Teil III und IV).

Wir stellen die Diskussion über die Entwicklung des Erdkörpers zu seinem heutigen Zustand zunächst zurück und versuchen ein auf Beobachtungen gestütztes Bild der heutigen Erde zu gewinnen, von dem aus zum Schluß die Probleme des Innenaufbaues und seiner Entwicklung nochmals diskutiert werden.

2. Die Figur der Erde

Die geometrische Gestalt der Erde ist in erster Annäherung eine Kugel. Dies wurde schon im Altertum aus der Tatsache erschlossen, daß der Erdschatten bei Mondfinsternissen stets kreisförmig ist (ANAXAGORAS, 500—425 v.Chr.). Ebenso gehen die ersten Versuche zur Größenbestimmung dieser Kugel bis ins Altertum zurück: Die bekannteste „Erdvermessung" aus dieser Zeit ist die Bestimmung von ERATOSTHENES (276—195 v.Chr.) in Ägypten. ERATOSTHENES geht von der verschiedenen Kulminationshöhe der Sonne in Alexandria und Syene (dem heutigen Assuan) aus. Abb. 2 zeigt das Prinzip seiner Messung:

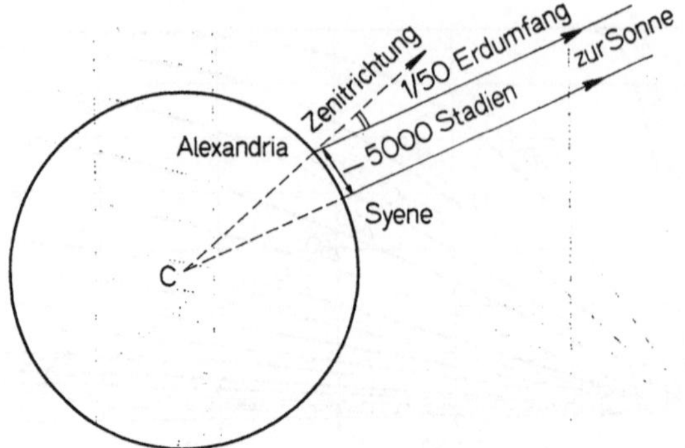

Abb. 2. Zur Erdvermessung des Eratosthenes

Aus der Beobachtung, daß die Sonne bei Zenitstand in Syene in Alexandria um $^1/_{50}$ des Kreisumfanges niedriger kulminierte, schloß er auf einen Erdumfang der 50fachen Entfernung der beiden Orte und kam dabei dem tatsächlichen Wert bis auf mehr als 99% nahe.

Die Tatsache, daß die Erdgestalt in Wirklichkeit etwas von der Kugelform abweicht, wird erst rund 2000 Jahre später im Abendland entdeckt:

Gewisse Unstimmigkeiten bei Erdvermessungsversuchen im 17. Jahrhundert und theoretische Überlegungen von HUYGHENS und NEWTON führten zu der Vermutung, daß die Erde von der Kugelgestalt abweicht und nach den Polen hin abgeplattet ist. Dies fand seine Bestätigung durch die sog. „Gradmessungen", bei denen die Nord-Süd-Entfernung ermittelt wurde, die man zurücklegen muß, um die Gestirnshöhe über dem Horizont sich um 1° ändern zu sehen. So ergab sich der erste gesicherte Beweis durch die „Gradmessungen" von MAUPERTIUS und CLAIRAUT (1736—1737) in Lappland und von BOUGUER und LA CONDAMINE (1735—1743) in Peru, aus der eine für Lappland merklich größere Gradlänge folgte.

Wichtig war ferner die Gradmessung in Frankreich durch MÉCHAIN und DELAMBRE in den Jahren (1792—1798): In dem Bestreben, ein an die Dimensionen des Erdkörpers anschließendes Längen-Normalmaß zu finden, hatte die französische Nationalversammlung 1791 eine solche Messung angeordnet, die von den Balearen bis Dünkirchen erstreckt wurde*. Aus ihr wurde für die Abplattung der — etwas zu kleine — Wert von 1:334 abgeleitet.

---

* Aus dieser Vermessung wurde bekanntlich das „Meter" als der zehnmillionste Teil eines Erdquadranten abgeleitet und als „Urmaß" festgelegt. Diese Urnormale, als Platiniridiumstab im Bureau International des Ponds et Mesures in Sévres bei Paris aufbewahrt und durch Kopien an alle an der „Meterkonvention" beteiligten Länder verteilt, ist inzwischen bezüglich ihres Anschlusses an die Erddimensionen längst verlassen und durch die Definition ersetzt, daß diese Länge 1 553 164,13 Wellenlängen der roten Cadmium-Linie bei trockener Luft von 15° C und 760 mm Druck entspricht.

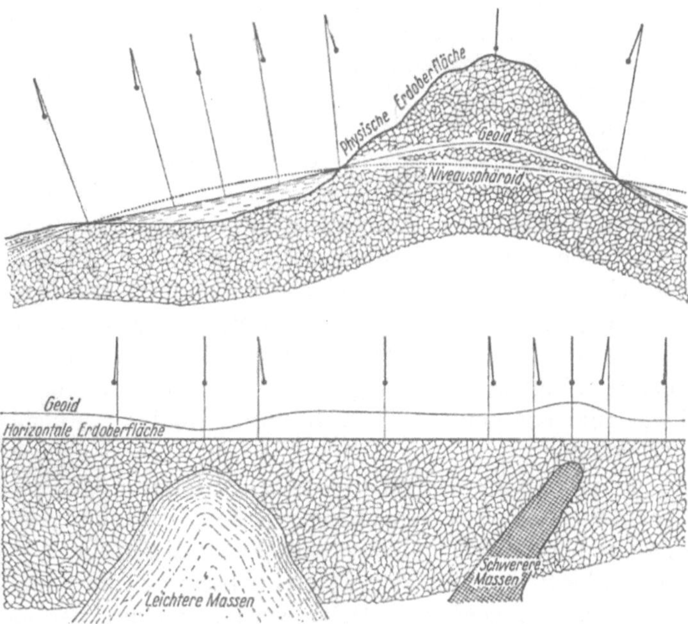

Abb. 3. Lotrichtungsschwankungen bei sichtbaren (oben) und unsichtbaren (unten) Massenungleichheiten und Gestalt der zugehörigen Niveauflächen der Schwerkraft (ausgezogene Linien)

Inzwischen hatte man schon Ende des 17. Jahrhunderts erkannt, daß bei der Frage nach der Erdgestalt auch die Massenverteilung Berücksichtigung finden muß.

Damit war die entscheidende Grundlage für das Problem erkannt: Um eine der Massenverteilung entsprechende Gestalt der Erde finden zu können, muß man von der Verteilung der Schwerkraft ausgehen und die Forderung stellen, daß diese Gestalt eine Niveaufläche der Schwerkraft sein muß.

Diese Gestalt wird, wie man aus den Erscheinungen der Lotabweichungen im Zusammenhang mit sichtbaren und unsichtbaren Massenverschiedenheiten erkennt (vgl. Abb. 3), keine einfache mathematisch darstellbare Figur mehr sein können.

Es liegt nahe, bei der Festlegung einer solchen Niveaufläche der Schwerkraft an irgendeine markante Partie der Erdoberfläche Anschluß zu nehmen. Dies geschieht dadurch, daß man sie mit der mittleren Meeresoberfläche zusammenfallen läßt. (Die Meeresoberfläche ist dabei natürlich aller ihrer natürlichen Schwankungen durch Wellen, Gezeiten und Dichteunterschiede entkleidet zu denken!) Die so definierte Niveaufläche der Schwerkraft führt die Bezeichnung

Geoid.

Man kann sich den Verlauf einer so definierten Niveaufläche im Bereich des Festlandes in einfacher Weise veranschaulichen:

Denken wir uns das Festland durch ein engmaschiges Netz schmaler und tiefer Kanäle durchzogen, die mit dem Meer in Verbindung stehen, dann kann man in der Fortsetzung der Meeresoberfläche die Geoidfläche sehen. Die „Seehöhe" eines Punktes wäre dann direkt aus seinem Vertikalabstand zu dieser Fläche abzulesen.

Die Ermittlung der Geoidgestalt erfolgt im einzelnen durch Schweremessung in Verbindung mit Bestimmungen der Lotabweichungen aus dem Vergleich von geodätischer und astronomischer Messungen. Die Schweremessung liefert das „Niveau", die Lotrichtungsbestimmung die „Krümmung" der Geoidfläche. Die praktische Durchführung der letzteren Aufgabe erfolgt auf dem Wege des geodätischen Nivellements in Verbindung mit astronomischer Beobachtung und ist Aufgabe der höheren Geodäsie.

Die Geophysikalische Aufgabe besteht nun darin, zunächst auf theoretischem Wege den Zusammenhang zwischen Schwerkraftverteilung und Erdgestalt herzuleiten und aus Schweremessungen die Werte der Konstanten zu bestimmen mit dem Ziel, eine bestmögliche Annäherung an die Erdgestalt zu gewinnen. Dabei wird angesichts der globalen Gesichtspunkte von lokalen Abweichungen der in Abb. 3 dargestellten Art abgesehen. Gelingt dies, so ist damit eine „globale Bezugsfläche" definiert, von der sich lokale „Geoidundulationen" als „Störungen" abheben.

3. Erdgestalt und Schwere

Aus dem Newtonschen Massenanziehungsgesetz

$$(1) \qquad K = f \cdot \frac{M \, m}{r^2}$$

f = Gravitationskonstante ($6{,}68 \cdot 10^{-8}$ cm³ g⁻¹ sec⁻²)

M = Erdmasse

m = Vergleichsmasse

r = Abstand vom Erdmittelpunkt

ergibt sich die Anziehungswirkung einer (homogenen, kugelförmigen) Erde auf eine Masse m im Abstand r von ihrem Mittelpunkt.

Die Schwerebeschleunigung g, die in diesem Fall als

$$(2) \qquad g = f \cdot M / r^2$$

definiert ist, ergibt sich bei beliebiger Massenverteilung zu

$$(3) \qquad g = f \cdot \int dm / a^2 ,$$

wo a den jeweiligen Abstand zum betreffenden Massenelement dm bedeutet.

Auf der rotierenden Erde erfährt die Schwerebeschleunigung eine von der geographischen Breite abhängige Schwächung durch die Zentrifugalkraft, die maximal (am Äquator!) eine Verringerung von g um etwa $3{,}5^0/_{00}$ bewirkt. Für eine kugelförmige, homogen gebaute Erde (Masse M, Radius R) würde sich für g an der Erdoberfläche die Beziehung

$$(4) \qquad g_\varphi = f \cdot \frac{M}{R^2} - \omega^2 R \cos \varphi$$

$\varphi =$ geographische Breite

$\omega = 2\pi/T =$ Winkelgeschwindigkeit der Erde

ergeben. Eine einfache Umformung führt zu der Gleichung

$$(5) \qquad g = g_0 \cdot (1 + k \cdot \sin^2 \varphi)$$

mit

$$(6) \qquad k = \frac{g_{90} - g_0}{g_0},$$

wo g_0 und g_{90} den Schwerewert am Äquator und am Pol bedeuten. $g_{90} - g_0$ gibt dabei nach Gl. (4) den Betrag der Zentrifugalkraft am Äquator an.

Für eine kugelförmige homogene Erde wäre damit die Schwereverteilung auf der ganzen Erde gegeben. Da ihre Gestalt von der einer Kugel abweicht, muß in dem Faktor k die Abplattung enthalten sein.

Ein erster Versuch, dem Rechnung zu tragen, ist schon 1743 von CLAIRAUT unternommen worden. In dem nach ihm benannten „Clairautschen Theorem" wird für k der folgende Ausdruck k_{Cl} festgelegt:

$$(7) \qquad k_{Cl} = \frac{5}{2} \frac{\omega^2 a}{g_0} - \frac{a-c}{a},$$

wo a und c die Erdradien in der Äquatorebene und zum Pol bedeuten. $(a-c)/a$ gibt also die sog. „Abplattung" an.

Diese Clairautsche Beziehung gilt, wie später gezeigt wurde, unabhängig davon, ob die Massen sich im Erdinnern im hydrostatischen Gleichgewicht befinden, und unabhängig von dem im Erdinneren herrschenden Gesetz der Dichtezunahme. Einzige Voraussetzung ist die, daß die Erdgestalt nur wenig von der Kugelform abweichen darf.

Im übrigen stellt sie eine Näherungslösung der exakten Darstellung des Schwerepotentials unter plausiblen vereinfachenden Annahmen dar*.

Als weitergehende Annäherung folgt aus der exakten Potentialdarstellung die folgende der heutigen Genauigkeit adäquate erweiterte

---

* Zur ausführlichen Darstellung s. u. a. K. JUNG: „Figur der Erde", in: Handbuch der Physik (herausgegeben von S. FLÜGGE), Bd. XLVII, S. 534—639, 1956.

Form des Clairautschen Theorems:

$$(8) \quad \frac{a-c}{a} = \frac{5}{2} \frac{\omega^2 a}{g_0} - \frac{g_{90}-g_0}{g_0} + \frac{17}{14} \cdot \frac{\omega^2 a}{g_0} \cdot \frac{g_{90}-g_0}{g_0} - \frac{85}{28} \left(\frac{\omega^2 a}{g_0}\right)^2 + \frac{8}{7}\beta$$

$$\beta = 0{,}58 \cdot 10^{-6}$$

und für die Breitenabhängigkeit der Schwere der Ausdruck

$$(9) \quad g_\varphi = g_0 \cdot \left(1 + \frac{g_{90}-g_0}{g_0} \cdot \sin^2\varphi + \gamma' \sin^2 2\varphi\right)$$

$$\gamma' = -5{,}9 \cdot 10^{-6}.$$

γ' bedeutet einen Parameter, der die Abweichung des Schwerewertes auf dem jetzt definierten Sphäroid gegenüber der auf dem achsengleichen Rotationsellipsoid der Formel (7) angibt.

Unter Anwendung dieser Beziehungen und Heranziehung aller geeigneten Schweremessungen ergibt sich ein Abplattungswert von

$$(10) \quad \frac{a-c}{a} = 1 : 297$$

und damit die heute meist verwandte „Internationale Schwereformel"

$$(11) \quad g_\varphi = g_0 \cdot (1 + m \cdot \sin^2\varphi + n \cdot \sin^2 2\varphi)$$

mit den Zahlenwerten

$$g_0 = 978{,}0490 \text{ gal (cm sec}^{-2}),$$
$$(12) \quad m = 0{,}005\ 288\ 4$$
$$n = 0{,}000\ 005\ 9.$$

In neuerer Zeit zieht man Satellitenbeobachtungen zur Bestimmung der Erdgestalt heran. In Abb. 4 ist der hier bestehende Zusammenhang skizziert.

Bei Kugelgestalt der Erde würde auf den Satelliten stets gleichmäßige Anziehung zum Erdmittelpunkt hin erfolgen. Er würde eine Bahn beschreiben, die ihre Orientierung zu einem raumfesten Bezugssystem *nicht* ändert, während sich die Erde unter ihm dreht, seine Bahnebene sich also von der Erde aus in bestimmter Weise von Ost nach West verschiebt. Eine abgeplattete Erde, die wir uns aus einem kugelförmigen Innenteil und einem auf diesen aufgesetzten entsprechenden „Massengürtel" zusammengesetzt denken, übt durch eben diesen Massengürtel eine mit dem Umlauf rhythmisch wechselnde Zusatzkraft auf den Satelliten aus, die seine Bahnebene in die Äquatorebene zu drehen sucht. Dies hat nach den Kreiselgesetzen eine Präzessionsbewegung der Satellitenbahn um die Erdachse zur Folge, die von der Erde aus als Abweichung der durch die Erddrehung bedingten scheinbaren Ost-West-Bewegung vom Erwartungswert bestimmt werden kann.

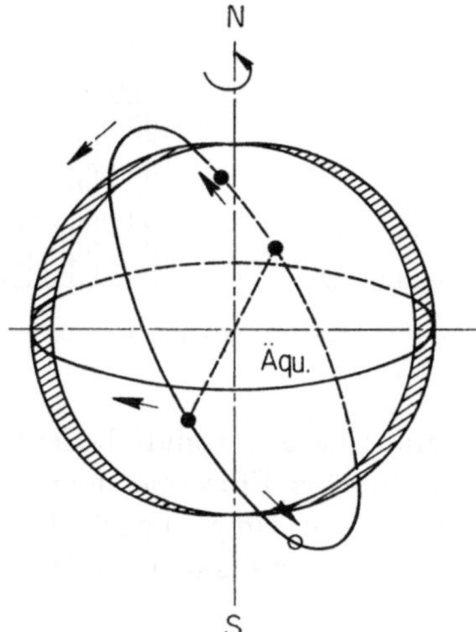

Abb. 4. Zur Bestimmung der Erdgestalt aus Beobachtungen der Bahn eines
Satelliten

Der aus solchen Beobachtungen abgeleitete Wert der Abplattung
beträgt

(13) 298,2 $(\pm 0,1)$

weicht also etwas von oben erwähntem Wert ab.

Weitere in diesem Zusammenhang zu erwähnende Möglichkeiten der
Satellitenverwendung bestehen zur Feinvermessung der Geoidgestalt
— z.B. durch automatische Eigenhöhenbestimmung des Satelliten
mittels Radar —, zur terrestrischen Entfernungsbestimmung über große
Entfernungen — durch stimultane Peilungen des Satelliten als „Tri-
angulationspunkt" und zu anderen hierher gehörigen Problemen.

4. Das Reduktionsproblem

Die auf der Erdoberfläche vorkommenden Werte der Schwerebeschleunigung liegen etwa zwischen 977 und 983 gal (cm sec^{-2}). Um
genügende Informationen zu erhalten, wird bei den praktischen Messungen eine Genauigkeit von 1 Milligal (mgl) $= 0,001$ cm sec^{-2} angestrebt.

Wenn aus Messungen einer geophysikalischen Größe ihre Verteilung
ermittelt werden soll, so setzt dies voraus, daß die an verschiedenen
Orten und unter verschiedenen Umständen ausgeführten Messungen
miteinander vergleichbar sind. Sie müssen über das betreffende Element
Aussagen liefern, die von bestimmten im Wesen der Sache liegenden
Einflüssen zu abstrahieren gestatten, um dafür andere zur Unter-
scheidung bestimmte Einflüsse klarer hervortreten zu lassen.

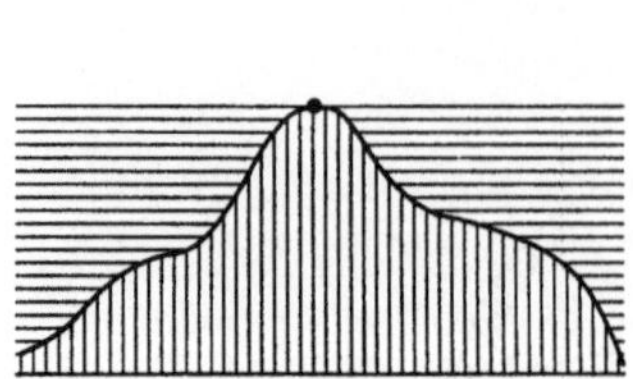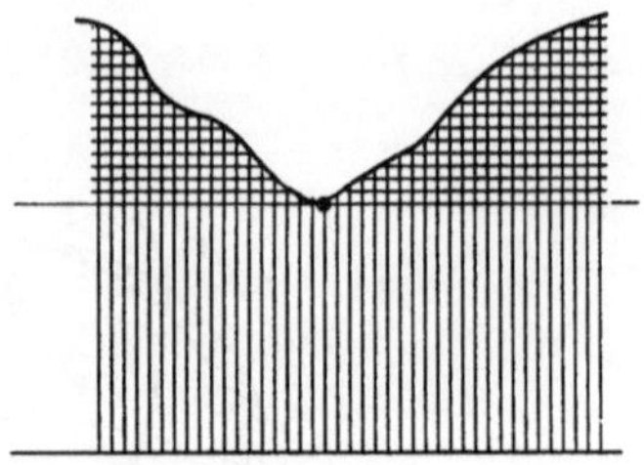

Abb. 5. Zur topographischen Reduktion

Auf die vorliegende Aufgabe angewandt bedeutet dies, daß die an verschiedenen Orten ausgeführten Einzelmessungen von örtlichen Einflüssen befreit, d. h. auf gleiche Umgebungsbedingungen „reduziert" werden müssen, ehe sie zu einer umfassenden Darstellung zusammengefaßt werden können.

Die Hauptschwierigkeit bietet die orographische Gliederung des Festlandes. Die „Reduktion" versucht deshalb, die gemessenen Werte auf die Geoidfläche „umzurechnen". Solche Umrechnungen beinhalten bestimmte geophysikalische Aussagen über die Massenverteilung bzw. ihre durch die Umrechnung bedingten Veränderungen und müssen dementsprechend kritisch diskutiert werden.

Folgende Reduktionen werden unterschieden:

a) Die topographische Reduktion („Geländekorrektur"),

b) die Niveau-Reduktion (Korrektur der Höhenlage),

c) die Bouguer-Reduktion („Massenkorrektur") und

d) die Isostatische Reduktion.

Zu a. Liegt der Meßort auf einem Berg (Abb. 5, links) oder in einem Tal (Abb. 5, rechts), so muß in beiden Fällen der Meßwert erhöht werden: Im ersten Fall fehlen in der Umgebung des Meßpunktes Massen zur homogenen Gestaltung der Umgebung; im anderen Fall wird der Meßwert durch die Wirkung der in der Umgebung höher aufragenden Massen verringert.

Die Reduktion erfolgt in der Weise, daß die betreffenden Massen durch schrittweise Berechnung der Gravitationswirkung mathematisch beherrschbarer Körper, die als Annäherung an das Höhenrelief „ausgestochen" werden (vgl. Abb. 6) nach Gl. (3) erfaßt und dem Meßwert zugefügt werden.

Die Beträge dieser Korrektur können in der Regel durch entsprechende Geländewahl (ebene Umgebung der Meßstation!) niedrig gehalten werden.

Zu b. Die Niveau-Reduktion — auch als „Freiluftreduktion" bezeichnet — bezieht den Meßwert auf das Niveau des Geoids. Aus Gl. (2)

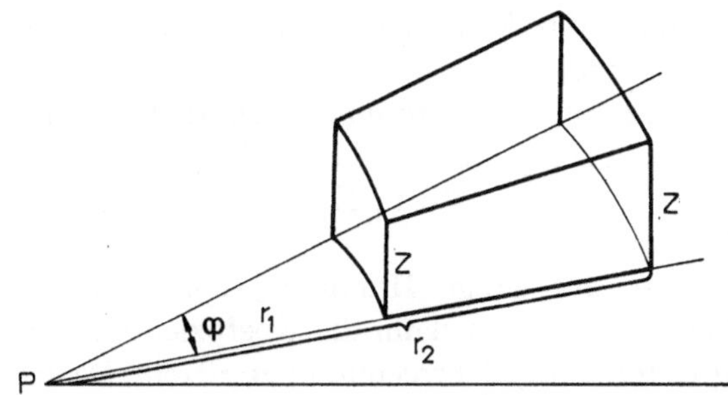

Abb. 6. Zur Berechnung der topographischen Korrekturwerte

folgt der Korrekturbetrag

$$(14) \qquad \frac{dg}{dr} = -\frac{2g}{r} = -0{,}3086 \text{ mgal pro m.}$$

Durch diese Reduktion erfolgt eine Massenverschiebung in der Weise, daß die über das Geoid aufragenden Massen durch eine auf das Geoid aufgebrachte Flächenbelegung ersetzt werden, die den gleichen Beitrag zu g liefert.

Zu c. Diese Bouguer-Reduktion zieht vom Meßwert den Anteil der zwischen der Höhe des Meßortes und dem Geoid liegenden Gesteinsmassen ab. Ihr Betrag ergibt sich näherungsweise zu

$$(15) \qquad \Delta g = 2 \pi f \varrho h.$$

$f =$ Gravitationskonstante

$\varrho =$ Gesteinsdichte

Ihr liegt der Gedanke zugrunde, daß diese Massen als zusätzliche Massen anzusehen und deshalb zu beseitigen sind, ehe der Übergang zur Geoidfläche erfolgt.

Zu d. Im Gegensatz zu dieser Auffassung geht die Isostatische Reduktion davon aus, daß dem sichtbaren Massenüberschuß ein Massendefizit im Untergrund gegenübersteht, daß also die das Geoid überragenden Massen in dieses „hineinkondensiert" werden müssen, ehe durch Anwendung der Höhenkorrektur der Übergang zur Geoidfläche erfolgt. Die Durchführung dessen erfolgt in der Weise, daß die sichtbaren Überschüsse an Masse gemäß BOUGUER beseitigt und dann gleichmäßig auf die darunter liegende Säule verteilt werden.

Eine Entscheidung zwischen den beiden Vorstellungen c) und d) kann nur die Erfahrung liefern. Diese ergibt, daß in der Regel die isostatische Reduktion ein überzeugenderes Bild der Schwereverteilung liefert.

Soll nun aus Schweremessungen in verschiedenen Teilen der Welt eine für die ganze Erde gültige Formel der Schwereverteilung abgeleitet werden, so muß dazu das Meßmaterial unter verschiedenen Gesichtspunkten gesichtet werden.

Zur Verringerung von Korrekturen an den Meßwerten werden Meßorte in der Nähe von Gebirgen und tief eingeschnittenen Tälern tunlichst vermieden, ebenso natürlich größere Höhen und Gegenden mit besonderen Anomalien.

Aufgrund des so auf einige Hundert „repräsentative" Meßwerte beschränkten Materials werden dann die Koeffizientenwerte der Potentialentwicklung durch Ausgleichsrechnung ermittelt. Da trotzdem auch heute noch gewisse Unstimmigkeiten bezüglich des Endergebnisses bestehen bleiben, hat man sich durch Internationale Konvention auf die am besten erscheinende Näherung in Gestalt der schon in den Gln. (11) und (12) angeführten *„Internationalen Schwereformel"* als Grundlage geeinigt. Sie gibt die Schwereverteilung auf dem sog. „Internationalen Erdellipsoid" an.

Damit ist ein globales Bezugssystem festgelegt. Abweichungen von der so definierten „Normalschwere" werden als Schwerestörungen bezeichnet. Ihre Ermittlung ist sowohl für die geophysikalische Bodenforschung wie für die Diskussion geotektonischer Probleme von Bedeutung.

5. Isostasie

Der isostatischen Reduktion liegt der Gedanke zugrunde, daß die über das Geoid aufragenden Massen durch ein entsprechendes Massendefizit im Untergrund kompensiert sind.

Anlaß zu dieser Vorstellung gaben Beobachtungen der Lotabweichung in der Nähe hoch aufragender Gebirge, die sich durchweg als kleiner erwiesen, als man nach Form und Größe des Gebirgsmassivs erwartete (zuerst schon 1735 am Chimborazo beobachtet). Dies legte den Gedanken nahe, daß die Gebirge nach der Art eines im Wasser schwimmenden Eisberges entsprechend dem Dichteunterschied zum tragenden Medium über dieses hinaus- und außerdem nach unten in dieses hineinragen, mit anderen Worten also als leichtere Blöcke in einem schwereren Substratum schwimmen.

Einen weiteren Hinweis gaben Schweremessungen über den Ozeanen, die zeigten, daß das infolge des Massendefizits der (spezifisch sehr viel leichteren) Wassermassen zu erwartende Schweredefizit *nicht* besteht.

Dies konnte nur dadurch erklärt werden, daß offenbar die Kontinente aus leichterem Material bestehen als die Ozeanböden.

Zur Erklärung des Lotabweichungsbefundes haben J. H. PRATT und G. B. AIRY in England unabhängig voneinander die in Abb. 7 skizzierten Hypothesen aufgestellt:

Beide gehen davon aus, daß das Gebirgsmassiv in einem schwereren Untergrundmaterial schwimmt. PRATT nimmt eine mit der Gebirgshöhe

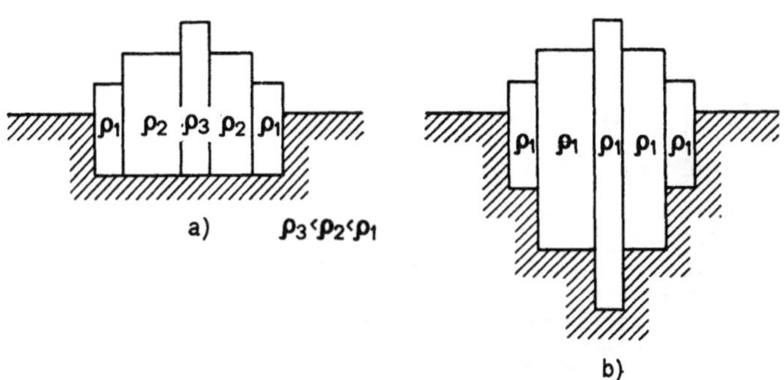

Abb. 7. Schemata zu den Hypothesen von PRATT (links) und AIRY (rechts)

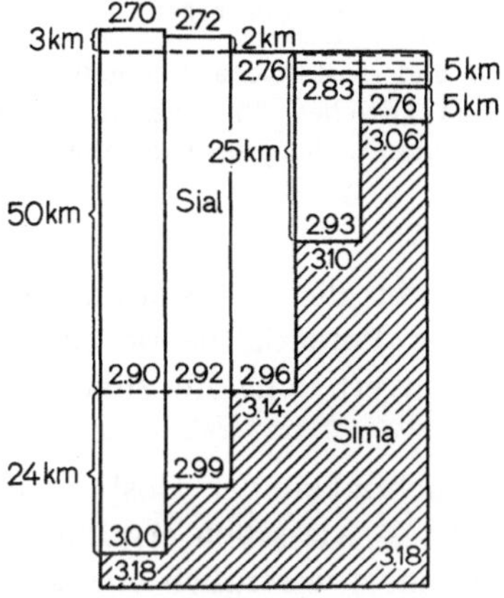

Abb. 8. Schema der Isostasievorstellung von HEISKANEN mit Angaben über die
Gesteinsdichten

abnehmende mittlere Gesteinsdichte an und kommt damit zu einer in
gleicher Tiefe endigenden Gebirgswurzel. AIRY setzt die mittlere Gesteinsdichte als konstant an und kommt damit zu verschieden tief hinab-
reichenden Gebirgswurzeln nach Art eines in den Untergrund hinein-
gespiegelten Reliefs.

In beiden Fällen muß in bestimmter Tiefe eine „Ausgleichsfläche" an-
genommen werden, an der die durch das Oberflächenrelief bedingten
Druck- und Schwereunterschiede verschwinden. Diese Fläche liegt bei
PRATT an der unteren Schollenbegrenzung, bei AIRY an der tiefsten
Stelle der Gebirgswurzel.

Die beiden Auffassungen von PRATT und AIRY über Isostasie beschreiben Grenzfälle, zwischen denen Mischformen denkbar sind und
diskutiert werden. So versucht z.B. W. A. HEISKANEN beide Auffassungen — variable Dichte *und* verschieden tief eintauchende Gebirgswurzeln — miteinander zu vereinigen entsprechend dem in Abb. 8 dargestellten Schema.

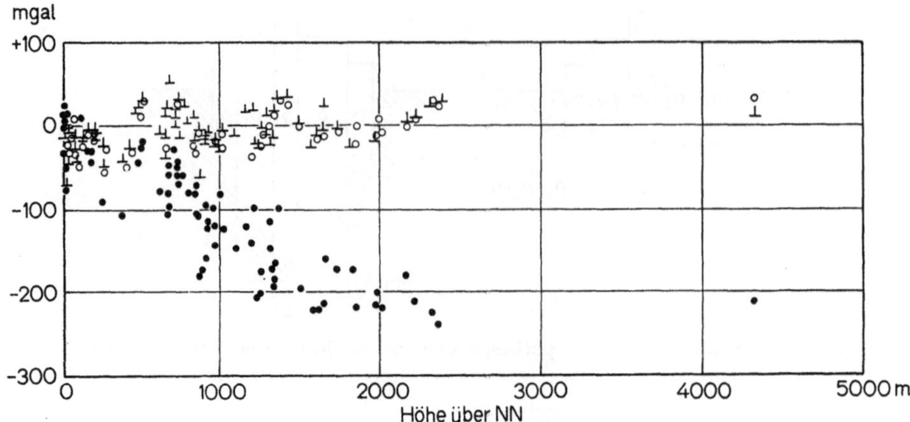

Abb. 9. Bouguer-Anomalie und isostatische Anomalie in Abhängigkeit von der Meereshöhe in Nordamerika zwischen 30° und 40° Nord, westlich 100° West. Punkte: Bouguer-Anomalie

Ein eindeutiger Beweis für die eine oder andere Auffassung ist nicht zu erbringen, da nach der Potentialtheorie ein Schluß von Schweremessungen auf die Massenverteilung im Inneren nicht ohne weiteres möglich ist.

Indes kann an der Richtigkeit der Isostasievorstellung als solcher kein Zweifel bestehen, da — wie schon erwähnt — Schwerevergleiche auf dieser Grundlage zu einem wesentlich überzeugenderen Gesamtbild führen, als Vergleiche auf der Grundlage der Bouguer-Korrektion.

Abb. 9 zeigt als Beispiel den Vergleich von Bouguer-Korrekturen und isostatischen Korrekturen an Schweremessungen im nordamerikanischen Gebirgsgebiet.

Die Erdkruste besteht also aus zwei verschiedenen Gesteinsmaterialien, die sich in ihrer Dichte unterscheiden. Sie werden nach den in ihnen vorherrschenden Elementen als *Sial* (*Si*lizium-*Al*uminium) und *Sima* (*Si*lizium-*Ma*gnesium) bezeichnet. Beim (leichteren) Sial handelt es sich um Gesteine vom Typ Granit und Gneis mit Dichten von etwa 2,7 bis 2,8, bei Sima um solche vom Basalttyp mit Dichten von etwa 3 und etwas mehr.

Die naheliegende Frage, ob bzw. bis zu welchem Grad sich die Gesteinsmassen im hydrostatischen Gleichgewicht befinden, läßt sich dahingehend beantworten, daß nach der Erfahrung die orographische Gestaltung der Erdoberfläche im allgemeinen isostatisch weitgehend ausgeglichen ist.

Mit zunehmender Tiefe nimmt die Verformbarkeit der Gesteine infolge der ansteigenden Temperatur zu, so daß hier Abweichungen vom hydrostatischen Zustand immer unwahrscheinlicher werden.

6. Bewegungsvorgänge I: Erdkörper

a) Präzession; Nutation

Die Rotationsachse der Erde ändert ihre Orientierung im Raum, wie man durch die Beobachtungen der scheinbaren Fixsternlage (Orientierung des Frühlingspunktes im Tierkreis) feststellen kann*. Diese Änderung steht in ursächlichem Zusammenhang mit der Abweichung der Erde von der Kugelgestalt:

Die Erdachse bildet bekanntlich mit der Ebene ihrer Umlaufsbahn um die Sonne einen Winkel von 23° 27′ („Schiefe der Ekliptik"). Dementsprechend verändert sich der Winkel zwischen der Achse und der Verbindungslinie zum Gestirn rhythmisch im Laufe des Jahres und damit auch die Lage des „Massengürtels" (vgl. Abb. 4) relativ zu dieser Verbindungslinie. Die Folge ist eine Kraftwirkung, die die Erdachse aufzurichten, d.h. sie in eine Lage senkrecht zu ihrer Bahnebene zu bringen sucht. Der Betrag dieser Kraft ändert sich rhythmisch zwischen 0 zur Zeit der Äquinoktien und Maximalwerten zur Zeit der Solstitien. Die Folge ist nach den Kreiselgesetzen eine Präzessionsbewegung der Erdachse.

Eine entsprechende Wirkung geht vom Mond aus, dessen Bahnebene nahe mit der Ebene der Ekliptik zusammenfällt.

Aus dem Zusammenwirken beider Anteile ergibt sich eine Gesamtpräzession der Erdachse, die zu den Dimensionen der Erde in folgender Beziehung steht: Sind C und A die Trägheitsmomente um die Rotationsachse bzw. eine in der Äquatorebene gelegene Achse, τ die Länge eines Sterntages, $T_E = 366{,}25$ die Zeit eines Umlaufes der Erde um die Sonne, $T_M = 27{,}397$ die Umlaufsdauer des Mondes, M die Masse der Erde, m die Masse des Mondes ($m = 0{,}0123\ M$) und $\varepsilon = 23° 27′$ die Schiefe der Ekliptik, so gilt für den Betrag p_r, um den sich die Erdachse im Laufe eines Jahres auf ihrem Präzessionskegel von rund 47° Öffnung weiterbewegt

$$(16) \qquad p_r = 3\,\pi\tau\,\frac{C-A}{C}\left(\frac{1}{T_E} + \frac{m}{M+m} \cdot \frac{T_E}{T_M^2}\right) \cdot \cos \varepsilon$$

der sich beim Einsetzen der entsprechenden Zahlenwerte etwa wie folgt darstellen läßt:

$$(17) \qquad p_r = 50''{,}2453 + 0''{,}0225 \cdot (t - 1900{,}0) \text{ pro Jahr**.}$$

t bedeutet die Jahreszahl (nach 1900!). — Als Gesamteffekt errechnet sich danach ein voller Umlauf der Erdachse in etwa 26000 Jahren.

Dieser allgemeinen Präzessionsbewegung sind noch periodische Anteile geringeren Betrages und kürzerer Periode überlagert, die von den

---

* Die Erscheinung wurde schon von HIPPARCH (150 v. Chr.) entdeckt, als er seine Fixsternbeobachtungen mit solchen, die 170 Jahre zurücklagen, verglich.

** Dabei entfallen auf die Wirkung der Sonne etwa 32%, auf die des Mondes etwa 68% der Gesamtwirkung.

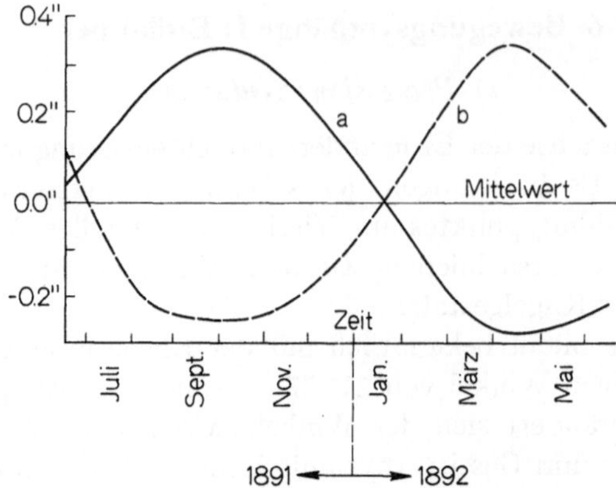

Abb. 10. Schwankungen der geographischen Breite (Polhöhe) nach gleichzeitigen Beobachtungen in Berlin (Kurve a) und Honolulu (Kurve b)

Abweichungen der Mondbahn von der Ebene der Ekliptik (Winkel zwischen beiden Ebenen 5° 8'), Änderungen der Entfernungen zu Sonne und Mond und den Einwirkungen der Planeten herrühren. Ihr Hauptanteil, die Mondwirkung, überlagert der genannten Präzessionsbewegung eine „*Nutationsbewegung*" der Erdachse, die einen Umlauf auf einer Ellipse von 9,22" und 6,87" Öffnungswinkel in 18,6 Jahren darstellt.

b) Polhöhenschwankungen

Fällt die Rotationsachse der Erde nicht mit der Lage einer ihrer Hauptträgheitsachsen zusammen, ist also mit anderen Worten die rotierende Erde nicht „ausgewuchtet", so ergibt sich eine Präzessionsbewegung der Achse im Erdkörper, die sich als *Polhöhenschwankung* bemerkbar machen muß.

Simultanbeobachtungen der geographischen Breite (Polhöhe) in Berlin und Honolulu (1891/92) erbrachten den Beweis für die schon vorher vermutete Realität einer solchen Erscheinung (vgl. Abb. 10).

In Abb. 11 ist für die Zeit von 1912—1918 die aus Polhöhenbeobachtungen abgeleitete Bewegung der Pollage des Nordpols dargestellt. Diese zeigt eine nahe kreisförmige Wanderung mit Amplituden bis zu fast 20 m und Umlaufzeiten von 422—456 Tagen.

Zur Deutung ist folgendes zu sagen: Nimmt man an, daß die Erde völlig starr ist, so würde sich beim Vorhandensein einer Abweichung der Hauptträgheitsachse C von der Achsenrichtung bei der Rotation eine Präzession der Rotationsachse mit einer Periode T_0 von

$$(18) \qquad T_0 = \frac{A}{C-A} \cdot \tau$$

[Zur Bedeutung der Buchstaben auf der rechten Seite s. Gl. (16).]

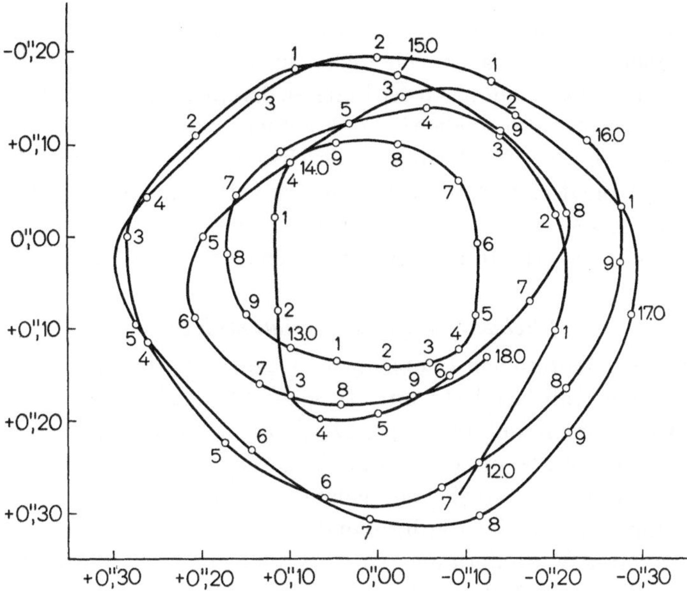

Abb. 11. Polschwankungen in der Zeit von 1912—1918

ergeben, also eine Umlaufsdauer von

304,1 Sterntagen entsprechend

303,3 Sonnentagen

zu erwarten sein. Statt dieser „*Eulerschen Periode*" ergibt die Beobachtung die sehr viel längere „*Chandlersche Periode*" von (im Mittel) 432,5 Tagen.

Die Diskrepanz klärt sich, wenn man eine gewisse elastische Nachgiebigkeit der Erde annimmt. Unter dieser Voraussetzung ergibt sich die „*Newcombsche Beziehung*"

$$(19) \qquad T_0 = T \cdot \left(1 - k' \, \frac{\alpha \omega^2}{\gamma_0} \cdot \frac{l}{\alpha - (a\omega^2/2\gamma_0)}\right).$$

$T_0 =$ Periode nach Gl. (18) (Eulersche Periode)

$T =$ wahre Periode (Newcombsche Periode)

$\alpha \; =$ Abplattung

$a \; =$ Äquatorradius

$\omega =$ Winkelgeschwindigkeit der Erde

$\gamma_0 =$ Schwerebeschleunigung

Nimmt man für T den Wert der Chandlerschen Periode (432,5) an, so ergibt sich für die die elastischen Eigenschaften des Erdkörpers charakterisierende Größe k' der Betrag von 0,276. Dies gestattet eine summarische Aussage über die Gesamtelastizität der Lithosphäre.

Die Polhöhenschwankungen werden verursacht durch Massenverschiebungen. Denn da es sich nicht um eine systematische Abweichung der Massenverteilung im Erdinneren handeln kann — eine solche hätte sich längst ausgeglichen! —, kommen nur zeitweilige Massenverlagerungen an der Erdoberfläche als Ursachen in Frage. Solche sind z.B. in meteorologisch bedingten Luftmassenverlagerungen, wechselnden Schneebelastungen, eventuell auch vegetationsbedingten Verschiedenheiten der Massenverteilung im Jahreszeitenablauf zu sehen.

c) Schwankungen der Rotationsdauer

Aus der astronomischen Beobachtung ergibt sich, daß die Tageslänge im Laufe eines Jahrhunderts um etwa 1—2 Millisekunden (msec) zunimmt. Außerdem findet man jahreszeitliche Schwankungen mit einer Amplitude von etwa 60 msec — größte Tageslänge Anfang Juni, kleinste Anfang Dezember — sowie unregelmäßige Änderungen, die in der Größenordnung von einigen Millisekunden liegen.

Die säkularen Veränderungen sind als Wirkung der Gezeitenreibung anzusehen, die die Umdrehungsdauer der Erde abbremst. — Die Ursachen der kürzeren Schwankungen werden mit Massenverlagerungen der schon oben erwähnten Art in Verbindung gebracht.

d) Gezeiten*

Die Anziehung der irdischen Massen durch Sonne und Mond bewirkt kleine rhythmische Variationen der Schwere. Abb. 12 zeigt die Verteilung der „Gezeitenkräfte", die durch eines der beiden Gestirne erzeugt

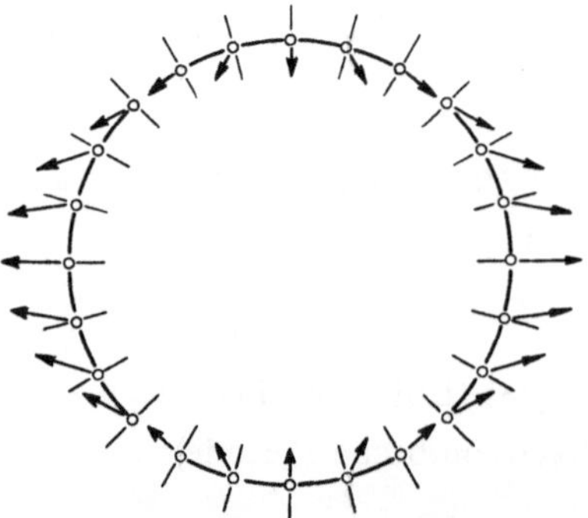

Abb. 12. Vektoren der Gezeitenbeschleunigung

werden, längs der Peripherie eines Querschnittes durch die Erde (Verbindungslinie zum Gestirn in der gleichen Ebene nach links oder rechts zu denken). — Die Pfeile geben die Richtung und (relative) Größe der Kräfte an. An den Punkten A und B ist die Erdbeschleunigung durch die Wirkung der Sonne um $0,039^0/_{00}$ (0,038 mgal), durch die des Mondes um

* Siehe dazu auch A. Defant (1953).

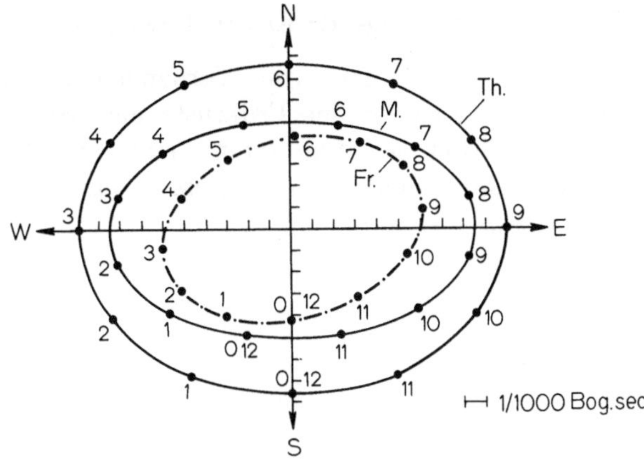

Abb. 13. Lotrichtungsänderungen und (relative) Werte der Schwere für die Haupt-
mondtide (Periode 12,42 Std). *Th* Theoretische Werte für völlig starre Erde.
M, Fr Beobachtete Werte in Marburg/Lahn und in Freiberg/Sa. (Nach R. TOMA-
SCHEK und W. SCHAFFERNICHT)

$0,084^0/_{00}$ (0,082 mgal) vergrößert bzw. (auf der vom Gestirn abgewandten
Seite) verringert. Die Auswirkungen dessen verstärken sich bei Vollmond
und Neumond und schwächen sich beim ersten und letzten Mondviertel.

Die Wirkung dieser Kräfte wird nur an den Gezeitenschwankungen
des Meeresspiegels augenfällig. Sie ist im Bereich der festen Erde ebenso
vorhanden, hier aber wegen ihrer Kleinheit nur instrumentell bei genügender Meßempfindlichkeit nachweisbar.

Bestimmt man rechnerisch die durch die Gezeitenkräfte bewirkten
Variationen der Schwererichtung und des Schwerebetrages, wie sie bei
einer völlig starren Erde zu erwarten wären, und setzt sie zu den gemessenen Werten in Beziehung, so ergibt ein solcher Vergleich für die
Haupt-Mond-Tide das in Abb. 13 dargestellte Bild.

Die Erde gibt also den Gezeitenkräften teilweise nach — ein Befund,
aus dem ebenso wie oben bei den Polhöhenschwankungen auf eine gewisse Elastizität des gesamten Erdkörpers geschlossen werden muß*.

Zur Größe der unter der Wirkung der Flutkräfte eintretenden
Änderungen des Erdradius, der Schwere und der Lotrichtung vgl. Tabelle 1.

Tabelle 1. *Die Gezeitenvariationen der festen Erde. (Zahlenwerte nach* H. HAALCK,
1959)

Wirkung durch	Amplituden der		
	Radial- bewegungen	Schwere- änderungen	Lotrichtungs- variationen
Mond	20,5 cm	0,126 mgal	0″, 0096
Sonne	10,1 cm	0,057 mgal	0″, 0045

* Der Wert des hieraus ableitbaren Torsionsmoduls der Gesamterde liegt in der
Größenordnung des Wertes für Stahl.

7. Bewegungsvorgänge II: Krustenbewegungen

Der Begriff der „Isostasie" geht vom Vorhandensein zweier verschiedener Gesteinsmaterialien in der Erdkruste aus. Es wird angenommen, daß das spezifisch leichtere (granitartige) Sial-Material in
Gestalt von Blöcken und Schollen im spezifisch schwereren (basalt-
artigen) Sima-Material „schwimmt".

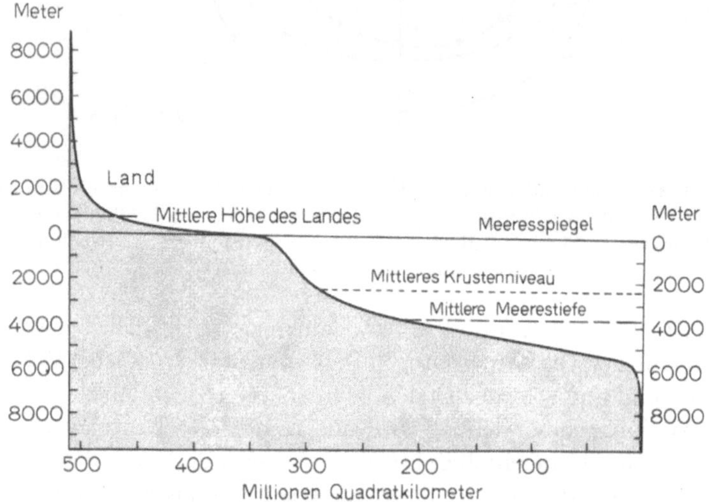

Abb. 14. Hypsometrische Karte der Erdoberfläche

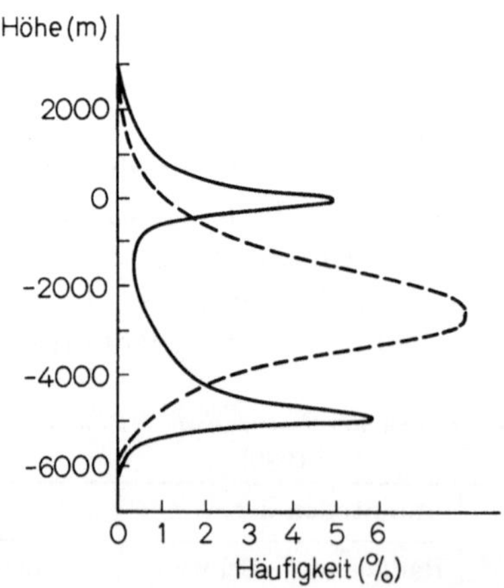

Abb. 15. Die Gliederung der Erdkruste

Diese Zweiteilung wird bestätigt durch die Häufigkeitsverteilung der
Landhöhen und Meerestiefen. Die in Abb. 14 dargestellte „Hypsometrische Karte" der Erdoberfläche läßt auf den ersten Blick erkennen,

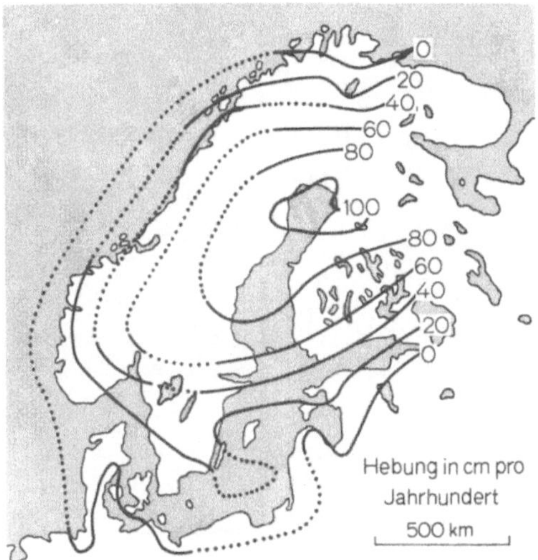

Abb. 16. Die Hebung im fennoskandischen Raum

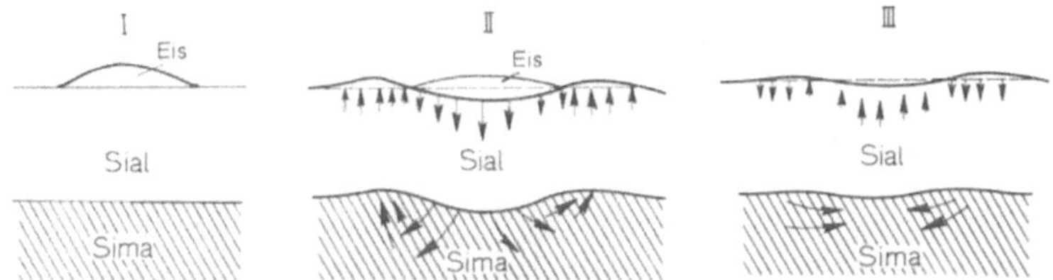

Abb. 17. Schematische Darstellung der Sial-Sima-Bewegungen bei der Bildung
und dem Abschmelzen eines Eisschildes. (Nach W. A. HEISKANEN)

daß sowohl die Landerhebungen wie die Meerestiefen, jede für sich, eine
Verteilung um einen Mittelwert zeigen.

Dies tritt besonders klar in der Abb. 15 hervor, die anstelle einer
Gauß-Verteilung der Höhen und Tiefen um einen Mittelwert, wie sie
beim Vorhandensein eines einheitlichen Krustenmaterials zu erwarten
wäre (gestrichelte Kurve), zwei stark hervortretende Häufigkeitsspitzen
zeigt.

Die Gesteinsmaterialien haben das Bestreben, sich in hydrostatisches
Gleichgewicht einzustellen. Bewegungen dieser Art sind an vielen Stellen
der Erde zu beobachten.

Besonders markant ist die Hebung im Gebiet von Skandinavien und
der Ostsee (Abb. 16), die Beträge bis zu 1 m pro Jahrhundert erreicht.

Man bringt diese Hebung in naheliegender Weise mit der Störung
des isostatischen Gleichgewichtes durch die Eisbelastung während der
Eiszeit und die spätere Entlastung beim Wiederabschmelzen der Eismassen in Verbindung entsprechend dem in Abb. 17 dargestellten
Schema.

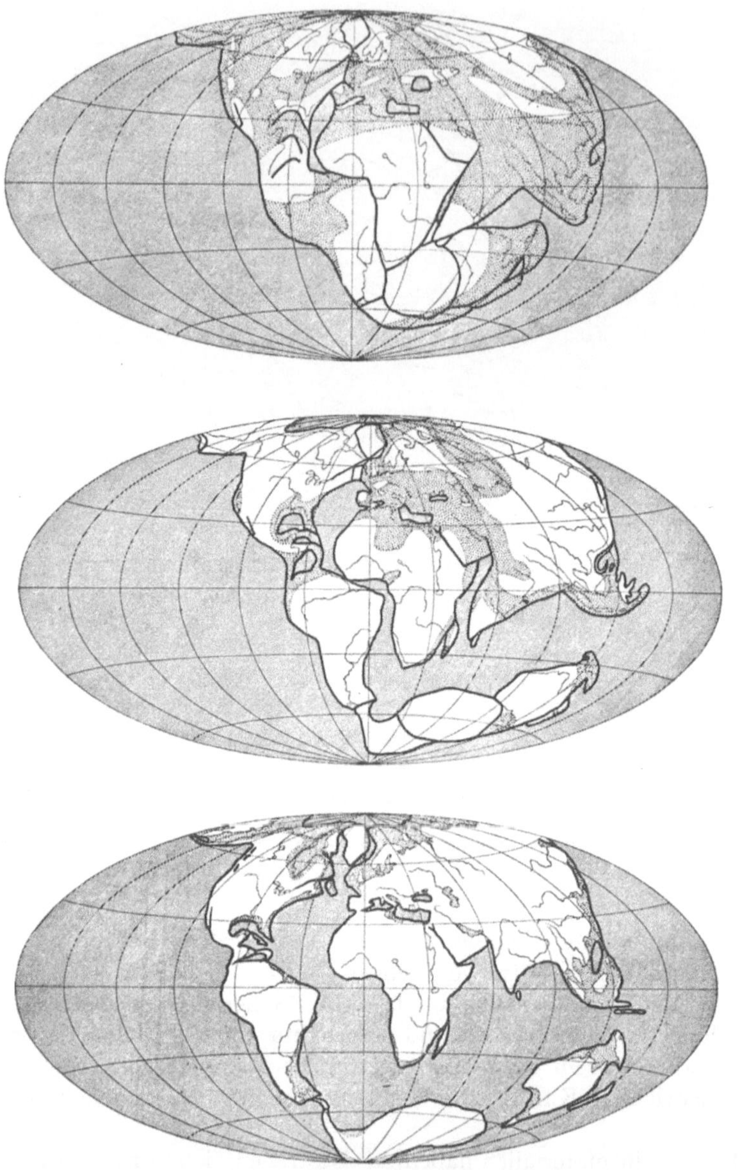

Abb. 18. Die Drift der Kontinentalschollen nach A. WEGENER

Das Vorhandensein solcher Bewegungen der beiden Krusten-
materialien macht es wahrscheinlich, daß auch horizontale Bewegungen
der „schwimmenden" Sial-Blöcke vorkommen, sofern entsprechende
Kraftwirkungen vorhanden sind.

Dieser Gedanke bildet die Grundlage für die Vorstellung, daß die
Kontinente im Laufe der Erdgeschichte ihre Lage zueinander geändert

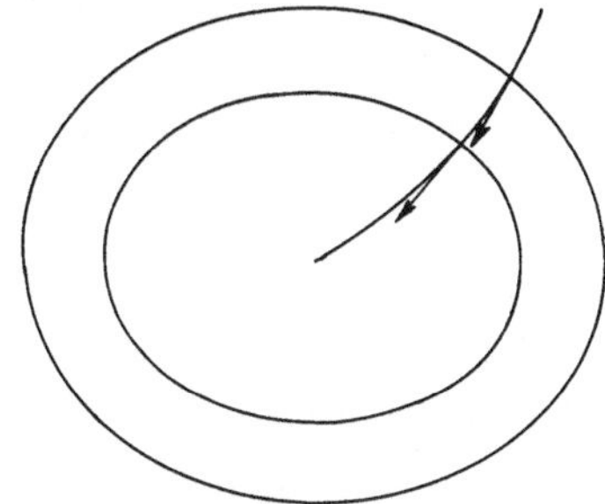

Abb. 19. Zur Erklärung der Polfluchtkraft

haben. — Nach der bekanntesten dieser Theorien, der „*Kontinental-verschiebungstheorie*" von ALFRED WEGENER (1915) sollen die heutigen Kontinente etwa nach Art der Abb. 18 als Bruchstücke einer ursprünglichen Groß-Scholle auseinandergedriftet sein.

Als „treibende" Kräfte solcher Bewegungen werden die *Polflucht-kraft* und *Westdriftkräfte* angenommen:

Die *Polfluchtkraft* ist eine Folge der Abplattung des Erdkörpers: Nehmen wir als äußere Gestalt der Erde ein Rotationsellipsoid, so müssen auch die Niveauflächen der Schwerkraft im Inneren diese Gestalt haben. Die Tangentialebenen dieser in verschiedenen Tiefen liegenden Niveau-Ellipsoide sind nur in Richtung der Ellipsoidachsen einander parallel. Dies hat zur Folge, daß an anderen Stellen sich die Schwererichtung mit der Tiefe ändert (vgl. Abb. 19). Die Folge ist die, daß die im Massen-mittelpunkt einer schwimmenden Sial-Scholle angreifende Schwerkraft und die im (tiefer liegenden!) Schwerpunkt der verdrängten Sima-Masse angreifende Auftriebskraft einander in der Richtung nicht genau ent-gegengesetzt sind, sondern einen Winkel von etwas weniger als 180° miteinander bilden. Dadurch entsteht eine Kraftkomponente, die die Sial-Scholle äquatorwärts zu bewegen sucht. Die Polfluchtkraft hat ihren größten Wert in 45° Breite. Am Pol und am Äquator ist sie gleich 0.

Die *Westdriftkräfte* leiten sich von den Gezeitenerscheinungen her: Die Erde folgt den Gezeitenkräften zum Teil unelastisch. Dies bedeutet ein gewisses „Nachhinken" des Flutberges, der nun vom Gestirn eine zusätzliche Kraftwirkung in westlicher Richtung erfährt. Die Wirkung ist am größen am Äquator und nimmt zu den Polen hin auf 0 ab.

WEGENERs Theorie ist in ihren Einzelheiten heute kaum mehr haltbar. Indes ist der Grundgedanke, daß die Kontinentalschollen Driftbewegun-gen ausführen können, nach wie vor in Diskussion (s. z. B. S. K. RUN-CORN, 1962). Durch die Annahme der Wanderung größerer und kleinerer Krustenpartien werden viele Geschehnisse der Entwicklungsgeschichte der Erde in ihre heutige Form einer Deutung zugänglich.

Driftbewegungen dieser Art sind ein Teil der vielfachen dynamischen Vorgänge im Krustenbereich der Erde.

Die sehr ungleiche Verteilung von Land und See, in der insbesondere das riesige Meeresbecken des Pazifischen Ozeans auffällt, steht wahrscheinlich mit der Ablösung des Mondes von der Erde im Zusammenhang. Diese dürfte in einem verhältnismäßig frühen Zeitpunkt der Erdgeschichte stattgefunden haben, als diese, noch in einem Zustand größerer Viskosität, einer ungewöhnlichen Verformung durch Gezeitenresonanz nachgeben konnte. Damit läßt sich das fast völlige Fehlen der Sial-Schicht im Becken des Pazifik erklären.

Besonderes Interesse — und zugleich besondere Schwierigkeiten — verbinden sich mit den Problemen der Entstehung der Gebirge, der sog. „Orogenese" und der dabei wirksamen Kräfte. Zur Erklärung der dazu notwendigen erheblichen dynamischen Wirkungen versucht man, die erzeugenden Ursachen in vulkanischen Vorgängen, radioaktiv bedingten Aufheizungen und ihrem Ausgleich, Kontraktionserscheinungen u. a. zu sehen.

Große Bedeutung für das tektonische Geschehen kommt der Verwitterung und Abtragung der Oberfläche, dem Materialtransport durch Wasser und Eis und der Sedimentation zu. Mit der nivellierenden Wirkung dieser Prozesse sind laufend Störungen des hydrostatischen Gleichgewichtes verbunden, die zu Ausgleichsbewegungen Anlaß geben.

Die Sedimente kommen in der Mehrheit in den sog. „Geosynklinalen" am Rande der Festländer zur Ablagerung, senken hier die Krustenteile isostatisch ab und bilden tiefreichende Zonen geringerer Festigkeit im Krustenverband, die der Gebirgsauffaltung leichter zugänglich sind. Diese Zonen sind durch verstärkten Vulkanismus und erhöhte Erdbebenhäufigkeit kenntlich.

Andere Kraftwirkungen können von Achsenverlagerungen (Polwanderungen) und dadurch bedingten Lage-Änderungen der Trägheitsachsen ausgehen.

In neuerer Zeit werden auch die Auswirkungen einer eventuellen Expansion des Erdkörpers diskutiert (P. Jordan, 1966).

Eine besondere Rolle scheinen in diesem Zusammenhang Strömungserscheinungen im Erdmantel zu spielen. Die innere Gestaltung dieses Bereiches im Erdkörper, insbesondere die Zunahme von Temperatur, Druck und den viskosen Eigenschaften des Materials mit der Tiefe, machen das Zustandekommen von Fließbewegungen und Konvektionserscheinungen im subkrustalen Gestein durchaus möglich. Als erzeugende und steuernde Ursachen lassen sich Unterschiede in der Wärmeproduktion und -abfuhr, in den dadurch bedingten Temperaturdifferenzen, in Änderungen der Druckverhältnisse infolge von Massenverlagerungen, z.B. durch Abtragung und Sedimentbildung u. ä. vermuten.

Die Bestimmung der Herdtiefen bei Erdbeben zeigt, daß die Tiefen von mehr als 700 km die Viskosität des Materials ausreicht, um entstehende Spannungen durch „Fließen" auszugleichen.

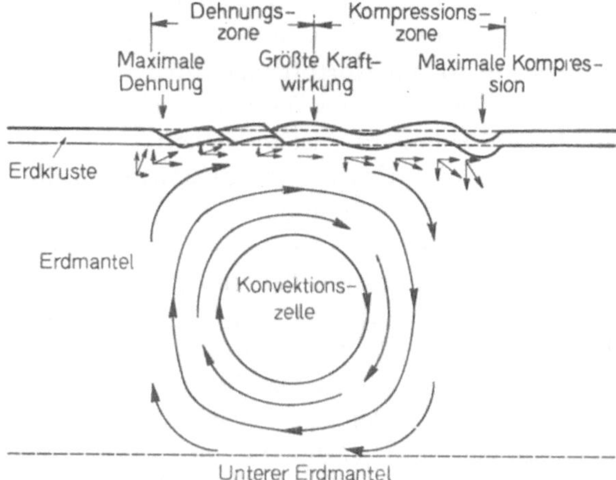

Abb. 20. Verformungen der Erdkruste durch eine subkrustale Konvektionsströmung. (Aus B. F. Howell Jr., 1959)

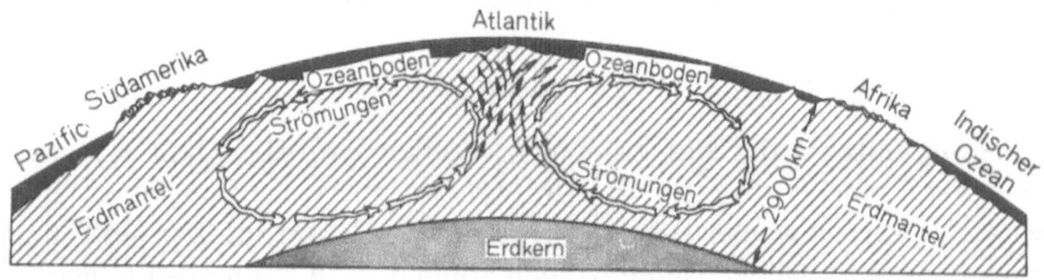

Abb. 21. Subkrustale Konvektionsströmungen als Ursache der mittelatlantischen Schwelle

Die Geschwindigkeit solcher Strömungen sind außerordentlich klein. Sie dürften etwa in der Größenordnung von einigen Zentimetern pro Jahr liegen.

Abb. 20 zeigt im Schemabild die deformierende Wirkung, die eine solche Strömung im Erdmantel auf die darüberliegenden Krustenteile ausübt. Man erkennt Dehnungen, Hebungen, Verwerfungen, Faltungen und Pressungen.

In Abb. 21 ist versucht, entsprechend der heutigen Anschauung die mittelatlantische Schwelle als Folge entsprechender subkrustaler Konvektionsströmungen zu deuten.

Weitere Einzelheiten zu diesen Problemen s. bei E. Kraus (1959) und bei F. A. Vening Meinesz (1959).

8. Erdbeben

Geotektonische Bewegungen verlaufen bei der außerordentlich großen Zähigkeit des Materials nicht ohne Störungen im Gesteinsgefüge. Es kommt zu Spannungen durch Pressung und Dehnung, die sich in ruckartig ablaufenden Verlagerungen — den *Erdbeben* — ausgleichen. Diese werden zum Ausgangspunkt elastischer Schwingungen, die sich im Gestein als Wellenbewegung fortpflanzen. Art, Geschwindigkeit und Verlauf dieser Wellen sind von den Verhältnissen und Vorgängen abhängig, die in den durchlaufenen Räumen herrschen. Die Erdbebenwellen werden damit zu einem wichtigen Hilfsmittel für die Erkundung innerglobaler Zustände und Veränderungen.

Man unterscheidet die *Erdbebenkunde*, die die Phänomenologie, die Häufigkeit, die Verbreitung der Erdbeben und ihren Zusammenhang mit geotektonischen Vorgängen betrachtet, und die *Seismik*, die der Untersuchung der Erdbebenwellen gilt. Zu diesen gehören auch die Schwingungen, die bei Erschütterungen von Festlandgebieten durch Sturm, Brandung, Meteorfälle sowie durch Deformationen beim Eindringen von Frost in den Boden entstehen, sowie solche, die durch Explosionen, laufende Maschinen und Verkehr hervorgerufen werden. Alle Erscheinungen dieser Art werden unter dem Begriff der *Mikroseismik* zusammengefaßt. Die gezielte Anwendung von Erschütterungswellen durch Sprengungen zur Bodenerforschung wird als *Sprengseismik* bezeichnet.

a) Häufigkeit und Verteilung von Erdbeben

Die Gesamtzahl der pro Jahr auftretenden Erdbeben läßt sich auf Grund der Erdbebenstatistik zu etwa 100000 schätzen. Von ihnen sind etwa 90% sehr schwache Beben, die nicht oder kaum fühlbar sind und nur instrumentell nachgewiesen werden können. Man kann etwa folgende Häufigkeitsverteilung annehmen:

Tabelle 2. *Häufigkeitsverteilung der Erdbeben pro Jahr*

Klassifizierung[a]	Mercalli-Skala[a]	Energie in erg[a]	Anzahl pro Jahr
Sehr schwache Beben	3,0—3,9	10^{16}—10^{18}	100000
Fühlbare Beben	4,0—4,9	10^{18}—10^{20}	10000
Schadenbeben	5,0—5,9	10^{20}—10^{22}	1000
Zerstörende Beben	6,0—6,9	10^{22}—10^{24}	100
Weltbeben	7,0—7,9	10^{24}—10^{26}	10
Großweltbeben	größer als 8,0	größer als 10^{26}	1

[a] Erklärung s. u.

Die geographische Verteilung der Erdbeben ist sehr ungleichmäßig: Etwa 80% aller Beben entfallen auf den pazifischen Raum, ca. 15% auf Zentralasien und die restlichen 5% auf alle übrigen Gebiete. In Abb. 22 ist die Häufigkeit von Starkbebenherden mit Werten der Mercalli-Skala von 7 aufwärts auf der Erde dargestellt. Die Punkte zeigen die Lage der „Epizentren" (geographische Lage der radial an die Erd-

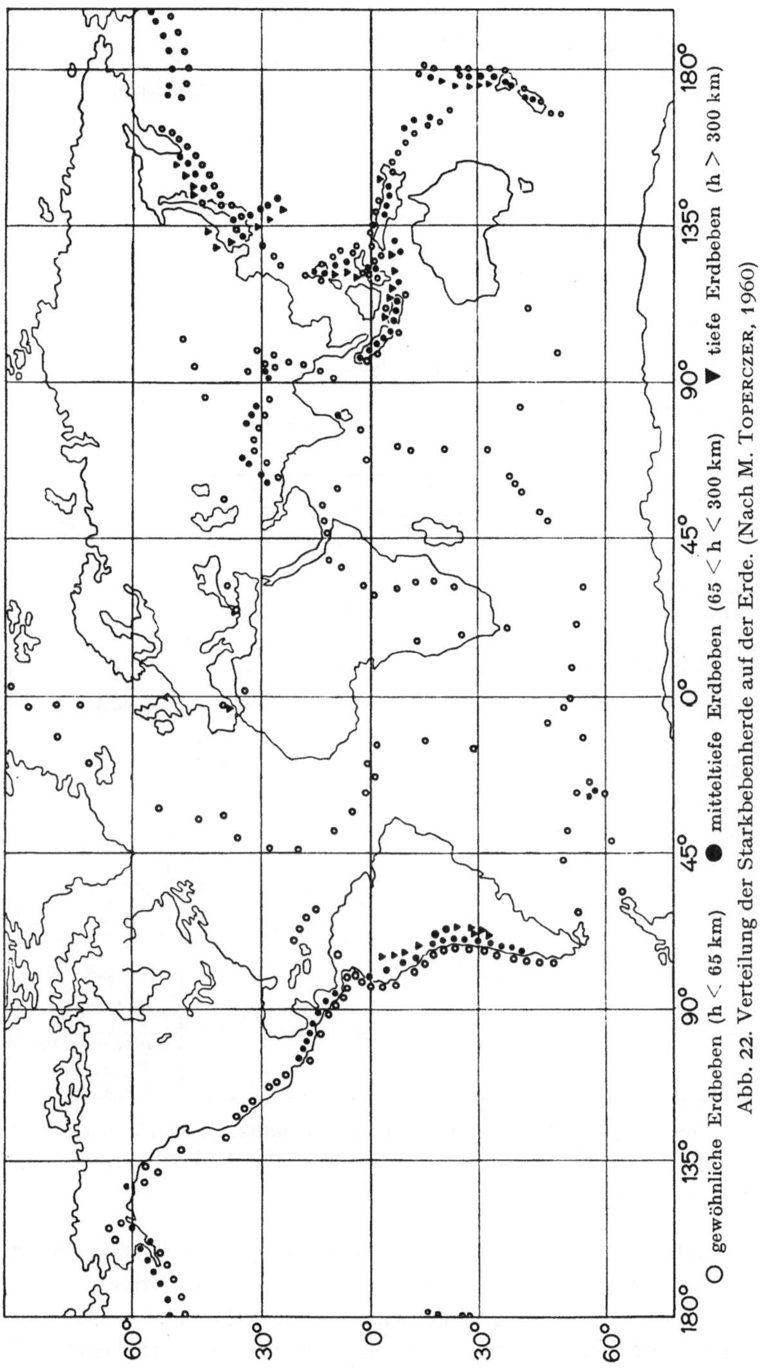

Abb. 22. Verteilung der Starkbebenherde auf der Erde. (Nach M. TOPERCZER, 1960)

oberfläche projizierten ,,Hypozentren"). Man erkennt danach die Haupt-
erdbebengebiete an den Küsten des pazifischen Ozeans, eine schwächer

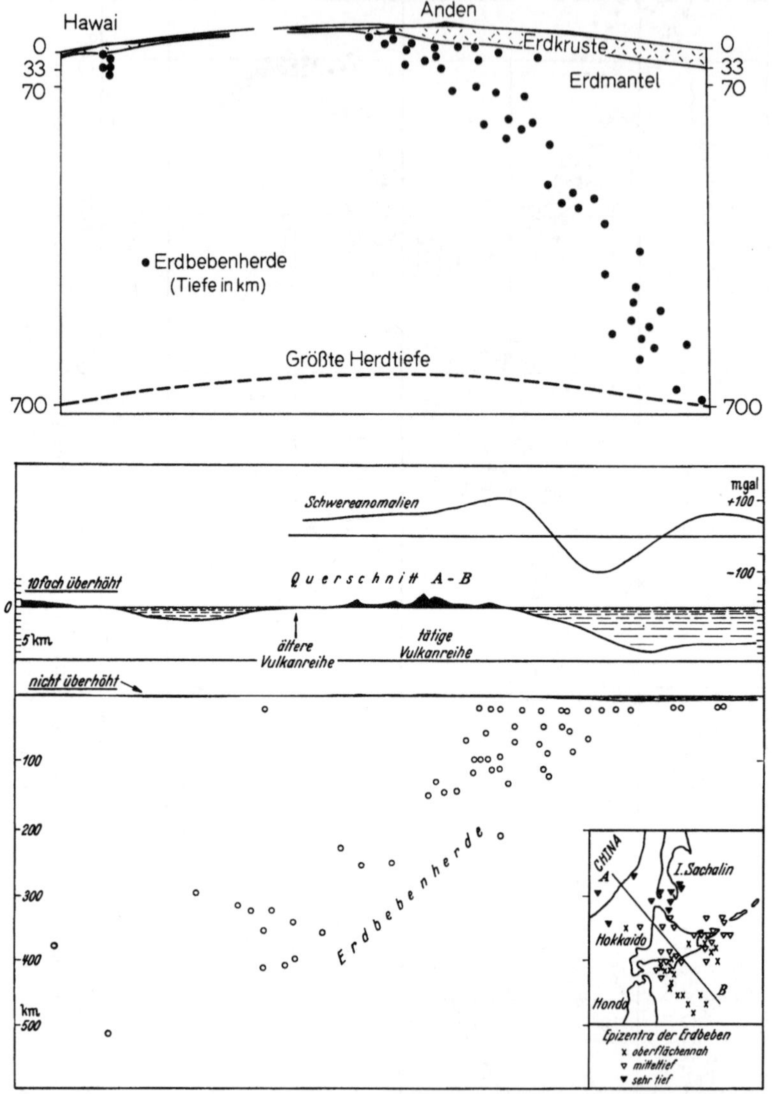

Abb. 23. Verteilung von Tiefherdbeben an der südamerikanischen Westküste (oben) und im ostasiatischen Küstenbereich (unten)

ausgebildete Zone, die sich etwa von Spanien über das Mittelmeergebiet, den Balkan und den Himalaja nach Süd-Ost-Asien erstreckt (die sog. „Thetyszone"), ferner eine Zone längs der mittelatlantischen Schwelle und eine vom Süd-Atlantik zum Indischen Ozean reichende Zone. Große Teile der Erde sind ganz oder fast ganz frei von Erdbeben — so z.B. ein großer Teil des pazifischen Raumes und weite Gebiete der Festlandschollen.

Die Herdtiefen („Hypozentren") der Erdbeben liegen zu etwa 95 % in Tiefen bis zu 60 km, also im Bereich der Erdkruste. Die großen Herdtiefen — bis zu 700 km — sind selten. Sie entfallen fast ausschließlich auf die Pazifikküsten. Abb. 23 zeigt ihre Verteilung am Westrand Südamerikas und am Ostrand Asiens. Der Zusammenhang mit den großtektonischen Bewegungsvorgängen — s. S. 32 — liegt auf der Hand. — Herdtiefen von mehr als 700 km sind nicht bekannt.

b) Klassifizierung der Erdbebenstärken

Die Klassifizierung der Erdbeben erfolgt nach der bekannten „Mercalli-Sieberg-Cancani-Skala" (s. Tabelle 3).

Tabelle 3. *Erdbeben-Stärkeskala nach Mercalli-Sieberg-Cancani mit Angabe der dabei auftretenden Beschleunigungen der Bodenbewegungen*

Stärke	Beschleunigung in gal	Bemerkungen
I	unter 0,25	nur apparativ nachweisbar
II	0,25— 0,5	nur in Ausnahmen fühlbar
III	0,5 — 1,0	im Hausinneren teilsweise fühlbar
IV	1,0 — 2,5	„mäßig" im Haus fühlbar
V	2,5 — 5,0	„ziemlich stark"; im allgemeinen auch im Freien fühlbar
VI	5,0 — 10	„stark"; allgemein als Erdbeben empfunden
VII	10 — 25	„sehr stark"; Zerstörungen an Häusern beginnen
VIII	25 — 50	„verwüstend"; etwa 25 % der Steinhäuser zerstört
IX	50 — 100	„zerstörend"; etwa 50 % der Häuser zerstört
X	100 — 250	„vernichtend"; etwa $^3/_4$ aller Bauten zerstört
XI	250 — 500	„Katastrophe"; Einsturz sämtlicher Steinbauten
XII	500 —1000	„Schwerste Katastrophe"

Seebeben werden nach einer ähnlichen Skala klassifiziert.

Abschätzungen der in einem Erdbeben zum Umsatz kommenden Energie haben zu der empirischen Formel

$$(20) \qquad 1,8 \cdot M = \log(E/E_0)$$

geführt, die die Bebenstärke M mit dem Energiebetrag E (ausgedrückt in erg) in Beziehung bringt. E_0 ist die Energie eines Bebens der Stärke $M = 0$ und durch Extrapolation zu etwa $2 \cdot 10^{11}$ erg bestimmt.

c) Erdbebenentstehung

Die Mehrzahl der Erdbeben (etwa 90%) sind tektonisch bedingt, d.h.
auf den plötzlichen Ausgleich von Spannungszuständen zurückzuführen
(vgl. Abb. 24 und Abb. 25).

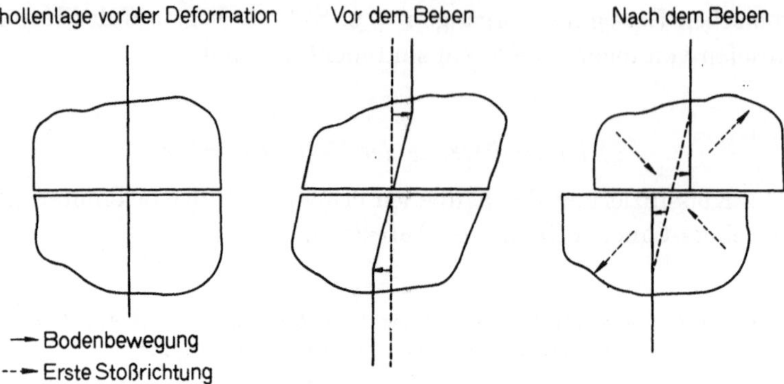

Abb. 24. Schema der Erdbebenentstehung durch Verwerfung im Gestein. (Nach
J. COULOMB, 1952). Links: Zustand vor der Deformation. Mitte: Zustand vor dem
Ausgleich. Rechts: Der Ausgleich. Die Pfeile geben die Schollenbewegung an

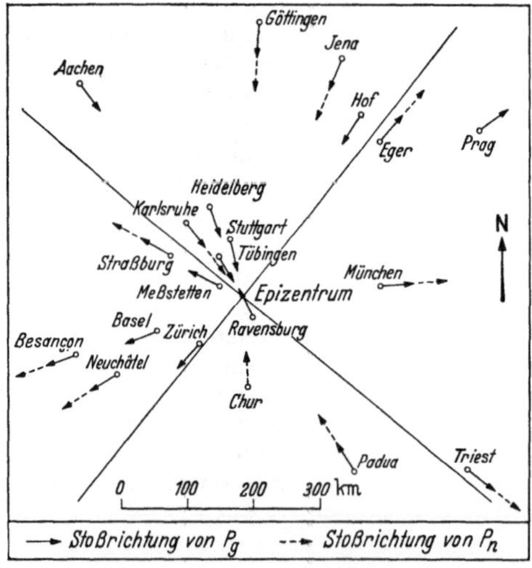

Abb. 25. Richtungsverteilung der Einsatzstöße beim Oberschwäbischen Beben am
27. 6. 1935. (Nach W. HILLER)

Seltenere Entstehungsursachen sind das Einstürzen unterirdischer
Hohlräume (etwa 7%) und Begleiterscheinungen von Vulkanausbrüchen
(etwa 3%).

Die Auslösung vorhandener Spannungen im Gesteinsgefüge kann
durch relativ kleine Kräfte eingeleitet werden, so z.B. durch Luftdruck-
unterschiede, Niederschläge, Hochfluten u.a.

9. Erdbebenwellen

Die Massenverlagerung im Erdbebenherd übt einen elastischen Stoß auf die umgebende Materie aus, der sich wellenartig nach allen Seiten fortpflanzt. In homogenem Material erfolgt die Ausbreitung dieser Wellen radial nach allen Seiten mit gleicher Geschwindigkeit. Die Wellenstrahlen sind gerade Linien. Treffen sie auf Inhomogenitäten im Material, so treten Geschwindigkeitsänderungen auf, die Krümmungen, Reflexionen und Brechungen zur Folge haben.

In elastischen Medien sind zwei Arten von Schwingungen möglich: *Verdichtungswellen* (Longitudinalschwingungen) und *Scherungswellen* (Transversalschwingungen). Die Geschwindigkeiten v_l und v_t der beiden Wellenarten hängen von den Elastizitätseigenschaften der Materie ab. Es bestehen die Beziehungen:

$$(21) \qquad v_l^2 = \frac{M + \frac{4}{3}G}{\varrho},$$

$$(22) \qquad v_t^2 = \frac{G}{\varrho},$$

wo M den „Inkompressibilitätsfaktor", G den „Torsionsmodul" (auch als „Righeit" bezeichnet) und ϱ die Dichte bedeuten. Da jede Volumänderung mit einer Formänderung Hand in Hand geht, treten stets beide Wellenarten gleichzeitig auf. Nur in Flüssigkeiten und Gasen, die keinen Widerstand gegen Formänderungen leisten, fällt die Scherungswelle fort.

Nach den Gln. (21) und (22) ist die Geschwindigkeit der Longitudinalwellen die größere. Diese sind deshalb die ersten von einem Erdbeben eintreffenden Boten und werden als „*P-Wellen*" (Primärwellen) bezeichnet. Die nach ihnen eintreffenden Transversalwellen führen dementsprechend den Namen „*S-Wellen*" (Sekundärwellen). — Das Verhältnis der beiden Geschwindigkeiten ergibt sich nach dem Zusammenhang zwischen den Größen M und G zu

$$(23) \qquad v_l/v_t = \sqrt{3} = 1{,}7.$$

Treffen die Wellen auf Schichtgrenzen, an denen sich die Materialeigenschaften ändern, so erfolgt Reflexion und Brechung. Gleichzeitig spalten sich dabei in der Regel sowohl der reflektierte wie der gebrochene Teil wieder in einen longitudinalen und einen transversalen Teil auf. Wellen, die auf diese Weise ihren Charakter von „longitudinal" zu „transversal" oder umgekehrt ändern, führen den Namen „Wechselwellen".

Bei den an der Erdoberfläche eintreffenden Erdbebenwellen erfolgt praktisch nur Reflexion (keine Brechung!) und zugleich die Anregung von „Oberflächenwellen". An festen Oberflächen treten dabei „Rayleigh-

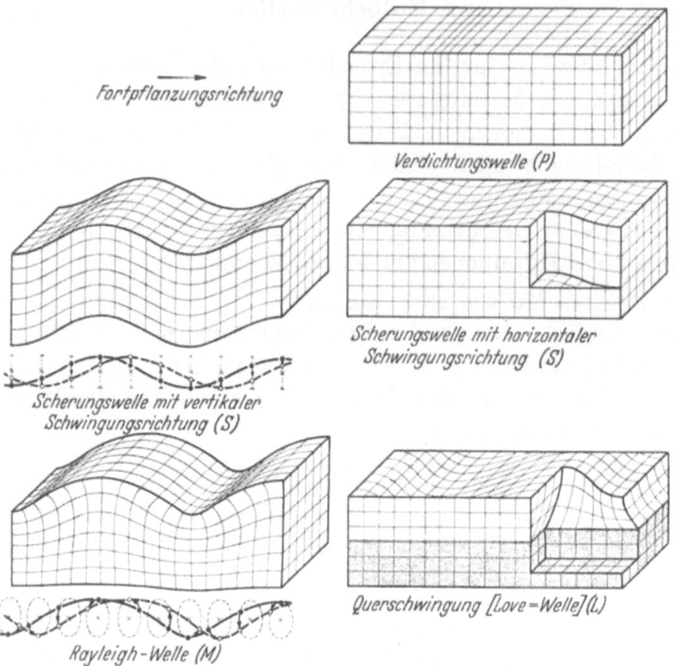

Abb. 26. Schematische Darstellung der verschiedenen Schwingungsarten der Erdbebenwellen. (Nach K. JUNG, 1953)

Wellen" mit Schwingungsrichtung senkrecht zur Oberfläche — nach Art der Wasserwellen — und „Quer-Wellen" (auch „Love-Wellen" genannt) mit Schwingungsrichtung *in* der Oberfläche auf. Diese Wellen laufen als sog. „geführte Wellen" längs der Erdoberfläche. Da sie sich nur zweidimensional ausbreiten, nimmt ihre Energie und Amplitude mit zunehmender Entfernung vom Herd wesentlich langsamer ab, als bei den sich dreidimensional ausbreitenden Raumwellen. Sie treten im Seismogramm in der Regel mit den größten Amplituden auf („M-Wellen").

Abb. 26 zeigt die Art und Schwingungsrichtung der verschiedenen Wellenarten.

Da die verschiedenen Wellenarten verschiedene Ausbreitungsgeschwindigkeiten haben, zieht sich die Aufzeichnung eines Erdbebens zeitlich um so mehr auseinander, je größer die Entfernung zwischen seinem Ort und dem Beobachtungsort wird. Da außerdem mit zunehmender Entfernung die Möglichkeiten für Reflexionen und Brechungen zunehmen, wird das Seismogramm immer vielgestaltiger, wie man aus den folgenden beiden Abbildungen erkennt.

Abb. 27 stellt schematisch die zeitliche Verlängerung der Bebenaufzeichnung im Bereich der „Vorläuferwellen" in Abhängigkeit von

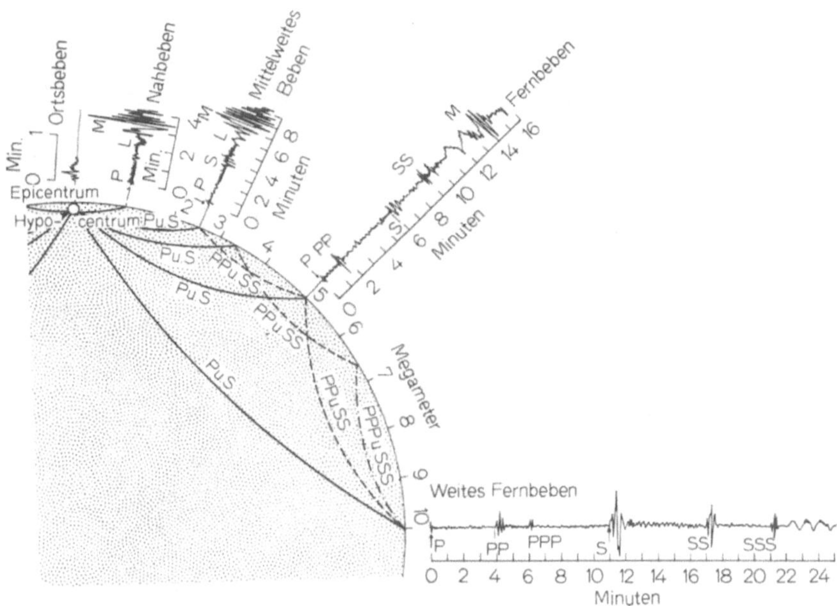

Abb. 27. Seismogramme im Bereich der Vorläuferwellen in Abhängigkeit von der Entfernung (schematisch). (Nach B. GUTENBERG)

der Entfernung dar. *P*, *PP* und *PPP* bzw. *S*, *SS*, *SSS* sind die longitudinalen bzw. transversalen Vorläufer, die direkt oder nach einmaliger und zweimaliger Reflexion an der Erdoberfläche zum Beobachtungsort gelangen.

Eine weitere Komplizierung der seismischen Aufzeichnung tritt dadurch auf, daß zu den Vorläuferwellen noch solche hinzukommen, die am Erdkern reflektiert bzw. in ihn hineingebrochen werden und nach Durchsetzen desselben wieder auftauchen.

Abb. 28 zeigt als Beispiel die vollständige Aufzeichnung eines Fernbebens. $\overline{S_c P_c}$ und $\overline{P_c S}$ sind Wellen, die als *S*- bzw. *P*-Wellen am Erdkern gebrochen sind und nach Durchlauf des Kerns als *P*- bzw. als *S*-Wellen am Meßort eintreffen. Als *M* sind die Oberflächenwellen, als *W* die sog. „Wiederkehrwellen" (Oberflächenwellen, die die Erde umrundet haben) bezeichnet. Die gesamte Aufzeichnung erstreckt sich über mehr als 3 Std.

Die Identifizierung der einzelnen Wellen aus ihrer Schwingungsform ist nach dem Aussehen der seismographischen Aufzeichnung in der Regel nicht möglich, da jedes seismische Pendel zwangsläufig zum Mitschwingen kommt. Gesichert werden können nur der Zeitpunkt des Einsatzes und unter Umständen die Richtung des ersten Bewegungsstoßes. Man faßt deshalb unter Verwendung der im vorigen dargestellten Kenntnis über die einzelnen Arten die Zeitpunkte ihres Einsatzes in Abhängigkeit von der Bebenentfernung zu *Laufzeitkurven* zu-

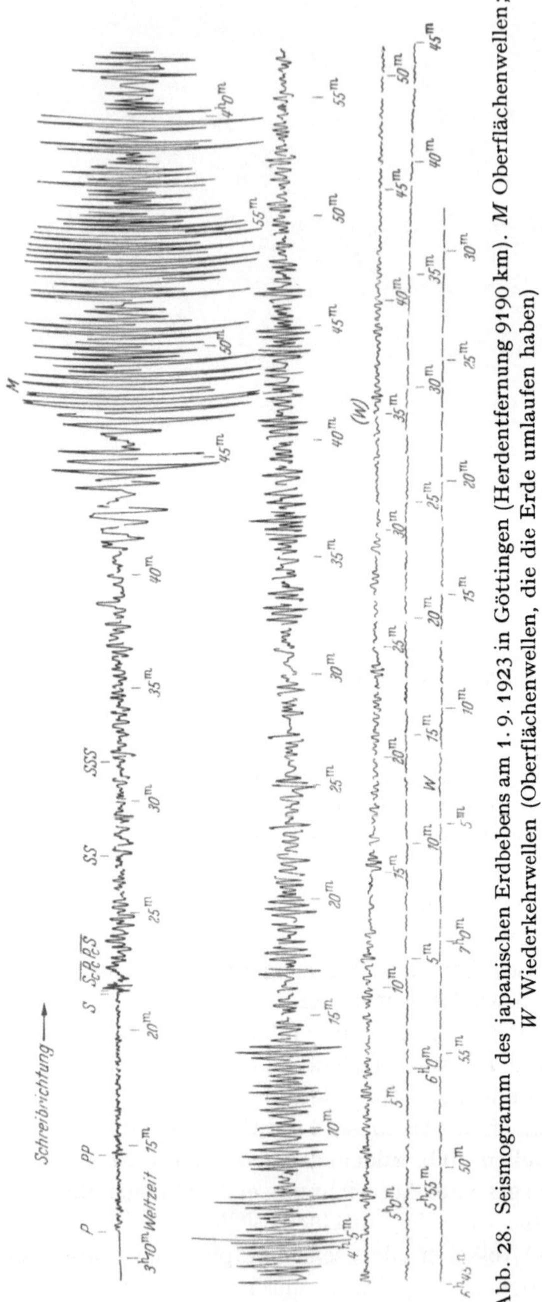

Abb. 28. Seismogramm des japanischen Erdbebens am 1. 9. 1923 in Göttingen (Herdentfernung 9190 km). M Oberflächenwellen; W Wiederkehrwellen (Oberflächenwellen, die die Erde umlaufen haben)

sammen und ordnet danach die einzelnen Wellenarten ein. Abb. 29 zeigt solche Laufzeitkurven für die *Vorläuferwellen* P und S und für die Oberflächenwellen L.

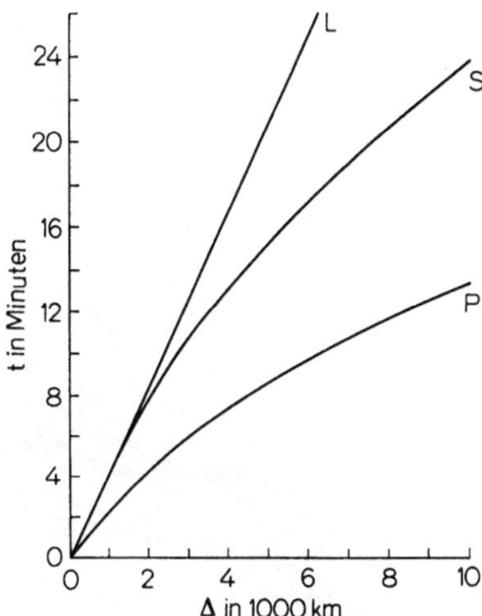

Abb. 29. Laufzeitkurven für *P*-, *S*- und Oberflächenwellen (schematisch)

10. Seismische Analysen

Die Analyse der Seismogramme gestattet eine Reihe von Rückschlüssen auf die von den Wellen durchlaufenen Räume.

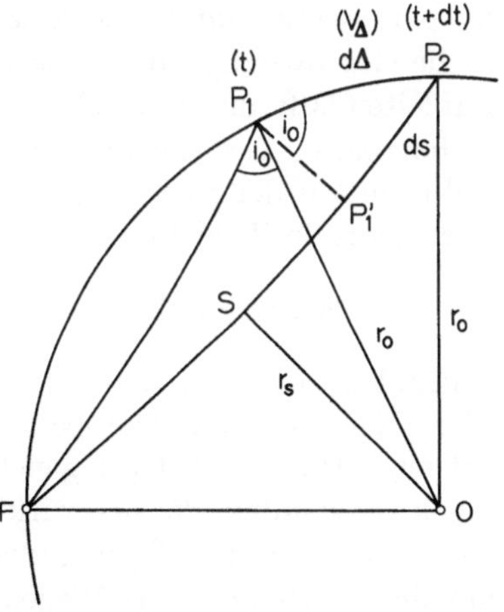

Abb. 30. Bestimmung des Emergenzwinkels nach H. BENNDORF
(Einzelheiten s. z. B. bei M. TOPERCZER, 1960)

Zunächst kann aus der zeitlichen Differenz des Einsetzens der *P*- und der *S*-Wellen auf die Entfernung des Bebenherdes geschlossen werden. Da die Richtung, aus der diese Wellen einfallen, nicht bestimmbar ist, benötigt man zur *Lokalisierung* eines Erdbebenortes drei im Dreieck angeordnete Stationen.

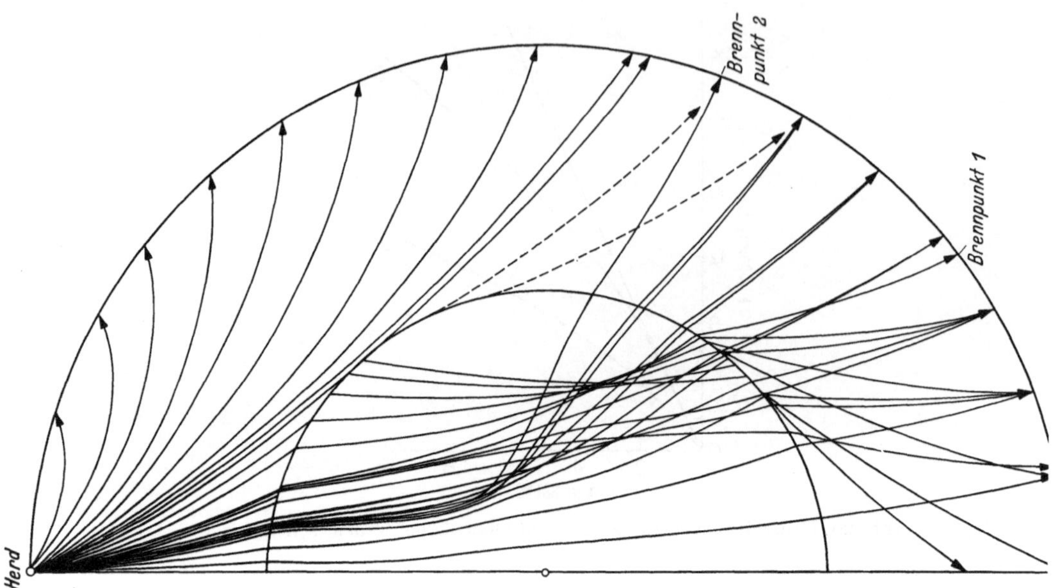

Abb. 31. Erdbebenstrahlen und Erdkern. Gestrichelt: „Gebeugte Wellen"

Die Bahnen der Wellenstrahlen sind nicht gradlinig, sondern in der Regel konvex zum Erdinneren gekrümmt (vgl. Abb. 27). Der Beweis dafür ergibt sich aus der Bestimmung des *Emergenzwinkels* gemäß Abb. 30. Bezeichnet v_0 die Geschwindigkeit in Oberflächennähe, die sich aus der Laufzeitkurve ableiten läßt, und V die ebenfalls aus der Laufzeitkurve abzulesende „scheinbare" Geschwindigkeit, mit der das Eintreffen der P- bzw. S-Wellen auf der Erdoberfläche vorrückt, so ergibt sich der Emergenzwinkel i_0 aus der Beziehung

$$(24) \qquad\qquad \sin i_0 = v/V \,.$$

Die Krümmung der Strahlen zeigt an, daß die Geschwindigkeit der Erdbebenwellen mit der Tiefe zunimmt. Die exakte Ermittlung dieser Abhängigkeit führt auf eine Abelsche Integralgleichung. — Man kann sich indes einen Überblick verschaffen, der den wirklichen Verhältnissen recht nahe kommt, wenn man in Annäherung die Ausbreitungswege gradlinig annimmt und die Quotienten aus Wegen und Entfernungen bildet.

Dringen die Vorläuferwellen soweit ins Innere vor, daß sie den Erdkern in 2900 km Tiefe erreichen, so tritt eine „Abschattung" auf, die sich entsprechend der Abb. 31 erklären läßt.

Die Strahlen werden in den Erdkern hinein gebrochen und tauchen erst in sehr viel größerer Entfernung wieder auf. Gleichzeitig sinkt die Geschwindigkeit der P-Wellen im Erdkern erheblich ab. S-Wellen verschwinden, können also den Erdkern nicht durchlaufen. — Innerhalb

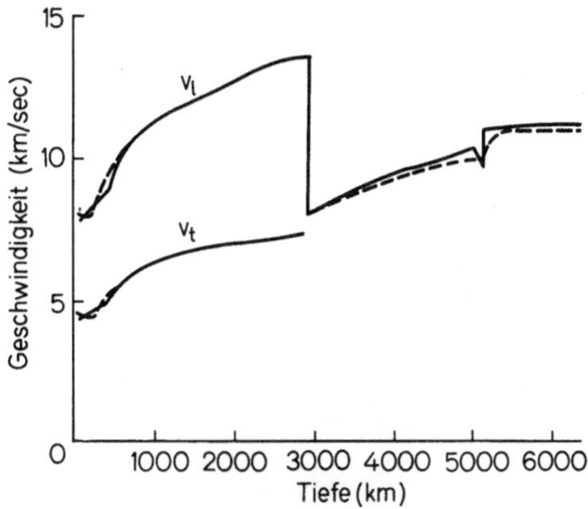

Abb. 32. Geschwindigkeiten von Longitudinalwellen (v_l) und Transversalwellen (v_t) im Erdinneren in Abhängigkeit von der Tiefe

des Kerns zeichnet sich in etwa 5100 km Tiefe eine weitere Schichtgrenze ab. Es läßt sich vermuten, daß in diesem inneren Kern S-Wellen wieder möglich sind, doch steht der Nachweis dafür noch aus.

Nach heutiger Kenntnis ist die in Abb. 32 dargestellte Verteilung der Geschwindigkeiten v_l und v_t der Longitudinal- und Transversalwellen in Abhängigkeit von der Tiefe anzunehmen:

Nach einem zunächst uneinheitlichen Anstieg der Geschwindigkeiten im Bereich der Erdkruste folgt ein verhältnismäßig rascher Anstieg, der in etwa 1000 km Tiefe in verlangsamten Anstieg übergeht. In 2900 km Tiefe geht v_l sprunghaft zurück, während v_t ganz verschwindet. In etwa 5100 km Tiefe ist eine nochmalige sprunghafte Änderung von v_l festzustellen.

Wegen weiteren Analysenmöglichkeiten, wie Herdtiefenbestimmung, Analyse des Aufbaues der Erdkruste, seismische Bodenforschung u.a., muß auf die zitierte Spezialliteratur verwiesen werden.

11. Der Innenaufbau der Erde

Aus dem Befund über die Erdbebenwellen ist auf einen Innenaufbau des Erdkörpers entsprechend dem in Abb. 33 gegebenen Bild zu schließen, in dem Erdkruste, Erdmantel und (zweigeteilter) Erdkern zu unterscheiden sind. Der äußere Kern muß wegen des Verschwindens der Transversalwellen „fluiden" Charakter haben. Dies wird auch durch erdmagnetische Vorstellungen gestützt (s. S. 63 ff.).

Am besten bekannt sind nach der Geschwindigkeitsverteilung der Erdbebenwellen die elastischen Konstanten M und G [s. Gl. (21) und (22)]. Ihr Verlauf entspricht danach etwa der Abb. 34 links.

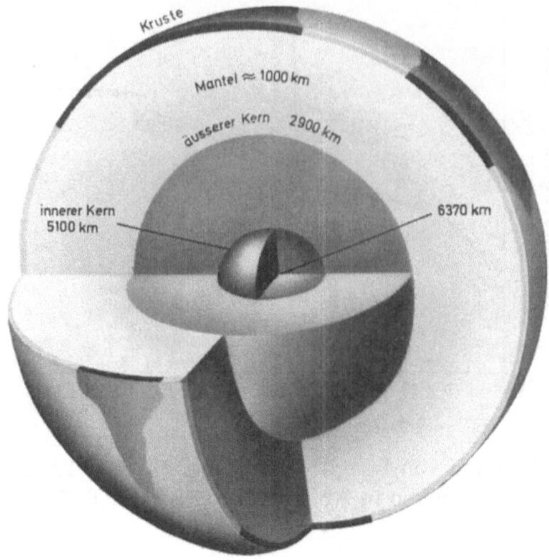

Abb. 33. Der Schalenaufbau des Erdinneren mit Tiefenangaben

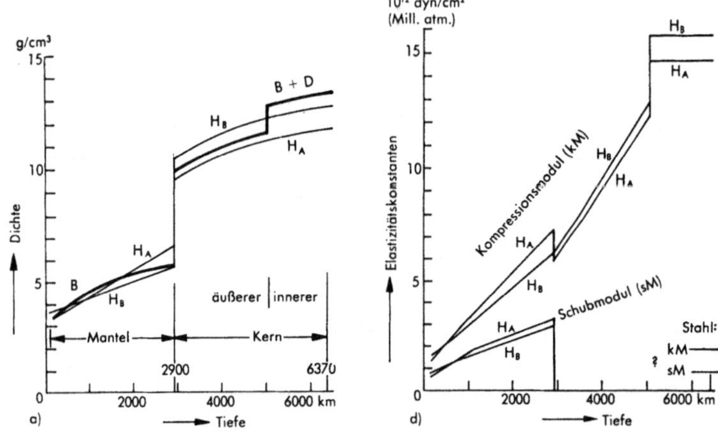

Abb. 34. Verlauf der elastischen Konstanten in Abhängigkeit von der Tiefe (rechts) und vermutete Dichtezunahme mit der Tiefe (links). (s. dazu J. BARTELS, 1960)

Über die Dichteverteilung sind verschiedene Modelle entwickelt worden, die zusätzlich zu einer in den einzelnen Schalen des Erdbaues wahrscheinlichen Dichtezunahme mit der Tiefe sprunghafte Zunahmen an den Grenzen zwischen Mantel und äußerem Kern und zwischen äußerem und innerem Kern annehmen (vgl. Abb. 34, rechts).

In Tabelle 4 ist ein von M. TOPERCZER (1960) aufgestelltes Modell des Innenaufbaues der Erde wiedergegeben, in dem die Erfahrungen der

Tabelle 4. *Die physikalischen Konstanten des Erdinneren*
(Nach M. TOPERCZER; 1960)

Tiefe km	Wellengeschwindigkeit km sec⁻¹		Dichte $g \cdot cm^{-3}$	Elastische Konstanten 10^{12} dyn cm⁻²		g cm sec⁻²	Druck 10^{12} dyn cm⁻²	Temperatur °C
	v_l	v_t		k	p			
				Mantel (kristallin)				
33	7,75	4,35	3,32	1,16	0,63	985	0,009	
100	7,95	4,45	3,38	1,24	0,67	989	0,031	1500
200	8,26	4,60	3,47	1,38	0,74	992	0,065	
300	8,58	4,76	3,55	1,54	0,81	995	0,100	1650
400	8,93	4,94	3,63	1,71	0,89	998	0,136	
500	9,66	5,32	3,89	2,15	1,10	1000	0,174	1780
600	10,24	5,66	4,13	2,57	1,32	1001	0,213	
700	10,67	5,93	4,33	2,90	1,52	1000	0,256	
800	11,01	6,13	4,49	3,19	1,69	999	0,30	1930
900	11,25	6,27	4,60	3,41	1,81	997	0,35	
1000	11,43	6,36	4,68	3,59	1,89	995	0,39	2010
1200	11,71	6,50	4,80	3,88	2,03	991	0,49	
1400	11,99	6,62	4,91	4,20	2,15	988	0,58	2170
1600	12,26	6,73	5,03	4,52	2,28	986	0,68	
1800	12,53	6,83	5,13	4,87	2,39	985	0,78	2310
2000	12,79	6,92	5,24	5,23	2,51	986	0,88	
2200	13,03	7,02	5,34	5,57	2,63	990	0,99	2450
2400	13,27	7,12	5,44	5,90	2,76	998	1,09	
2600	13,50	7,21	5,54	6,23	2,88	1009	1,20	2590
2898	13,64	7,30	5,68	6,51	3,03	1037	1,37	2700
				Außenkern (fluid)				
2898	8,10		9,43	6,2		1037	1,37	2700
3000	8,22		9,57	6,5		1020	1,47	
3400	8,76		10,11	7,8		930	1,85	2850
3800	9,28		10,56	9,1		840	2,22	
4200	9,70		10,94	10,3		750	2,57	3000
4600	10,06		11,27	11,4		670	2,88	
4982	10,44		11,54	12,6		620	3,17	3090
				Innenkern (fest?)				
5121	11,16		16,80			590	3,27	3100
5400	11,21		16,96			460	3,42	
5800	11,27		17,12			270	3,56	3100
6200	11,30		17,19			80	3,63	
6371	11,31		17,20			0	3,64	3100

einzelnen Forschungszweige — Gravimetrie, Seismik, Abkühlungs-
überlegungen u. a. — zusammengefaßt sind.

Über die stoffliche Zusammensetzung des Erdinneren läßt sich nur
insoweit etwas aussagen, als dieses der direkten Untersuchung zugänglich ist. Dies betrifft die Erdkruste und — wenn man den Vulkanismus

mit heranzieht — die oberen Partien des Mantels. Bezüglich der größeren Tiefen sind nur indirekte Schlüsse möglich.

Die aus dem Verhalten der Erdbebenwellen abgeleitete Dreiteilung des Erdinneren in Kruste, Mantel und Kern läßt sich in Analogie zum Hochofenprozeß bringen, in dem sich Schlacke, Stein und Metall untereinander anordnen. Danach würden der „Schlacke" der äußere Sial-Sima-Bereich, dem „Stein" die Sulfid-Eklogit-Schale des Mantels und der „Metallschmelze" der Eisen-Kern entsprechen. Diese Annahme wird auch durch Meteoritenuntersuchungen gestützt, bei denen sich deutlich zwei verschiedene Arten (Stein- und Eisenmeteoriten) unterscheiden lassen.

Der Entmischungsvorgang im Erdinneren muß zur Zeit der glutflüssigen Erde durch die Schwerkraft bewirkt worden sein. Gewisse Einwände gegen diese Vorstellung haben zu der Hypothese geführt, daß das Erdinnere von etwa 1000 km Tiefe an noch heute aus unveränderter Solarmaterie bestehen soll (KUHN und RITTMANN). Die durch die Erdbebenwellen erkennbare Schichtgrenze in 2900 km wird dabei erklärt durch den Übergang des kristallinen Materials in den metallischen Zustand.

Teil II

Erdmagnetismus

Vorbemerkung

Nach den in Teil I behandelten Erfahrungen über die physikalischen Zustände und Vorgänge im Erdinneren fügen wir vor der Behandlung der beiden weiteren Bereiche der Hydrosphäre und der Atmosphäre hier zunächst das Erscheinungsgebiet des Erdmagnetismus ein. Dies ist gerechtfertigt, weil das erdmagnetische Feld in seinem überwiegenden Teil durch Vorgänge im Erdinneren verursacht und säkular verändert wird.

Da nun im Bereich der magnetischen Erscheinungen gleichzeitig Vorgänge in den hohen und höchsten Atmosphärenschichten mitgestaltend zur Wirkung kommen, müßte dieser Teil des Erdmagnetismus „formal" auf Teil IV (Physik der Atmosphäre) verschoben werden. Er wird jedoch im Interesse einer möglichst geschlossenen Darstellung schon hier in Teil II mitbehandelt.

1. Der Magnet Erde

Die Erfahrung, daß es auf der Erde Kräfte gibt, die gewisse Gegenstände bei beweglicher Aufhängung in eine bestimmte Richtung drehen und hier halten, reicht bis in sehr ferne Vergangenheit zurück und ist schon sehr frühzeitig zu Orientierungszwecken verwandt worden*.

Untersucht man mit drehbar aufgehängten Eisenstäben oder Magneten den Raum an der Erdoberfläche auf das Vorhandensein magnetischer Kraftwirkungen, so ergibt sich folgendes Bild:

Ein in seinem Schwerpunkt aufgehängter Stabmagnet stellt sich überall etwa in die Nord-Süd-Richtung ein. — Wird er so aufgehängt, daß er um eine durch seinen Schwerpunkt gehende horizontale Achse drehbar ist, so nimmt er im allgemeinen eine Lage ein, bei der er mit

---

* Erste Andeutungen dessen finden sich in der mythologischen Geschichte Chinas, die etwa auf die Zeit von 2600 v.Chr. hindeuten. — Geschichtlich belegt ist die Kenntnis der Kompaßwirkung im Altertum bei den Ägyptern, Phöniziern u.a. Im Abendland wird die Möglichkeit dieser Orientierung als „Mittel für den Schiffer, bei bedecktem Himmel seinen Weg zu finden", von dem Mönch ALEXANDER NECKAM um 1200 beschrieben. — Einzelheiten zu den Entdeckungen und Fortschritten auf erdmagnetischem Gebiet bis zur Gegenwart findet man u.a. bei S. CHAPMAN und J. BARTELS (1940/1951).

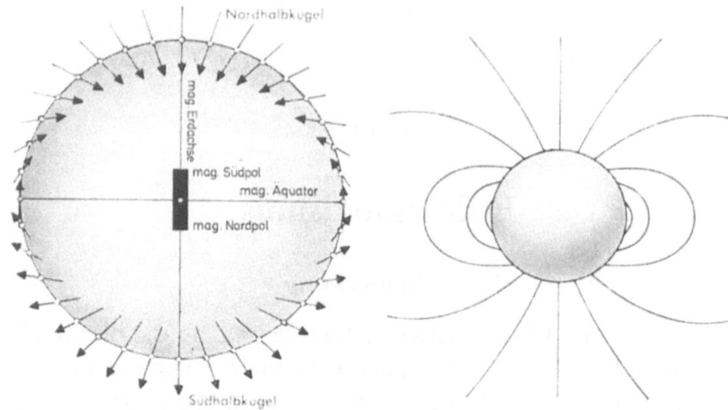

Abb. 35. Die Erde als Magnet. Links: Lage der Feldrichtung (Richtung der Pfeile)
und Feldstärke (Länge der Pfeile) für einen die Pole einschließenden Meridianschnitt.
Rechts: Kraftlinienverteilung im Außenraum

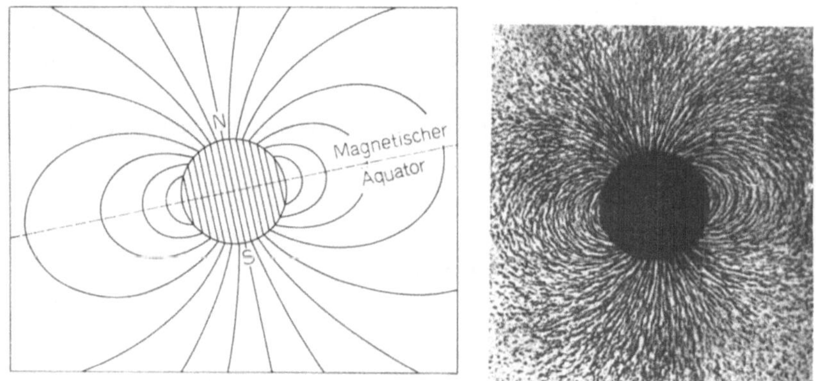

Abb. 36. Feldverteilung in der Umgebung einer gleichmäßig magnetisierten Kugel

dem einen oder anderen Ende in die Erde hinein deutet. Seine Neigung zur Horizontalen zeigt an, unter welchem Winkel die Kraftlinien an der betreffenden Stelle aus dem Erdinneren auftauchen. In
Abb. 35, links, ist dies für einen die beiden Pole des Erdmagneten
enthaltenden Querschnitt dargestellt. Die Pfeile zeigen die Lage und
die Pollage des Testmagneten an. Außerdem ist durch ihre verschiedene
Länge qualitativ die Änderung der Feldstärke in Abhängigkeit von der
Poldistanz angegeben.

Zeichnet man danach die Schnittpunkte und Richtungen der Kraftlinien an der Erdoberfläche und ergänzt sie im Außenraum, so kommt
man zu dem in Abb. 35 rechts gezeichneten Bild, das dem einer gleichmäßig magnetisierten Kugel (Abb. 36) entspricht.

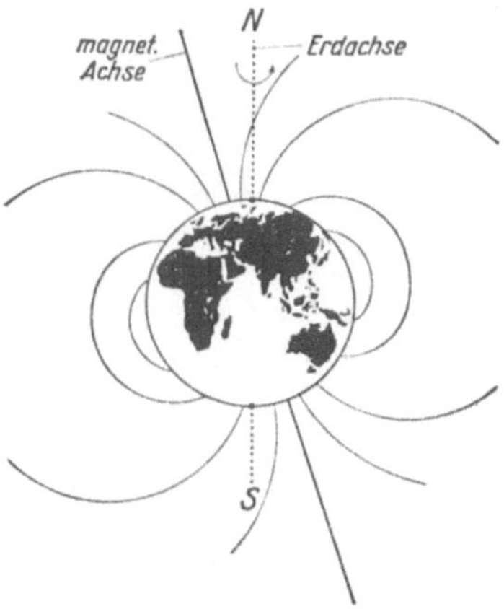

Abb. 37. Die Lage des erdmagnetischen Feldes im Außenraum der Erde

Dieses Bild des Magneten Erde ist idealisiert und zeigt im einzelnen eine Reihe charakteristischer Abweichungen.

Zunächst stellt man fest, daß die Drehachse der Erde und ihre magnetische Achse nicht übereinstimmen: Der „Testmagnet" zeigt fast überall eine bestimmte Abweichung von der Nord-Süd-Richtung, die von Ort zu Ort verschieden ist. Der Winkel zwischen Rotationsachse und magnetischer Achse ergibt sich zu etwa 11,5°. Das Magnetfeld hat also relativ zur Erde etwa die in Abb. 37 dargestellte Orientierung.

Auch dieses Bild ist noch eine Idealisierung, wie man „bei genauerem Hinsehen" erkennt: Aus der in Abb. 37 gegebenen Darstellung des Feldes ließe sich die Abweichung zwischen der magnetischen und der geographischen Nord- (bzw. Süd-) Richtung, die sog. „Deklination", für alle Punkte der Erdoberfläche ermitteln und entsprechend Abb. 38 kartographisch darstellen. Das wirkliche Bild der „Isogonen" (Linien gleicher Deklination) hat jedoch ein wesentlich anderes Aussehen, wie die — für den Zeitpunkt 1922 ermittelte — Darstellung der Abb. 39 zeigt.

Schließlich zeigt die über längere Zeit erstreckte Beobachtung, daß das erdmagnetische Feld zeitlichen Veränderungen unterliegt.

Hatte in früheren Zeiten die Hoffnung bestanden, durch magnetische Messungen ein Orientierungssystem gewinnen zu können, das das geographische System ersetzen sollte, um vor allem in der Navigation zu einer vom Wetter unabhängigen Orientierung kommen zu können, so hat sich dies wegen der genannten Eigenheiten des erdmagnetischen Feldes *nicht* realisieren lassen.

Indes werden magnetische Koordinaten im Zusammenhang mit Zuständen und Vorgängen in der Atmosphäre, die den Einflüssen des erdmagnetischen Feldes unterliegen, verwandt, da hierbei die „Feinstruktur des Feldes an der Erdoberfläche keine oder nur untergeordnete Bedeutung hat.

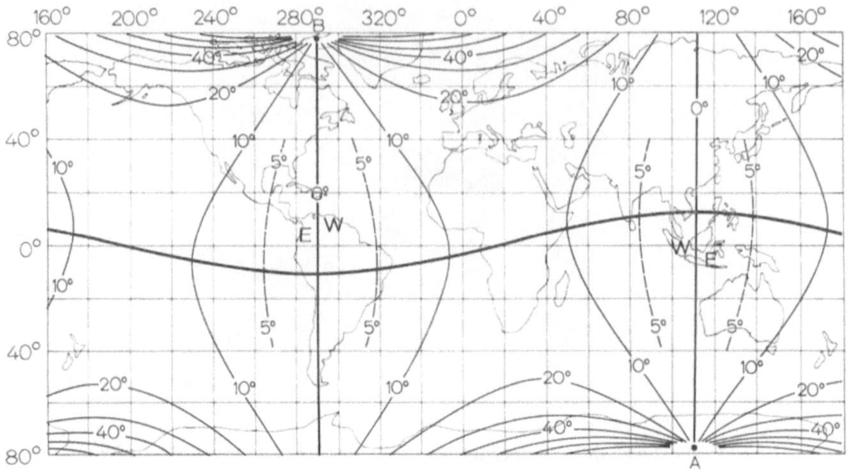

Abb. 38. Linien gleicher Deklination („Isogonen") auf der Erdoberfläche für ein von einem zentrischen Dipol getragenen Erdfeld

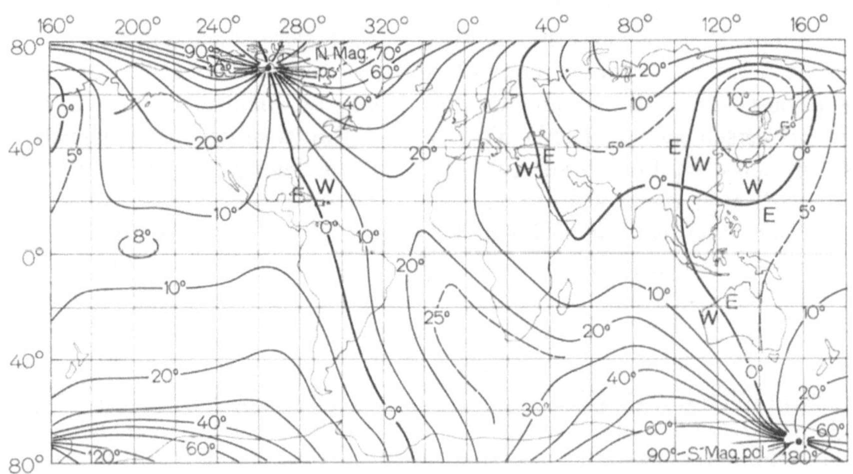

Abb. 39. Verteilung der Isogonen für 1922

Zur Festlegung eines solchen Systems „magnetischer Länge und Breite" wird nach dem von C. F. GAUSS entwickelten Analysenverfahren unter Anwendung von Kugelfunktionen ein seiner Feinstruktur entkleideter „Grundzustand" ermittelt. Der Kugelmagnet wird dabei durch einen im Erdinneren zu denkenden fiktiven Ersatzmagneten ersetzt. Seine Verlängerung zur Erdoberfläche ergibt die Pollage, an die sich die Koordinatenfestlegung anschließt.

Ein in dieser Weise festgelegter „zentrischer Dipol" führt zu symmetrisch gelegenen Polen folgender geographischer Lage:

78,5° Nord; 69° West   und   78,5° Süd; 111° Ost.

Im Vergleich dazu liegen die Stellen an der Erdoberfläche, an denen sich die „Inklinationsnadel" senkrecht zur Erdoberfläche stellt, anders: Für 1945 ergaben sich für diese „reale" Pollage die Punkte

76° Nord; 98° West   und   69° Süd; 147° Ost.

Die Verbindungslinie dieser beiden Punkte geht *nicht* durch den Erdmittelpunkt.

Man kann der im Vergleich zur Erde offensichtlich asymmetrischen Lage des Feldes durch Annahme eines „exzentrischen Dipols" Rechnung tragen. Die Rechnung führt dann auf einen fiktiven Magneten, der — unter Beibehaltung der für den zentrischen Dipol gefundenen Stärke und Richtung — ca. 340 km vom Erdmittelpunkt in Richtung auf die Oberflächenstelle 0,5° Nord und 162° Ost verschoben zu denken ist. Die zugehörige Pollage ergibt sich dann zu

80° Nord; 83° West   und   76° Süd; 121° Ost.

2. Grundlagen; Einheiten

Das erdmagnetische Feld ist ein Vektorfeld: Seine Eigenschaften werden in jedem Punkt beschrieben durch eine gerichtete Größe — eben

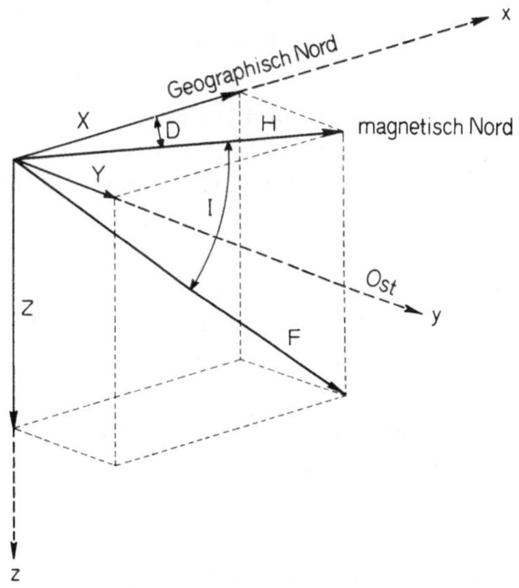

Abb. 40. Vergleich der beiden im erdmagnetischen Bereich gebräuchlichen Beschreibungen des Feldvektors *T*

einen Vektor —, die durch ihre Lage im Raum die Richtung und durch ihren numerischen Wert die Stärke des Feldes angibt. Zur Darstellung des Feldes und seiner zeitlichen Veränderlichkeit müssen diese Vektoren in räumlicher und zeitlicher Verteilung bekannt sein bzw. bestimmt werden.

Die Definition dieser Vektoren erfolgt im erdmagnetischen Bereich üblicherweise entweder durch die Angabe der „magnetischen Elemente" Horizontalintensität H, Deklination D und Inklination J oder durch die Angabe seiner Komponenten X, Y und Z in einem ortsfesten rechtwinkligen Koordinatensystem folgender Achsenfestlegung:

X-Achse in Nordrichtung, Y-Achse in Ostrichtung, Z-Achse vertikal nach unten weisend.

In Abb. 40 sind die beiden Möglichkeiten nebeneinander gestellt. Für die zwischen den beiden Größentripeln H, D, J und X, Y, Z bestehenden Beziehungen liest man aus der Abbildung leicht die folgenden Gleichungen ab:

$$
\begin{aligned}
X &= H \cdot \cos D \\
  &= T \cdot \cos J \cdot \cos D \\
Y &= H \cdot \sin D \\
  &= T \cdot \cos J \cdot \sin D \\
Z &= T \cdot \sin J \\
T &= H / \cos J \\
H &= \sqrt{X^2 + Y^2} \\
T &= \sqrt{X^2 + Y^2 + Z^2} .
\end{aligned}
\tag{25}
$$

Aus diesen lassen sich durch Differentiation leicht die zwischen den Variationen der betreffenden Größen bestehenden Relationen herleiten.

Entsprechend der hier definierten Koordinatenrichtungen ist die Deklination positiv (negativ) zu rechnen, wenn sie eine Abweichung der Magnetnadel von der geographischen Nordrichtung nach Osten (nach Westen) angibt. Ebenso ist eine positive (bzw. negative) Inklinationsrichtung dadurch festgelegt, daß der Nordpol des Inklinationsmagneten (bzw. ihr Südpol) unter den Horizont weist.

Im überwiegenden Teil der Nordhemisphäre ist J positiv, im überwiegenden Teil der Südhemisphäre negativ. Die Trennungslinie mit $J = 0$ definiert den magnetischen Äquator. Hier stimmen Horizontal- und Totalaktivität überein. — An den Polen wird J (bzw. $-J$) gleich $90°$. Damit wird hier $H = 0$.

Als *Maßsystem* wird im Bereich des Erdmagnetismus durchweg das von C. F. Gauss entwickelte CGS-System verwandt.

Zur Festlegung der Dimensionen und der Maßeinheiten geht man dazu von einer dem Coulombschen Gesetz der Kraftwirkung zwischen elektrischen Ladungen entsprechender Beziehung

$$
K = f \cdot \frac{m_1 \cdot m_2}{r^2}
\tag{26}
$$

aus, die die Anziehungs- (bzw. Abstoßungs-)kraft zwischen zwei ungleichartigen (bzw. gleichartigen) Magnetpolen m_1 und m_2 im Abstand r voneinander definiert.

Wird der nicht näher zu bestimmende Faktor f gleich 1 gesetzt und als dimensionslos angesehen, so ergibt sich danach die Dimension der „Polstärke" m zu:

$$(27) \qquad [m] = [g^{\frac{1}{2}}\, cm^{\frac{3}{2}}\, sec^{-1}].$$

Da weiter die „Feldstärke" F so definiert ist, daß sie auf einen Pol m die Kraft K ausübt, gelten die Beziehungen

$$(28) \qquad K = m \cdot F$$

und

$$(29) \qquad [F] = [g^{\frac{1}{2}}\, cm^{-\frac{1}{2}}\, sec^{-1}].$$

Die *Maßeinheiten* werden durch folgende Festsetzungen gewonnen:

Polstärke 1 soll ein Pol haben, der auf einen ihm gleichen Pol im Abstand 1 gemäß Gl. (26) die Kraft von 1 dyn ausübt.

Feldstärke 1 soll bestehen, wenn ein Pol der Stärke 1 durch sie gemäß Gl. (28) eine Kraftwirkung von 1 dyn erfährt.

Die so definierte Einheit der Feldstärke trägt in der Physik die Bezeichnung „Oersted". Trotzdem wird im erdmagnetischen Bereich in der Regel die Bezeichnung „Gauß" als Feldstärkeneinheit verwendet, obwohl diese gemäß internationaler Vereinbarung die Bezeichnung für die Einheit der Induktion darstellt*.

Die Einheit „Gauß" (Schreibweise: Γ wird — abweichend vom sonst üblichen Vorgehen — in 10^5 Teile geteilt, um eine kleinere Einheit, das „Gamma" (Schreibweise: γ) zu gewinnen. Es gilt also

$$(30) \qquad 1\,\gamma = 10^{-5}\,\Gamma.$$

Zur Umrechnung gilt die Beziehung:

$$(31) \qquad 1\ \text{Gauß} = 10^{-8}\ \text{Volt}\ sec/cm^2.$$

Die Verwendung der Definitionsgleichung (26) stellt eine Fiktion dar insofern als ein einzelner Magnetpol im Gegensatz zu einer elektrischen Ladung nicht isoliert werden kann. Eine Messung der Kraftwirkung nach Gl. (26) oder (28) ist also nicht zu realisieren. Vielmehr müssen, da Magnete nur als Dipole existieren, immer die gleichzeitigen Kraftwirkungen auf beide Pole berücksichtigt werden.

---

* Hierzu ist zu sagen, daß alle erdmagnetischen Messungen und Angaben sich auf das Medium Luft beziehen, daß wir es also genau genommen nicht mit Feldstärken, sondern mit Induktionen zu tun haben, was die Verwendung der Einheit „Gauß" durchaus rechtfertigt. Inkorrekt ist nur die Bezeichnung „Feldstärke". — Zahlenmäßig ist zwischen Feldstärke und Induktion in Luft kein Unterschied vorhanden, da die Permeabilität μ der Luft genügend genau gleich 1 ist (Abweichungen beginnen erst in der 7. Stelle hinter dem Komma).

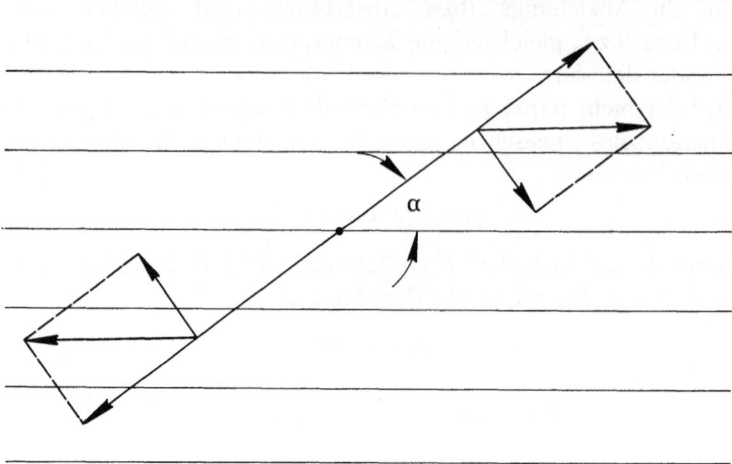

Abb. 41. Magnet im homogenen Magnetfeld

Dies hat u. a. zur Folge, daß auf einen Magneten in einem homogenen
Feld keine Translationswirkung, sondern nur eine Drehwirkung ausgeübt wird, die den Magneten in eine Lage parallel zu den Kraftlinien
zu bringen sucht (vgl. Abb. 41).

Die Größe des Drehmomentes D_M bestimmt sich in einfacher Weise
durch Addition der senkrecht zur Magnetachse an ihren beiden Polen
angreifenden Feldkräfte [Gl. (28)] zu

$$\begin{aligned} D_M &= 2 \cdot \frac{d}{2} \cdot m \cdot F \cdot \sin \alpha \\ &= M \cdot F \cdot \sin \alpha, \end{aligned}$$

(32)

wo $M = d \cdot m$ das „magnetische Moment" bedeutet. d ist der Abstand
zwischen den beiden Magnetpolen.

3. Das Permanentfeld (Hauptfeld) und seine Analyse

Nimmt man an, man könnte das erdmagnetische Kraftfeld sichtbar
machen und es von außen aus verschiedenen Entfernungen beobachten,
so würde sich je nach der Entfernung des Beobachtungsortes ein unter-
schiedlicher Aspekt dieses Feldes ergeben:

Vom Mond aus oder aus noch größerem Abstand gesehen würde sich
dieses Feld in der nahen Umgebung der Erde etwa so darbieten, wie es in
Abb. 37 dargestellt ist. In größerer Entfernung von der Erde würde es
in die in Abb. 42 skizzierte verzerrte Gestalt übergehen.

Mit Annäherung an die Erde würde man dann erkennen, daß das in
Abb. 37 gegebene Bild von Unregelmäßigkeiten durchsetzt ist, die um so
deutlicher hervortreten und um so mehr Einzelheiten erkennen lassen,

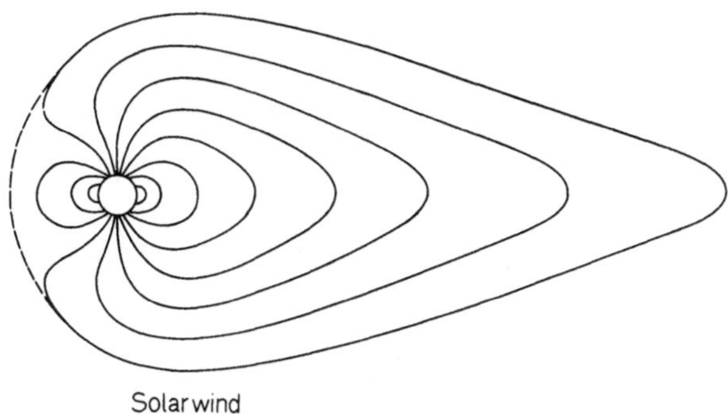

Abb. 42. Verzerrung des erdmagnetischen Feldes im Bereich der Magnetosphäre unter dem Einfluß des „solaren Windes". (Die Sonne ist links zu denken)

je näher man der Erdoberfläche kommt (vgl. dazu die Abb. 38, 39 und 43).

Je nach dem Zweck, den man mit der Erfassung der erdmagnetischen Gegebenheiten verfolgt, wird man das eine oder andere Bild zugrunde legen: Für Fragen des interplanetaren Raumes interessiert besonders die Magnetosphäre (Abb. 42). Für die nähere Umgebung der Erde und den erdmagnetischen Einfluß auf bestimmte außerterrestrische Erscheinungen, wie z. B. die Beeinflussung solarer und kosmischer Strahlen in Erdnähe, wird man das in Abb. 37 gegebene Bild heranzuziehen haben. Über die globale Verteilung der erdmagnetischen Größen geben die Abb. 44, 45 und 46 Auskunft. Bei der Bodenforschung schließlich kommt es auf die möglichst genaue Erfassung *aller* Einzelheiten an. Hier werden Darstellungen entsprechend Abb. 43 benötigt.

Die Verteilung der erdmagnetischen Größen über die Erdoberfläche leitet sich aus der Zusammenfassung der sog. „Magnetischen Landesaufnahmen" und aus Messungen über See her. Solche Darstellungen haben wegen der dauernden langsamen (,,säkularen") Veränderlichkeit des erdmagnetischen Zustandes nur Gültigkeit für den Zeitpunkt, zu dem sie gewonnen sind. Sie müssen deshalb in bestimmten Zeitabständen wiederholt werden.

Darstellungen der globalen Verteilung bedürfen einer gewissen Glättung des Beobachtungsmaterials, um die lokalen (örtlich begrenzten) Anomalien auszuschalten, denen keine regionale oder globale Bedeutung zukommt.

Zu diesem Zweck wird das vorhandene Gesamtmaterial einer vorherigen rechnerischen Glättung in Gestalt der von C. F. GAUSS entwickelten sphärischen harmonischen Analyse unterworfen. Grundgedanke und Rechengang dieses Ausgleichs- und Analysenverfahrens lassen sich kurz wie folgt skizzieren:

Unter der — nachträglich gerechtfertigten — Voraussetzung, daß sich das erdmagnetische Feld als Potentialfeld darstellen läßt, kann die

4*

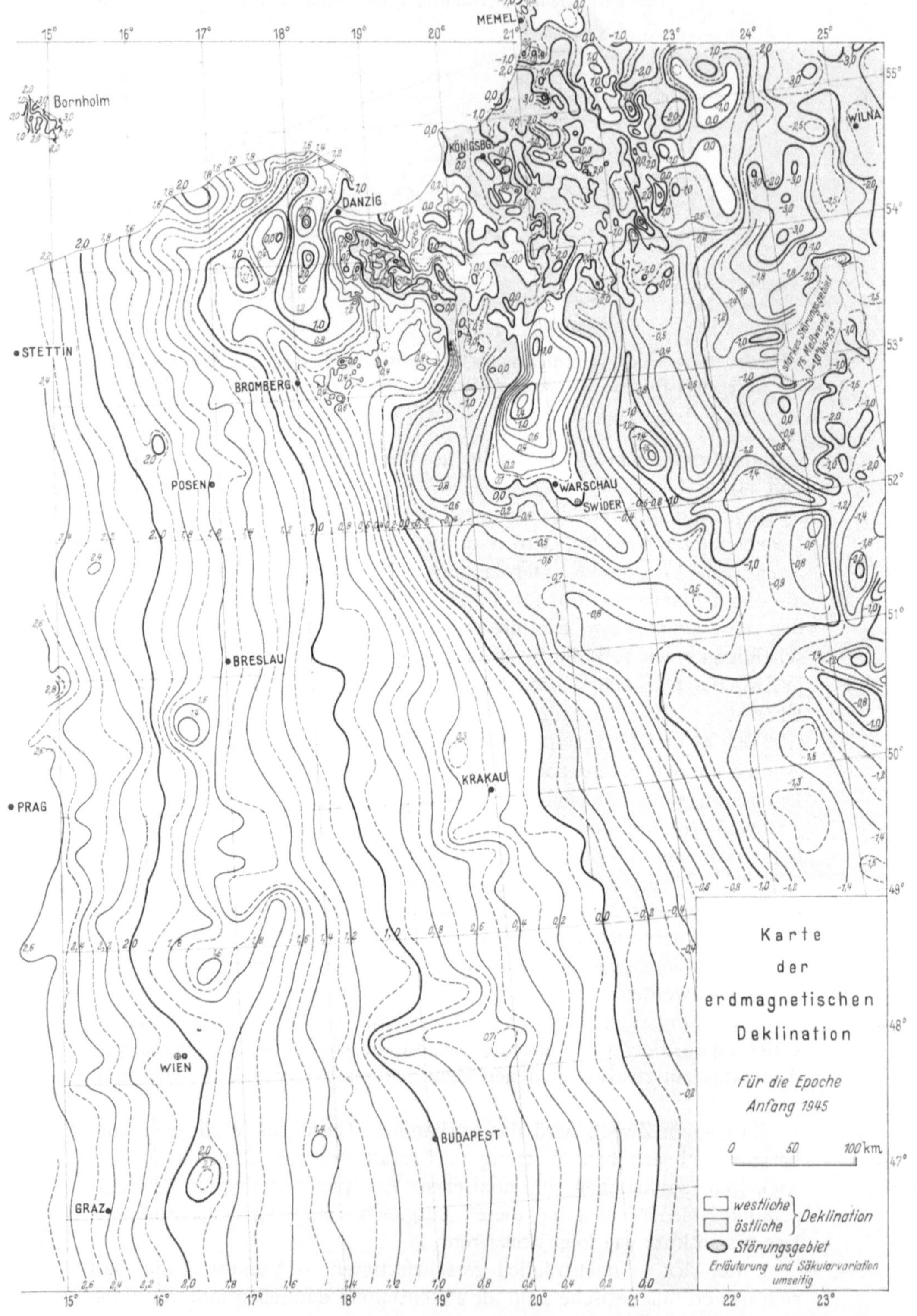

Bornholm
STETTIN
BROMBERG
POSEN
BRESLAU
PRAG
WIEN
GRAZ
DANZIG
KÖNIGSBG
MEMEL
WARSCHAU
SWIDER
KRAKAU
BUDAPEST
WILNA
Karte
der
erdmagnetischen
Deklination
Für die Epoche
Anfang 1945
0   50   100 km
westliche
östliche   } Deklination
Störungsgebiet
Erläuterung und Säkularvariation
umseitig
Starkes Störungsgebiet
73 Meßwerte
D = 40°45'-23°

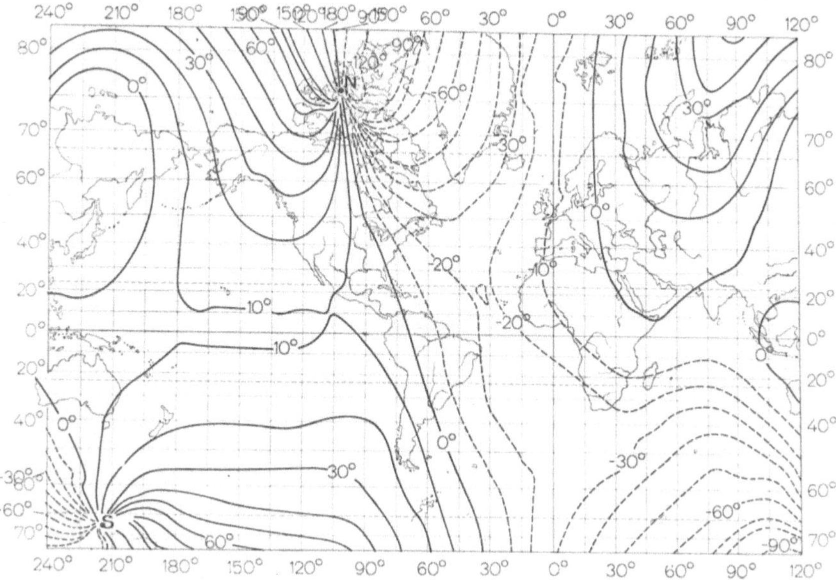

Abb. 44. Weltkarte der magnetischen Deklination D für die Epoche 1945,0

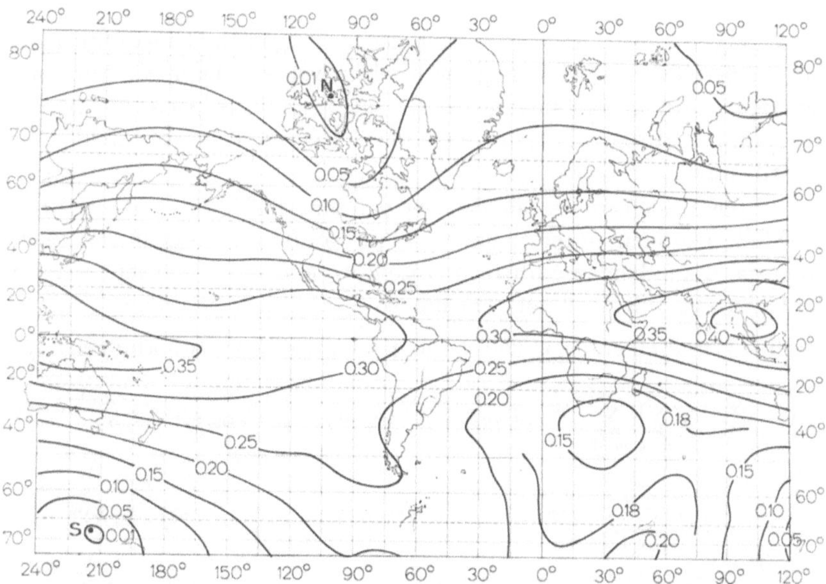

Abb. 45. Weltkarte der magnetischen Horizontalintensität H für die Epoche 1945,0

Abb. 43. Karte der erdmagnetischen Deklination D für die Epoche 1945,0 für das östliche Mitteleuropa. Weiß: westliche Deklination; grau: östliche Deklination

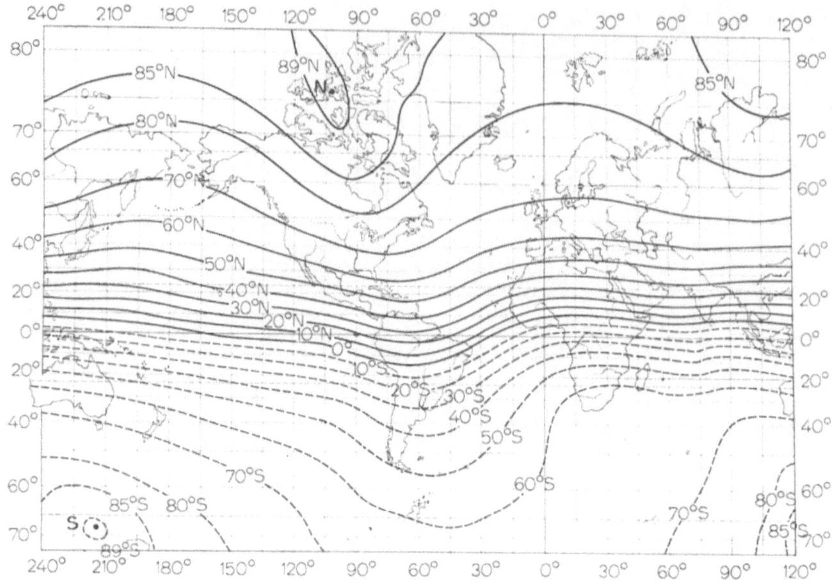

Abb. 46. Weltkarte der magnetischen Inklination J für die Epoche 1945,0

Verteilung dieses Potentials unter Benutzung von Kugelfunktionen durch eine Reihenentwicklung beschrieben werden, deren Koeffizienten den Beobachtungsergebnissen anzupassen sind. Eine Aussage über die das erdmagnetische Feld erzeugenden Ursachen ergibt sich dabei natürlich nicht.

Da die Ursachen des Feldes sowohl innerhalb wie außerhalb der Erde liegen können, unterscheidet man im Ansatz für das erdmagnetische Potential U die beiden additiven Anteile U_i und U_a; U_i bezieht sich auf die felderzeugende Wirkung von innen, U_a auf die von außen.

Für U_i und U_a ergeben sich die folgenden Reihenentwicklungen:

$$(33) \qquad U_i = R \sum_{n=0}^{\infty} \sum_{m=0}^{n} (g_n^m \cos m\lambda + h_n^m \sin m\lambda) \cdot P_n^m(\cos \Theta) \cdot (R/r)^{n+1}$$

und

$$(34) \qquad U_a = R \sum_{n=0}^{\infty} \sum_{m=0}^{n} (G_n^m \cos m\lambda + H_n^m \sin m\lambda) \cdot P_n^m(\cos \Theta) \cdot (r/R)^n,$$

wo r, Θ und λ die sphärischen Koordinaten (Abstand vom Erdmittelpunkt, Zenitabstand und geographische Länge), P_n^m die Kugelfunktionen und g_n^m und h_n^m die durch Vergleich mit der Beobachtung abzuleitenden Gauß-Koeffizienten bei „inneren Ursachen" und G_n^m und H_n^m die entsprechenden Koeffizienten bei „äußeren Ursachen" bedeuten. R ist der (mittlere) Erdradius.

Die Gauß-Koeffizienten werden durch den Vergleich der für $r = R$ (Erdoberfläche!) aus den Gln. (33) und (34) errechneten Werten der X-, Y- und Z-Komponenten

$$(35) \qquad X = -\frac{\partial U}{\partial x} = +\left(\frac{1}{r}\frac{\partial U}{\partial \Theta}\right)_{r=R}$$

$$(36) \qquad Y = -\frac{\partial U}{\partial y} = -\left(\frac{1}{r}\frac{\partial U}{\sin \Theta \, \partial \lambda}\right)_{r=R}$$

$$(37) \qquad Z = -\frac{\partial U}{\partial z} = -\left(\frac{\partial U}{\partial r}\right)_{r=R}$$

mit den beobachteten bzw. nach Gl. (25) aus anderen Beobachtungswerten errechneten Werten der drei Feldkomponenten unter Anwendung von Ausgleichsrechnung ermittelt.

Die Entwicklung wird nach einer Reihe von Gliedern abgebrochen (GAUSS verwendete 24 Glieder der Summe; spätere Analysen. sind auf über 60 Glieder ausgedehnt worden).

Die Trennung nach äußeren und inneren Anteilen läßt sich aus dem in beiden Fällen verschiedenen Verhalten von Z ableiten.

In Analogie zur Fourier-Analyse, bei der die einzelnen Glieder der Reihe als Grundschwingung mit zugehörigen Oberschwingungen aufgefaßt werden, kann man auch hier versuchen, den einzelnen Gliedern der Entwicklung eine physikalische Deutung zu geben. Hier drängt sich insbesondere die schon in Abschnitt 2 besprochene Aufteilung in ein „Grundphänomen“ in Gestalt eines von einem „zentrischen Dipol“ getragenen „Dipolfeld“ und ein durch die Gesamtheit der übrigen Glieder der Entwicklung gegebenes „Restfeld“ auf.

Zusammenfassend lassen sich aus den bisher durchgeführten globalen Vermessungen und ihrer Analyse folgende Gesetzmäßigkeiten ableiten:

1. Der erdmagnetische Zustand ist in weit überwiegendem Maße (zu mehr als 95%) auf Ursachen im Erdinneren zurückzuführen. Der Rest von einigen Prozent hat äußere Ursachen. Ein bei früheren Analysen gefundener „potentialloser Anteil“ von einigen Prozent, der durch elektrische Ströme, die die Erdoberfläche in vertikaler Richtung durchsetzen, hervorgerufen sein müßte, existiert nach den neueren genaueren Vermessungen nicht.

2. Das magnetische Moment M der Erde berechnet sich für 1945,0 zu

$$M = 8{,}06 \cdot 10^{25} \text{ Gauß} \cdot \text{cm}^3.$$

Davon entfallen etwa 85% auf den rotations-symmetrischen Anteil.

3. Ein Dipolmoment dieser Größe ergibt ein Magnetfeld, das auf einer Kugel mit dem mittleren Erdradius von 6370 km am magnetischen Äquator eine Horizontalintensität von 0,312 Gauß ($31\,200\,\gamma$) und an den Polen Vertikalintensitäten von 0,624 Gauß ($62\,400\,\gamma$) besitzt, was etwa dem tatsächlichen Befund entspricht. — Zur Veranschaulichung dessen ist folgendes zu sagen: Wäre das Feld durch Permanentmagnete im

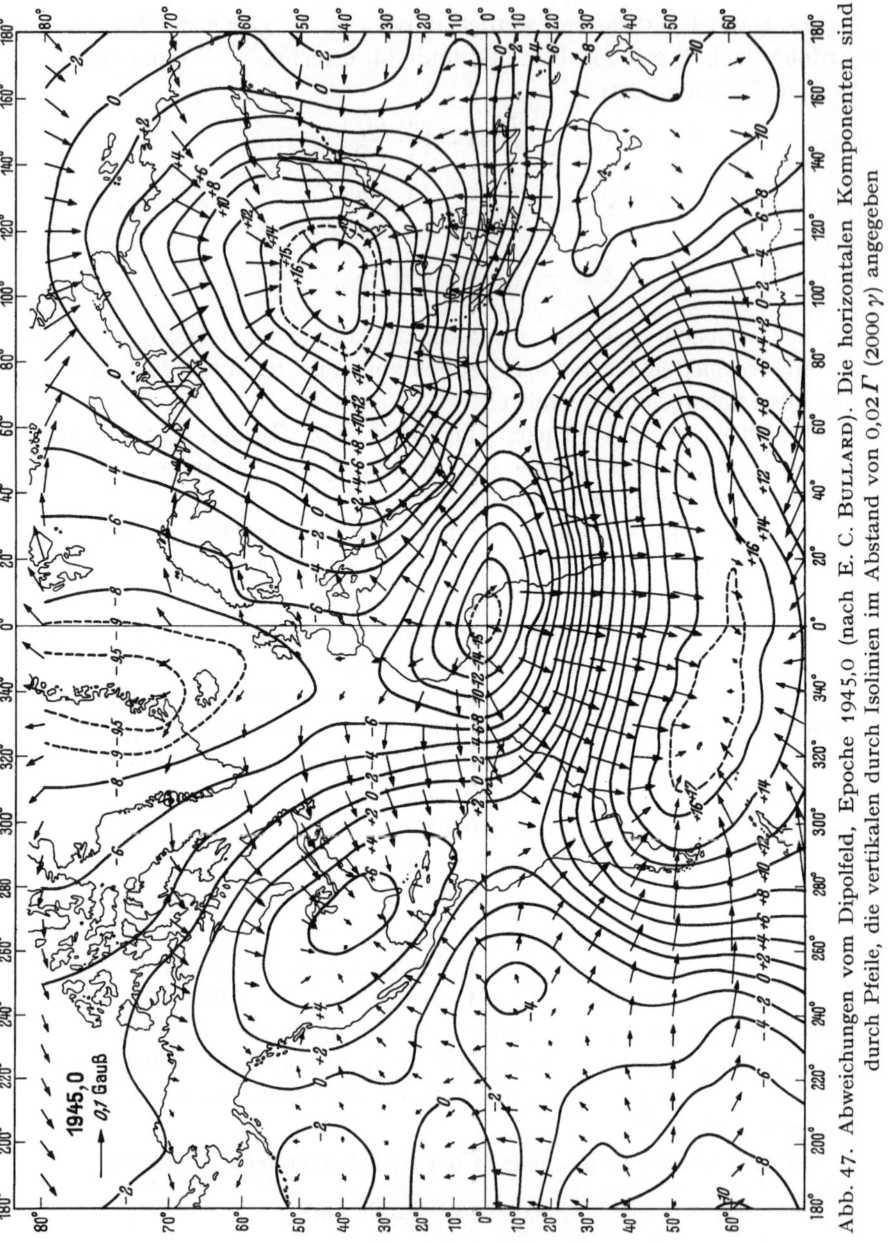

Abb. 47. Abweichungen vom Dipolfeld, Epoche 1945,0 (nach E. C. BULLARD). Die horizontalen Komponenten sind durch Pfeile, die vertikalen durch Isolinien im Abstand von $0,02\,\Gamma$ (2000 γ) angegeben

Erdinnern zu erzeugen, so würde man in jedem Kubikmeter des Erdinneren bis zur Sättigung magnetisierte Magnetstahl-Stäbe von 200 cm³ Gesamtvolumen benötigen. — Um das Feld durch elektrische Ströme zu erzeugen, wären in ost-westlicher Richtung fließende Ströme im Erdinneren einer Gesamtstromstärke von 10^9 A erforderlich.

4. Aus 10 im Zeitraum zwischen 1835 und 1945 durchgeführten Analysen ergibt sich eine Abnahme des Gesamt-Dipolmomentes um 7%.

5. Ermittelt man das „Restfeld" (s. oben), so ergibt sich für die Epoche 1945,0 das in Abb. 47 dargestellte Bild. In ihm zeichnen sich einige Aktivitätszentren ab, in denen ein deutlicher Zusammenhang zwischen der Horizontalintensität (Pfeile) und der Vertikalintensität (Isolinien) erkennbar ist. Es wird versucht, diesen Befund mit der großtektonischen Gliederung der Erdkruste in Verbindung zu bringen und die Aktivitätszentren zum Teil durch Änderungen im Gesteinsmagnetismus, zum Teil durch stationäre elektrische Erdströme zu deuten.

4. Die säkulare Veränderlichkeit des Permanentfeldes

Die erdmagnetischen Verhältnisse zeigen zwei Arten von Veränderlichkeiten, die sich phänomenologisch deutlich durch ihren zeitlichen Ablauf unterscheiden:

1. Die eine Art betrifft die sog. „Säkularvariation", in der sich eine systematische über Jahrzehnte und Jahrhunderte erstreckte Änderung ausprägt.

2. Die zweite Art umfaßt die im Vergleich dazu sehr kurzzeitigen Variationen, die aus periodischen und aperiodischen Veränderungen im Verlauf von Tagen, Stunden und kürzeren — bis zu Bruchteilen von Sekunden herunterreichenden — Zeiten bestehen.

Die erstgenannte Art geht auf Vorgänge im Erdinneren, die zweite auf solche im Außenraum der Erde zurück.

Wir betrachten zunächst nur die erstgenannte Art der langsamen Veränderlichkeit.

Die Charakterisierung „langsam" und „schnell" ist relativ und bezieht sich auf den uns gewohnten Zeitbegriff. Im Vergleich zu geologischen Vorgängen verlaufen auch die säkularen Veränderungen noch außerordentlich rasch — eine Tatsache, die bei dem Versuch einer kausalen Deutung der Erscheinung beachtet werden muß!

Als Beispiel sind in Abb. 48 die Änderungen der Elemente H, D, T, Z und J für Wien in der Zeit von 1851 bis 1950 dargestellt. Am auffallendsten ist die Änderung der Deklination um mehr als 12° in diesem Zeitraum.

Abb. 49 zeigt die Lageveränderung des erdmagnetischen Feldvektors — dargestellt durch die Kombination von D und J — für London über den 400jährigen Zeitraum sei 1540. Danach hat dieser Vektor in dieser Zeit fast einen vollen Kegelmantel durchlaufen. (Für Paris ergibt sich ein ähnliches Bild.)

Indes zeigt der Vergleich mit den Ergebnissen anderer — vor allem außereuropäischer — Stationen, daß dort die Veränderungen anders verlaufen. Man muß also annehmen, daß es sich bei dem Phänomen der Säkularvariation *nicht* um ein globales Phänomen handelt. Dies wird

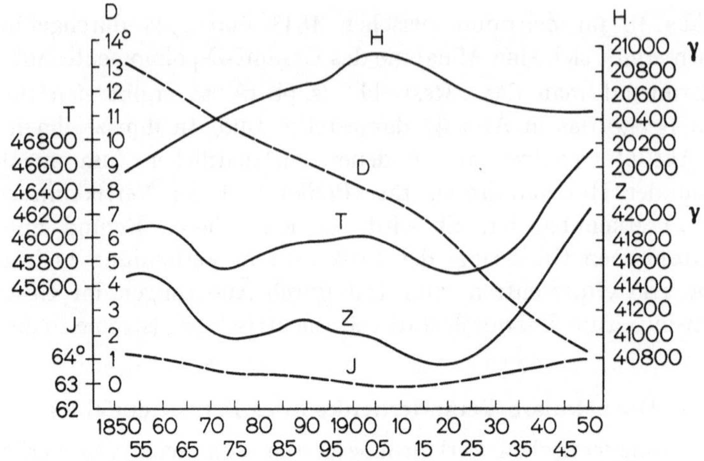

Abb. 48. Säkulare Änderung der erdmagnetischen Größen in Wien im Zeitraum von 1851—1950. *H* Horizontalintensität; *D* Deklination; *T* Totalintensität; *Z* Vertikalintensität; *J* Inklination. (Aus M. Toperczer, 1960)

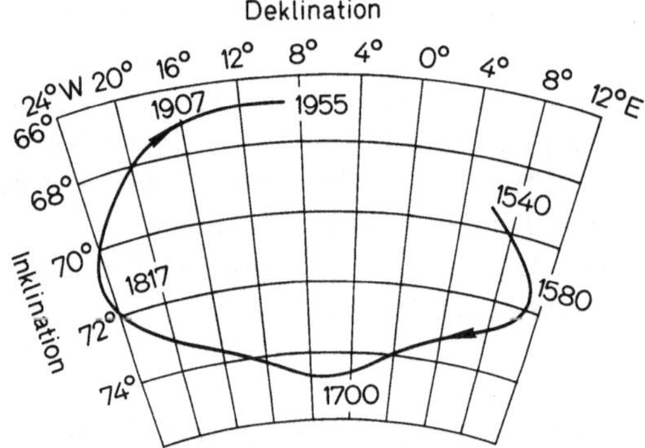

Abb. 49. Säkularvariation der Lage des erdmagnetischen Feldvektors in London seit 1540. (Nach L. A. Bauer)

auch durch die Anwendung der Kugelfunktionsanalyse bestätigt, die auf eine *sehr* schlecht konvergierende Reihe ohne ein vorherrschendes Anfangsglied („Grundglied") führt.

Wir müssen also zunächst die Säkularvariation als ein regionales Phänomen ansehen, das keinen klaren Zusammenhang zum Permanentfeld erkennen läßt. Trotzdem kann man in ihrem Verhalten einen globalen Zug erkennen:

Faßt man nämlich die Beobachtungswerte der Säkularveränderungen kartenmäßig zusammen, so erkennt man auf der Weltkarte eine Reihe von „Aktionszentren", die zum Teil durch eine Zunahme, zum Teil durch eine Abnahme des erdmagnetischen Zustandes gekennzeichnet sind. So findet man z. B. südlich der Südspitze von Südamerika und im südwestlichen Indischen Ozean Gebiete mit abnehmendem Trend, im Himalaja und südwestlich der Sundainseln solche mit zunehmendem

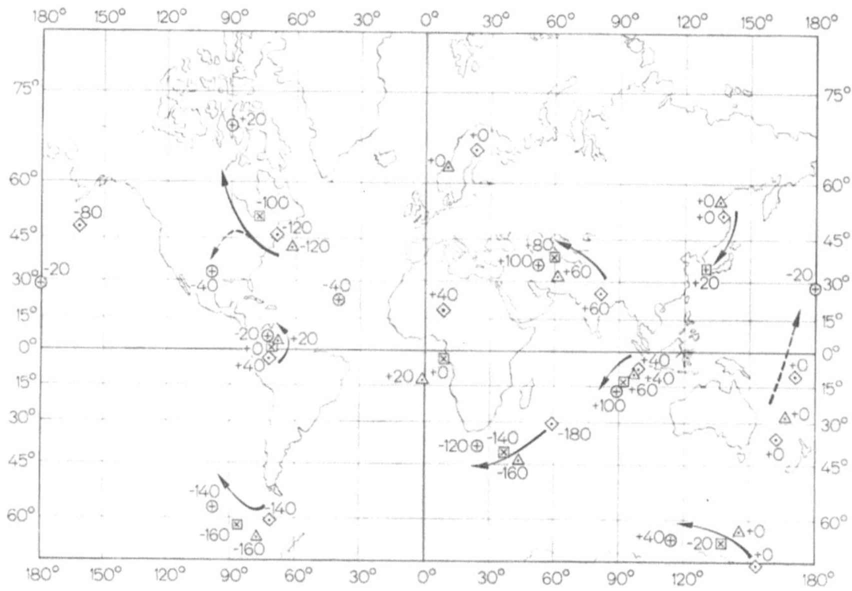

Abb. 50. Bewegung und Veränderung (angegeben in γ pro Jahr) der „Aktionszentren"
(„isoporic foci") in der Säkularvariation von Z im Zeitraum von 1912,5 bis 1942,5.
(Nach J. A. Fleming, Trans. Assoc. Terr. Magn. Electr. UGGI, Oslo 1948, p. 37ff.)

Trend. Das überraschende ist nun die Beobachtung, daß diese „Aktionszentren" eine klar erkennbare Tendenz zeigen, sich nach Westen zu
verlagern (Abb. 50).

Im Zusammenhang damit ist zu erwähnen, daß sich die 0°-Isogramme
der Deklination (Linie, an der D den Wert 0 annimmt) im Äquatorgebiet
der westlichen Hemisphäre in den letzten 400 Jahren um durchschnittlich 23° im Jahrhundert nach Westen verschoben hat.

Die bisher besprochenen Beobachtungsergebnisse zur Säkularvariation erstrecken sich über Zeitspannen, die im Vergleich zu dieser
Erscheinung nur kurz sind. Es liegt deshalb nahe, in diesem Zusammenhang auch die Untersuchungen und Ergebnisse über den „Palöo-
magnetismus" heranzuziehen. Die Möglichkeiten dazu bieten vor allem
die Bestimmungen der sog. „Thermoremanenz" in Erstarrungsgesteinen,
in der die Orientierung des erdmagnetischen Vektors zum Zeitpunkt der
Durchschreitung des Curie-Punktes fixiert ist*.

---

* Ferromagnetische Materialien verlieren bei Temperaturen von einigen 100°
(Schmiedeeisen z. B. bei etwa 790°, Magnetit bei 580°, Pyrrhotin bei 320° C) ihre
ferromagnetischen Eigenschaften. Da nun mit steigender Temperatur in einem solchen Material bei Annäherung an den Curiepunkt die Koerzitivkraft eher verschwindet als die Magnetisierbarkeit, ergibt sich damit eine Annäherung an die „ideale
Magnetisierung", d. h. die Möglichkeit, mit schwachem äußerem Feld eine sehr hohe
Magnetisierung zu erreichen. Ein von höheren Temperaturen erkaltendes Material
erfährt deshalb beim Durchschreiten des Curie-Punktes eine sehr starke Magnetisierung, die es beim weiteren Abkühlen als „Thermoremanenz" konserviert.

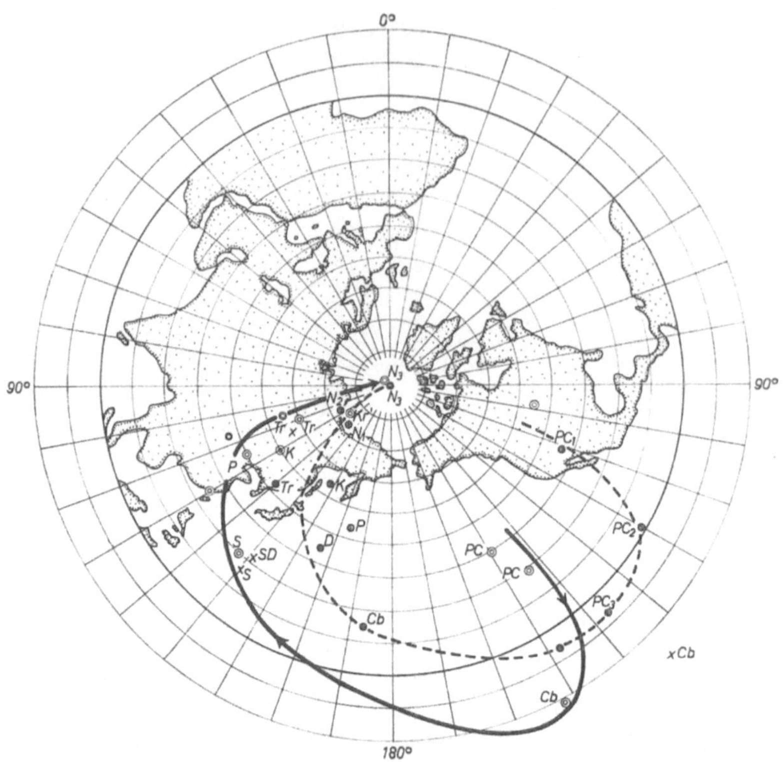

Abb. 51. Die Wanderung des nördlichen Magnetpols im Laufe der Erdgeschichte nach paläomagnetischen Untersuchungen an Materialien in Nordwest-Europa (Punkte), Nordamerika (Doppelkreise) und der Sowjetunion (Kreuze). Die Buchstaben bedeuten: *PC* Präkambrium; *Cb* Kambrium; *S* Silur; *D* Devon; *K* Karbon; *P* Perm; *Tr* Trias; *Kr* Kreide; N_1 Eozän; N_2 Oligozän; N_3 Jungtertiär und Quartär. (Entnommen aus M. SCHWARZBACH, Das Klima der Vorzeit. Stuttgart, 1961)

Voraussetzung für solche Schlußfolgerungen ist natürlich die, daß das betreffende vulkanische Produkt weder seine Lage bis heute verändert noch eine abermalige Erwärmung über den Curie-Punkt hinaus erfahren hat.

Aus bisherigen Untersuchungen dieser Art an vulkanischen Produkten aus früheren Epochen der Erdgeschichte bis zum Präkambrium zurück ist zu entnehmen, daß in dieser Zeit eine beträchtliche Wanderung der Magnetachse erfolgt sein muß (vgl. Abb. 51).

Offen bleibt dabei natürlich die Frage, ob daraus auf eine Verlagerung der Magnetachse im Erdkörper oder auf eine entsprechende Verschiebung der Kontinentalschollen geschlossen werden muß. Das Problem ist also das gleiche, wie es sich auch bei der Wanderung der Rotationsachse der Erde stellt (vgl. Teil I). — Da es nach allem naheliegt, eine gewisse Koppelung zwischen beiden Achsen als wahrscheinlich anzunehmen

(s. auch den folgenden Abschnitt), dürften beide Probleme in enger Verbindung miteinander stehen.

Eine besondere Überraschung an den paläomagnetischen Untersuchungen ist das Ergebnis, das sich in vielen Fällen bei der Vermessung der Proben eine zur heutigen Lage des Magnetfeldes umgekehrte Feldrichtung ergibt. Nimmt man den Befund solcher zeitweiligen Vertauschungen von magnetischem Nord- und Südpol als gesichert an und sucht diese Ereignisse zeitlich zu fixieren, so kommt man — vor allem nach dem Befund in den mächtigen Basaltlagern der Erde in Island, Japan, Hawaii, am Ätna und an anderen Orten) — zu dem Ergebnis, daß jeweils in Abständen von etwa 1 Million Jahren solche Umpolungen stattgefunden haben. (In Island z.B. wurden für die 5000 bis 6000 m mächtigen Basaltmassen 15 bis 30 „Umpolungen" ermittelt.)

Das Problem dieser „Umpolungen" ist noch umstritten. Laboratoriumsuntersuchungen machen es wahrscheinlich, daß unter besonderen petrographischen und chemischen (Oxydationszustand?) Umständen eine Selbstumpolung im erkaltenden Material eintreten kann. Andererseits haben Versuche zur zeitlichen Zuordnung von Perioden normaler oder umgekehrter Feldrichtung über einen bis zum Präkambrium zurückreichenden Zeitraum nach Untersuchungen an englischem und nordamerikanischem Material befriedigende Übereinstimmung ergeben, was für die Realität des Phänomens spricht.

Schließlich ist zu diesem Problem zu erwähnen, daß aus dem astrophysikalischen Bereich Beweise dafür vorliegen, daß bei der anzunehmenden Koppelung zwischen der Rotation eines Weltkörpers und seinem Magnetfeld dessen Orientierung beide Möglichkeiten zuläßt: So ist bekannt, daß es Fixsterne gibt, die ihr Magnetfeld regelmäßig in kurzen Abständen umpolen.

5. Versuche zur Erklärung des Permanentfeldes und seiner säkularen Veränderlichkeit *

Versuche, das erdmagnetische Permanentfeld und seine langsame Veränderlichkeit zu erklären, liegen in großer Zahl vor. Trotzdem ist bis heute noch keine befriedigende Lösung dieses Problemes gefunden.

Einer der Hauptgründe dafür ist der, daß der Versuch, aus dem experimentellen Befund auf die erzeugenden Ursachen zu schließen, kein eindeutiges Ergebnis zu liefern vermag wegen der Mehrdeutigkeit: Die Erscheinungen können sich sowohl aus dem Vorhandensein von Permanentmagneten herleiten lassen wie auch durch Ströme entsprechender Stärke und Richtung erklärt werden.

Die wesentlichsten der bisher diskutierten Möglichkeiten lassen sich kurz wie folgt zusammenfassen und charakterisieren:

---

* Vergleiche hierzu D.R. INGLIS 1955 und G. FANSELAU, Bd. III.

a) Permanente Magnetisierung

Die Zurückführung des erdmagnetischen Zustandes auf permanente Magnetisierung im Erdkörper wäre wegen des Verschwindens der ferromagnetischen Eigenschaften bei Temperaturen oberhalb des „Curie-Punktes" nur durch eine entsprechende Magnetisierung im Krustenmaterial denkbar. Da im Bereich der Erdkruste die Temperatur rasch mit der Tiefe ansteigt, würde dadurch im Mittel eine Beschränkung auf etwa die obersten 25 km resultieren.

Zum Zustandekommen einer solchen Krustenmagnetisierung, die etwa durch die Bildung von thermoremanentem Magnetismus im erkaltenden Gestein zu erklären wäre, müßten zusätzlich irgendwelche inneren oder äußeren Initialfelder angenommen werden. So hat man u.a. daran gedacht, daß sich eine allmähliche Anhäufung von Magnetisierung in dem zur Entstehung von Thermoremanenz befähigten Krustenmaterial unter der Wirkung der erdmagnetischen Stürme und des Ringstromes, mit anderen Worten also durch Einflüsse von außen her, gebildet haben könnte. Indes wären dafür Zeiträume erforderlich, die das Erdalter *weit* übersteigen würden. — Im übrigen ist es mehr als unwahrscheinlich, daß sich eine irgendwie geartete permanente Magnetisierung im Krustenmaterial während ihres sicher über längere Zeit instabilen Temperaturzustandes und angesichts ihrer Veränderungen unter dem Einfluß von Vulkanismus, Gebirgsbildung, Faltung und Erdbebenerschütterungen bis heute erhalten haben sollte.

Weitere entscheidende Einwände gegen alle Versuche, den Erdmagnetismus auf eine remanente Krustenmagnetisierung zurückzuführen, sind in folgendem zu sehen:

aa) Maßgebend für die Krustenmagnetisierung ist in erster Linie ihr Magnetit-Gehalt. Nimmt man an, daß der Magnetitanteil in den Krustengesteinen bis zur Sättigung magnetisiert wäre, so müßte zur Erzeugung des beobachteten erdmagnetischen Gesamtmomentes die oben genannte Krustenschicht von 25 km Dicke zu rund 10% aus Magnetit bestehen.

bb) Da unter den Ozeanen und den Festlandsockeln verschiedene Temperaturverhältnisse herrschen, müßten sich Unterschiede im erdmagnetischen Bild über den Ozeanen und den Kontinenten zeigen.

cc) Eine permanente Krustenmagnetisierung als maßgebliche Ursache würde den offensichtlich bestehenden Zusammenhang zwischen Feldrichtung und Rotationsachse als Zufälligkeit erscheinen lassen; außerdem wäre die Erklärung der säkularen Veränderlichkeit und der Westdrift kaum möglich!

b) Rotationseffekte

Eine andere Gruppe von Erklärungsversuchen geht von der Annahme einer kausalen Verbindung von Magnetisierung und Rotation aus.

Hier ist zuerst der sog. „Gyromagnetische Effekt" zu nennen, der auf der ausrichtenden Wirkung der Rotation auf die Achsen der Elementarmagnete durch Kreiselwirkung beruht. Der Effekt einer solchen Magnetisierung durch Rotation ist experimentell nachweisbar, liefert aber auf die Erde und ihre Rotation übertragen ein um etwa 10 Zehnerpotenzen zu kleines Feld.

Andere Versuche beruhen auf der Annahme, daß die Erde Ladungen trägt, die bei ihrer Rotation elektrischen Strömen äquivalent sind und deshalb ein magnetisches Feld erzeugen. Um einen solchen Effekt hervorzurufen, müßte die tatsächliche Oberflächenladung der Erde um etwa den Faktor 10^8 größer sein, als er sich aus der Beobachtung ergibt. Dies würde außerdem zu elektrischen Feldern unhaltbarer Größe in der Atmosphäre führen. — Der Versuch, dieser Schwierigkeit durch die Annahme kompensierender positiver Raumladungen im Erdinneren auszuweichen, scheitert an der dafür viel zu großen elektrischen Leitfähigkeit im Erdinneren. Es müßte ein entsprechend wirksamer Ladungstrennungsprozeß angenommen werden, was nur eine Verschiebung des Problems auf ein anderes ebensowenig „befahrbares" Gleis bedeuten würde.

Ein anderer Weg versucht durch Modifikation der Maxwellschen Gleichungen weiterzukommen, die sich erst bei Körpern von der Größe der Erde auswirken sollten. — In einem weiteren Versuch wird eine minimale Verschiedenheit der Coulomb-Kräfte für positive und negative Ladungen um einen Faktor von etwa 10^{-21} angenommen. Diese Annahme ist experimentell nicht zu prüfen und quantenmechanisch nicht haltbar. — Beide Hypothesen sind deshalb abzulehnen.

c) Stromsysteme im Erdinneren

Mehr Aussicht auf Erfolg haben Vorstellungen, die auf der Annahme von Stromsystemen im Erdinneren beruhen.

Um das „Dipolfeld" der Erde zu erzeugen, ist ein Strom im Inneren von etwa $5 \cdot 10^9$ A erforderlich. Damit ergibt sich als Kernpunkt für alle Überlegungen dieser Art die Frage, wie es zur Ausbildung und Erhaltung solcher Ströme im Erdinneren kommen kann.

Man kann zunächst folgende Abschätzung machen: Ein Gesamtstrom von der angegebenen Größe bedeutet eine Stromdichte von $2 \cdot 10^{-6}$ A/cm². Für eine Leitfähigkeit von $3 \cdot 10^3$ Ohm⁻¹ cm⁻¹, wie sie etwa für den „fluiden" äußeren Teil des Erdkerns anzunehmen ist*, würde zur Erzeugung einer solchen Stromdichte eine Spannung von etwa $7 \cdot 10^{-10}$ Volt/cm nötig sein. Auf Dimensionen des Erdkerns umgerechnet führt dies auf Spannungen in der Größenordnung von etwa $\frac{1}{10}$ Volt, für deren

---

* Als Sitz und Quelle des Stromsystems wird aus verschiedenen Gründen der äußere „flüssige" Teil des Erdkerns zwischen etwa 2900 und 5100 km Tiefe angenommen.

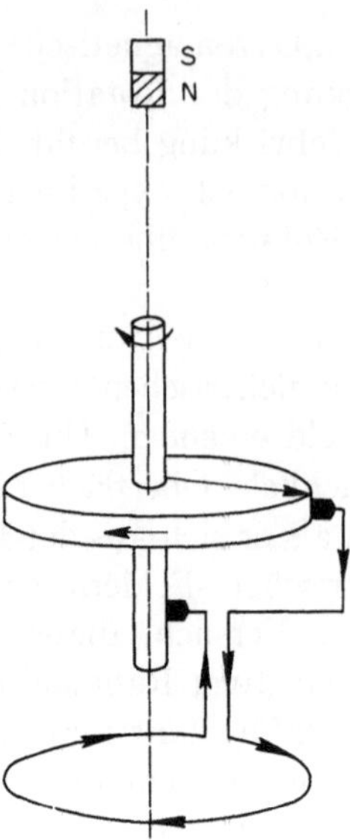

Abb. 52. Schema einer homopolaren Dynamomaschine mit Selbstverstärkung.
(Nach R. HIDE)

Entstehung sich eventuell thermoelektrische Wirkungen infolge von (langsamen) Strömungen im (flüssigen) äußeren Erdkern verantwortlich machen lassen.

Eine andere Möglichkeit bietet sich in Anlehnung an eine zuerst von J. LARMOR (1919) entwickelte Vorstellung einer bei der Bewegung von Materie im Erdkern auftretenden Dynamowirkung: Abb. 52 stellt schematisch eine Anordnung dieser Art dar. Wird die Scheibe um ihre Achse in Rotation versetzt, so entsteht bei Einwirkung eines (ursprünglich nur schwachen) Magnetfeldes — hier repräsentiert durch den kleinen Magneten am oberen Bildrand — in der Scheibe eine Potentialdifferenz zwischen Achse und Außenrand und damit ein Strom in der Leiterschleife. Sein Magnetfeld ist so gerichtet, daß es das ursprüngliche Feld des Zusatzmagneten verstärkt und damit den radialen Strom vergrößert.

Ist auch die Übertragung einer solchen Vorstellung auf die im äußeren Erdkern anzunehmenden Verhältnisse und Vorgänge recht schwierig und noch keineswegs klar, so eröffnet sich hier immerhin wenigstens grundsätzlich ein Weg zur Deutung der in Weltkörpern vorhandenen Magnetfelder.

Ergänzend sei hinzugefügt, daß als Ursachen für die postulierten hydromechanischen Bewegungen im fluiden äußeren Erdkern Gezeitenwirkungen, Präzessionseinflüsse, Schwere- und Dichteunterschiede in der Materie dieses Kern-Bereiches u.a. Vorgänge diskutiert werden. — Die Geschwindigkeit solcher Bewegungen ist natürlich außerordentlich gering. Sie wird zu größenordnungsmäßig $^1/_{10}$ mm/sec angenommen.

Durch die Mitbeteiligung der ablenkenden Wirkung der Erdrotation
wird der Bezug zur Rotation hergestellt. — Außerdem ist auf diesem
Wege der hydromagnetischen Erklärungsversuche die Westwanderung
der Aktivitätszentren der Säkularvariation relativ einfach in einen
erklärenden Mechanismus einzubeziehen.

Die Abweichung der Dipolachse von der Rotationsachse wird — wenn
auch nicht ohne Bedenken — letztlich der Krustenmagnetisierung zuge-
schrieben.

6. Die kurzzeitigen Variationen *

Beobachtet man mit geeigneten variometrischen Geräten das zeitliche Verhalten der erdmagnetischen Größen, so findet man diese

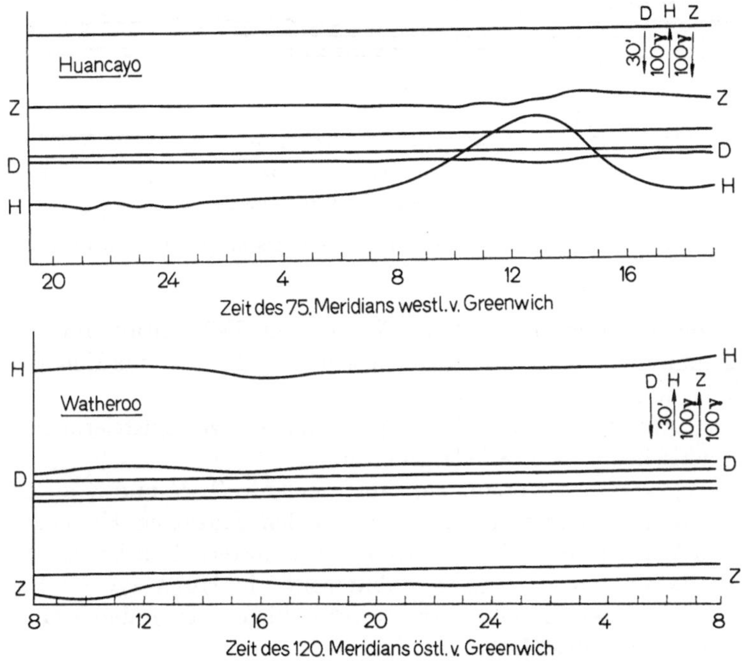

Abb. 53. Verlauf von D, H und Z an einem „erdmagnetisch ruhigen" Tag (9. 8. 1929)
in Huancayo, Peru und in Watheroo, West-Australien

praktisch ständig von kurzzeitigen Variationen überlagert. Diese sind
zwar in der Regel nur klein — sie überschreiten bei der Feldstärke bzw.

---

* Kurzzeitige Schwankungen der erdmagnetischen Größen wurden zuerst 1722
von G. GRAHAM in London beobachtet. Ausführliche Untersuchungen dieses
Phänomens durch A. CELSIUS und O. P. HIORTER in Uppsala führten u. a. zur Fest-
stellung eines Zusammenhanges mit dem Nordlicht. In der Folgezeit regt ALEXAN-
DER VON HUMBOLDT Simultanbeobachtungen an, die dann in dem von C. F. GAUSS
ins Leben gerufenen „Göttinger magnetischen Verein" zuerst realisiert werden
(Beispiele dazu s. u. in den Abb. 61 und 62).

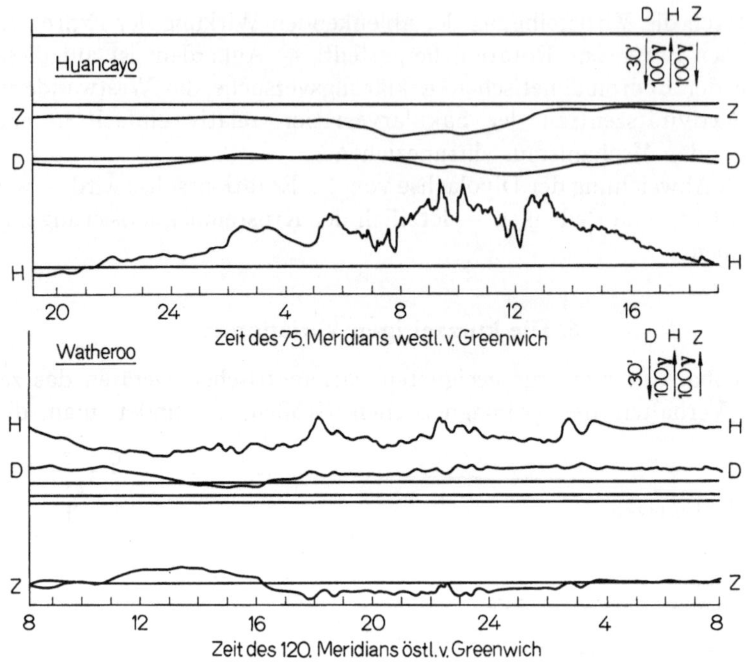

Abb. 54. Das gleiche an einem „erdmagnetisch gestörten" Tag (4. 12. 1929)

ihren Komponenten nur selten 1%, bei der Deklination nur selten
30 Bogenminuten — stellen aber eine sehr charakteristische Eigenschaft
im erdmagnetischen Verhalten dar.

In den Abb. 53—55 sind als Beispiele einige Tagesregistrierungen der
erdmagnetischen Größen wiedergegeben.

Abb. 53 zeigt den Verlauf der drei Elemente D, H und Z an einem
erdmagnetisch besonders ruhigen Tag an den Stationen Huancayo in
Peru und Watheroo in West-Australien. Charakteristisch ist das Nach-
mittagsmaximum in der Horizontalintensität in Huancayo im Betrag
von etwa 120 γ bei nur sehr geringen Änderungen der anderen Größen.
Watheroo zeigt dieses Maximum nicht.

In Abb. 54 ist dasselbe für einen (mäßig) gestörten Tag dargestellt.
Jetzt variieren alle Elemente um mehr oder weniger große Beträge. Der
Trend der H-Variation in Peru ist noch erkennbar, aber von Unregel-
mäßigkeiten überlagert. Die Variationen liegen bei H und Z in der
Größenordnung von 100 γ, bei D innerhalb von 30 Bogenminuten.

Abb. 55 gibt die Registrierungen des erdmagnetischen Observa-
toriums in Niemegk bei Potsdam während einer erdmagnetischen Großstörung (einem sog. „Erdmagnetischen Sturm") wieder. Hier erfahren
alle drei Größen Änderungen von ungewöhnlichen Beträgen: D zeigt
solche von mehr als 4°, während sich H bzw. Z um Beträge von 2000 γ
bzw. 1500 γ verändern.

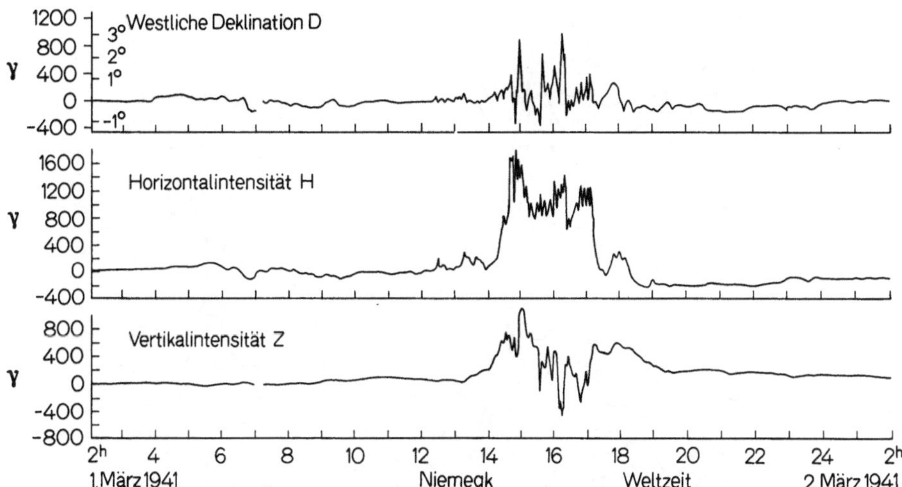

Abb. 55. Verlauf von *D*, *H* und *Z* während einer erdmagnetischen Großstörung (1. 3. 1941) in Niemegk bei Potsdam. (Angaben der Deklination in Grad und äquivalenter Änderung der magnetischen Kraftkomponente quer zum magnetischen Meridian)

Man kann die in diesen Abbildungen dargestellte erdmagnetische Variabilität klassifizieren, indem man zwischen den periodisch wiederkehrenden und den aperiodisch verlaufenden Veränderungen unterscheidet. Man findet dann, daß die erstgenannten Variationen an die Tageszeit (Ortszeit!) gebunden sind, die letzteren dagegen nicht. Zur Beschreibung der ersteren dienen ihre Periode, Amplitude und Phasenlage; die letzteren werden im allgemeinen nach ihrer Schwankungsamplitude klassifiziert.

a) Die tagesperiodischen Variationen

Da diese Art von Variationen mit der Tageszeit verknüpft ist, hängt ihre Entstehung offenbar mit dem Sonnenstand an der betreffenden Station zusammen. Ihr Verlauf ist nach Abb. 53 von Station zu Station verschieden und hängt, wie Abb. 56 zeigt, deutlich von der geographischen Breite ab.

Man kann diesen Befund durch ein anschauliches Bild darstellen: Nimmt man entsprechend der Abb. 57, links, einen riesigen Hufeisenmagneten im Raum an, dessen Südpol über etwa 35° nördlicher und dessen Nordpol über etwa 35° südlicher Breite liegt, so würden durch diesen Magneten bei der Vorbeibewegung der Erde und ihrer Atmosphäre von West nach Ost die in Abb. 56 dargestellten Variationen von *X*, *Y*, *Z* und *J* hervorgerufen.

Man kann sich diese Fiktion eines großen außerirdischen Magneten dadurch realisiert denken, daß man seine „Pole" durch entsprechende Stromwirbel in der Hochatmosphäre ersetzt.

5*

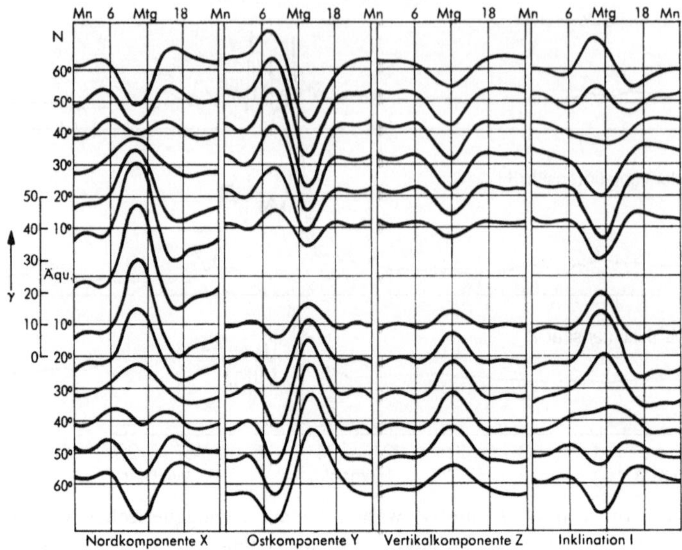

Abb. 56. Schematischer Überblick über die Tagesgänge von X, Y, Z und J an erdmagnetisch ruhigen Tagen zur Zeit der Äquinoktien in Abhängigkeit von der geographischen Breite

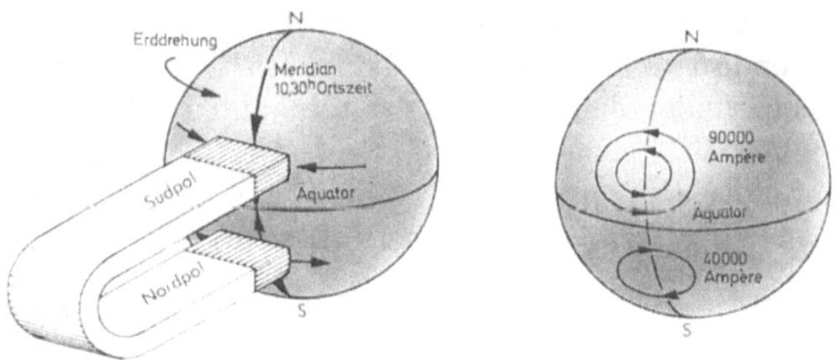

Abb. 57. Schema zum Verständnis der Sonnentäglichen Variationen der erdmagnetischen Elemente. Das linke Teilbild symbolisiert die Zeit der Äquinoktien, das rechte die der Sommersonnenwende. (Nach J. BARTELS)

Dieser Darstellung des „S_q-Verhaltens" ($S_q =$ Solar variations during quiet days) durch Stromwirbel kommt im Sinne der „Dynamo-Theorie der erdmagnetischen Variationen" eine durchaus reale Bedeutung zu:

Die Atmosphäre unterliegt ebenso wie das Meer der Gezeitenwirkung. Wenn nun ihre leitfähigen Partien in etwa 100 und mehr Kilometer Höhe Gezeitenbewegungen ausführen, so entspricht dies der Bewegung eines Leiters in einem Magnetfeld. Es werden also Ströme induziert werden. Die am Boden beobachteten Variationen sind die von solchen Strömen erzeugten magnetischen Wirkungen.

S. CHAPMAN hat im Sinne dieser Vorstellung die Stromsysteme berechnet, die die periodisch wiederkehrenden Variationen am Boden

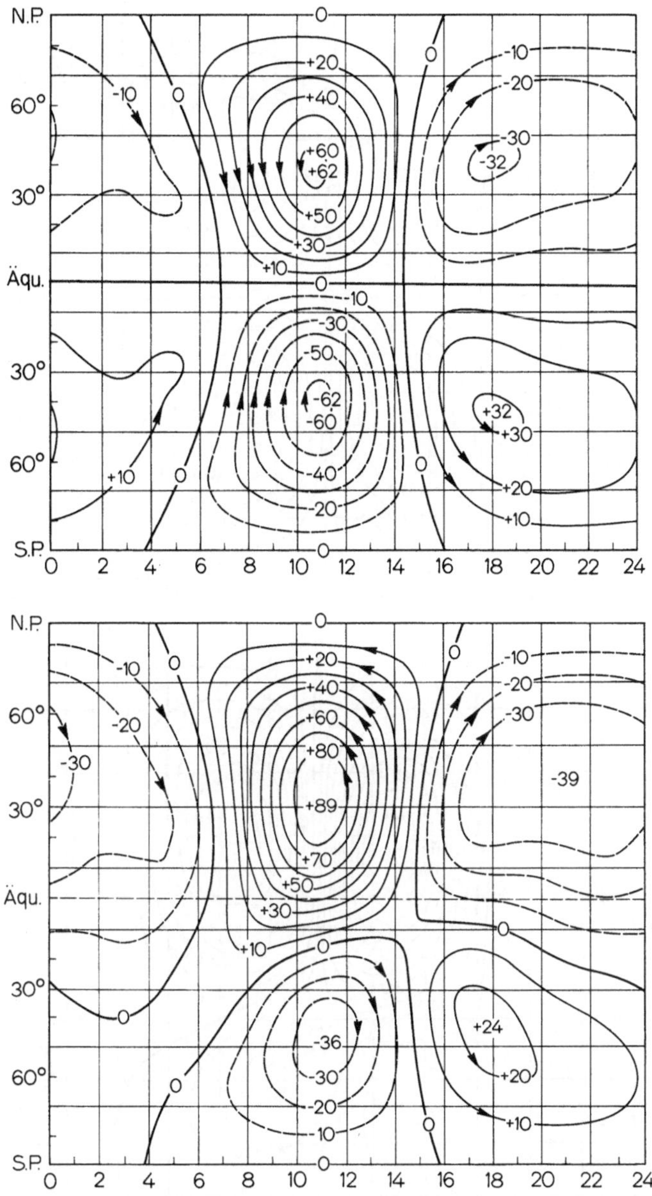

Abb. 58. Ionosphärische Stromsysteme, berechnet aus der sonnentäglichen erdmagnetischen Variation, für die Äquinoktien (oben) und die Sommersonnenwende
(unten). Abszisse: Lokalzeit; Ordinate: Geographische Breite von 90° Nord (oberer
Bildrand) bis 90° Süd (unterer Bildrand). Zwischen zwei benachbarten Isolinien
fließen 10000 Ampere in Pfeilrichtung. (Darstellung nach S. Chapman)

hervorrufen. Die beiden Abb. 58 und 59 zeigen dies nach entsprechender
Trennung für den durch die Sonne bedingten Teil S_q und für den von
der Gezeitenwirkung des Mondes erzeugten Teil. Das obere Teilbild

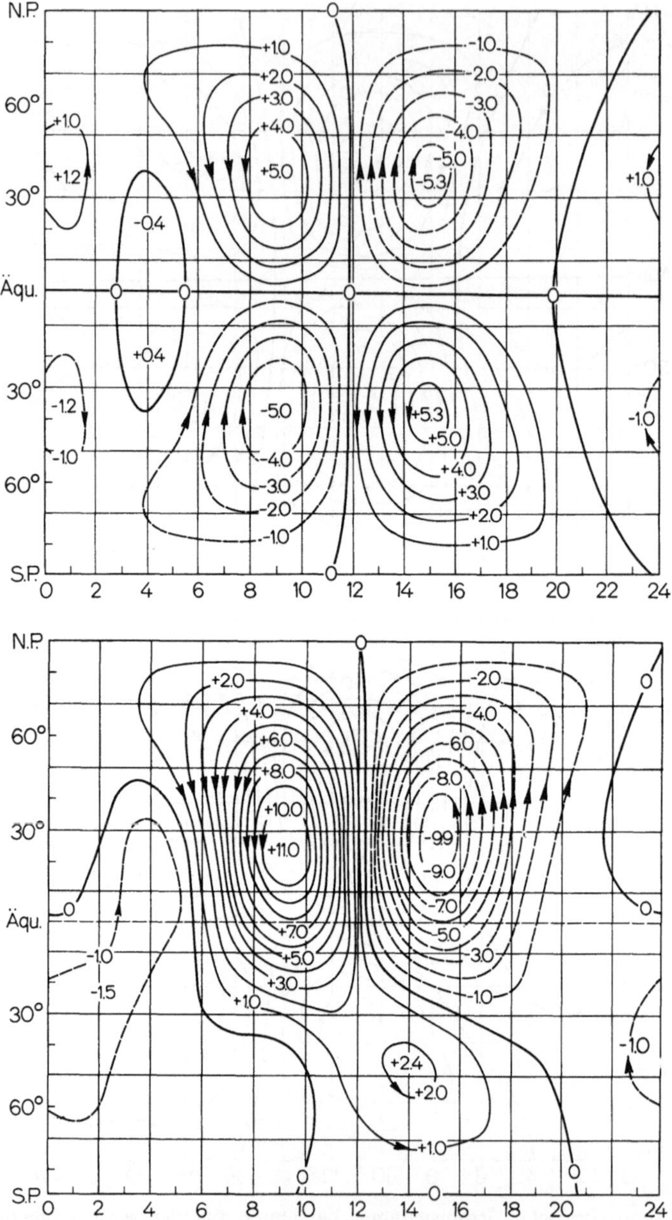

Abb. 59. Das gleiche für die Mondwirkung bei Neumond. Zwischen zwei benachbarten Isolinien fließen jetzt 1000 Ampere in Pfeilrichtung. (Darstellung nach
S. Chapman)

gilt jeweils für die Zeit der Äquinoktion, das untere für das Sommer-
Solstitium.

Durch die Sonnenwirkung erzeugte Stromwirbel sind in den Äquinoktion etwa um den Faktor 12 (62000 A gegen 5300 A), zur Zeit der

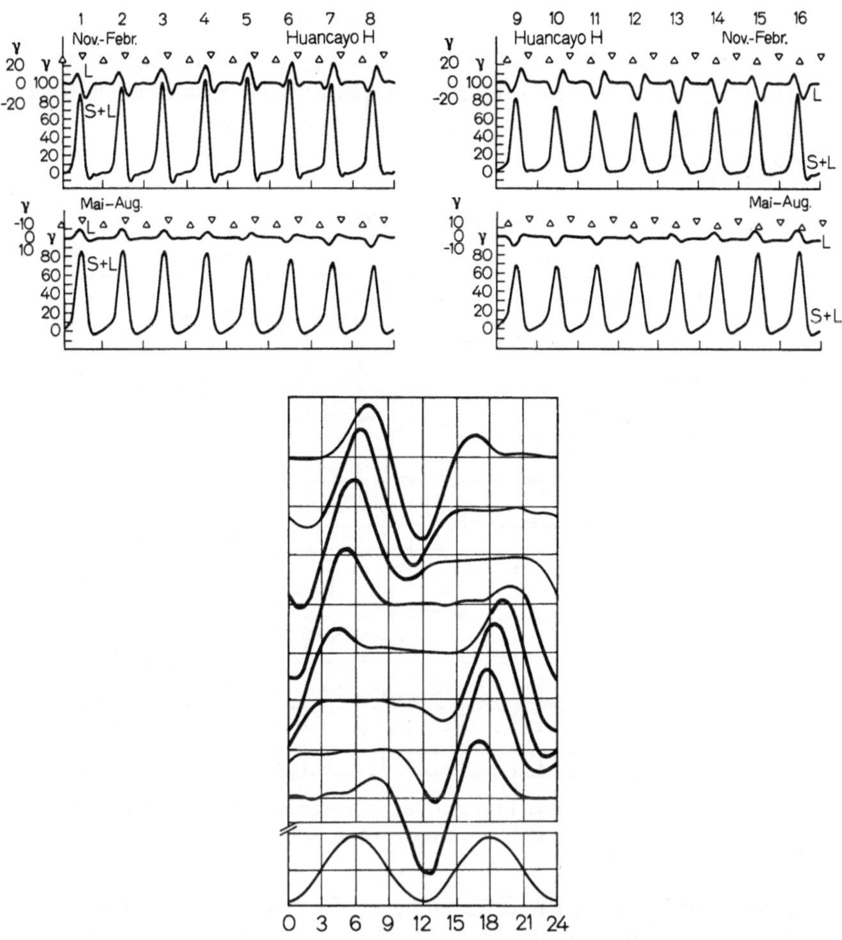

Abb. 60. Oben: Verlauf von $S + L$ und L in der Horizontalintensität in Huancayo/Peru während erdmagnetisch ruhiger Zeit im Winter (oben) und Sommer (unten) über jeweils 16 Tage. Die Kurven sind durch Ausschaltung kleiner sonstiger Unruheerscheinungen idealisiert. Unten: Mondtägiger Gang der Deklination in Batavia für verschiedene Mondphasen (Tagesstunden dick ausgezogen). (Aus S. Chapman u. J. Bartels, Geomagnetism)

Sommersonnenwende etwa um den Faktor 8 bzw. 9 (89000 A gegen 11000 A bzw. 9900 A) größer als die auf die Gezeitenwirkung des Mondes zurückzuführenden Stromsysteme. Diese trotz etwa vergleichbarer mechanischer Gezeitenbewegung auftretenden Unterschiede sind dadurch zu erklären, daß in der Sonnenwirkung zum reinen Dynamoeffekt noch zusätzliche Wirkungen durch Wärmestrahlung und durch die Leitfähigkeitsvergrößerung infolge der Ionisation durch das kurzwellige Sonnenlicht hinzukommen, während beim Mond nur der reine Gezeiteneffekt vorhanden ist, der allerdings je nach Mondphase noch durch die solaren Wirkungen deformiert wird (vgl. Abb. 60).

b) Die erdmagnetische „Aktivität“

Die aperiodisch auftretenden Schwankungen der erdmagnetischen
Elemente stehen im Gegensatz zu den periodisch verlaufenden *nicht*
in Beziehung zum Sonnenstand. Sie stellen mehr oder weniger regellos
einsetzende und ablaufende „Störungserscheinungen“ dar.

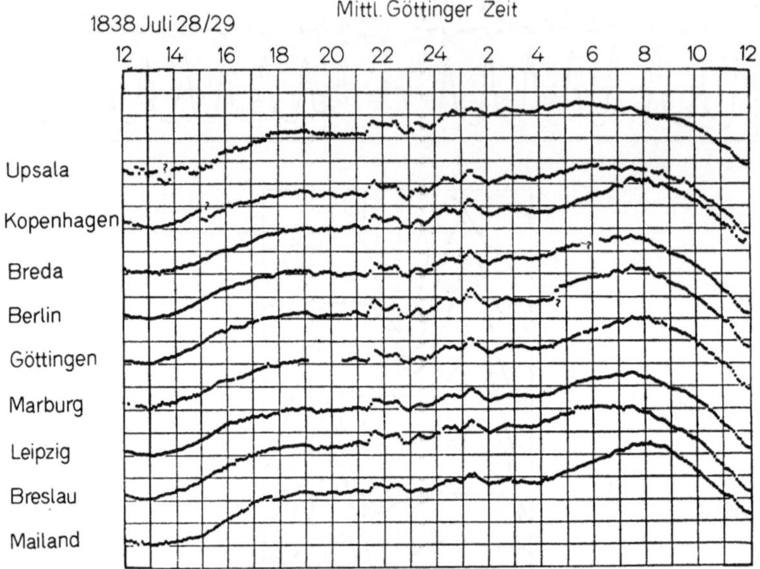

Abb. 61. Gleichzeitige Beobachtungen der erdmagnetischen Deklination am
28./29. 7. 1838 an europäischen Stationen

In den beiden Abb. 61 und 62 sind zwei Beispiele aus der Arbeit des
„Göttinger Magnetischen Vereins“ wiedergegeben, der von C. F. Gauss
1836 ins Leben gerufenen Zusammenarbeit einer größeren Zahl von
Beobachtungsstationen zur ersten systematischen Untersuchung der
erdmagnetischen Variabilität. Dargestellt sind die zu einem vorher ver-
abredeten Tag streng gleichzeitig durchgeführten Beobachtungen.

Einem allgemeinen Trend sind unregelmäßige Variationen überlagert.
Diese treten an den verschiedenen Stationen *streng gleichzeitig* auf. Ihr
Verlauf und insbesondere die Schwankungsamplituden variieren in
weiten Grenzen; im Einzelfall sind sie *regional gleichartig*, können aber
gleichzeitig *global durchaus verschiedenes Aussehen* haben.

Entsprechend den Abb. 54, 55, 61 und 62 pflegt man zwischen einer
allgemeinen „Unruhe“ („Aktivität“) und deren besonderer Steigerung
zum „magnetischen Sturm“ zu unterscheiden. — Wir beschränken uns
zunächst auf die erstgenannte Art aperiodischer Variationen.

Die Ursachen dessen sind auch hier in Vorgängen auf der Sonne zu
suchen, wie aus den Abb. 63 und 64 zu entnehmen ist. Abb. 63 zeigt den
Zusammenhang zwischen der „magnetischen Aktivität“ und der Sonnen-

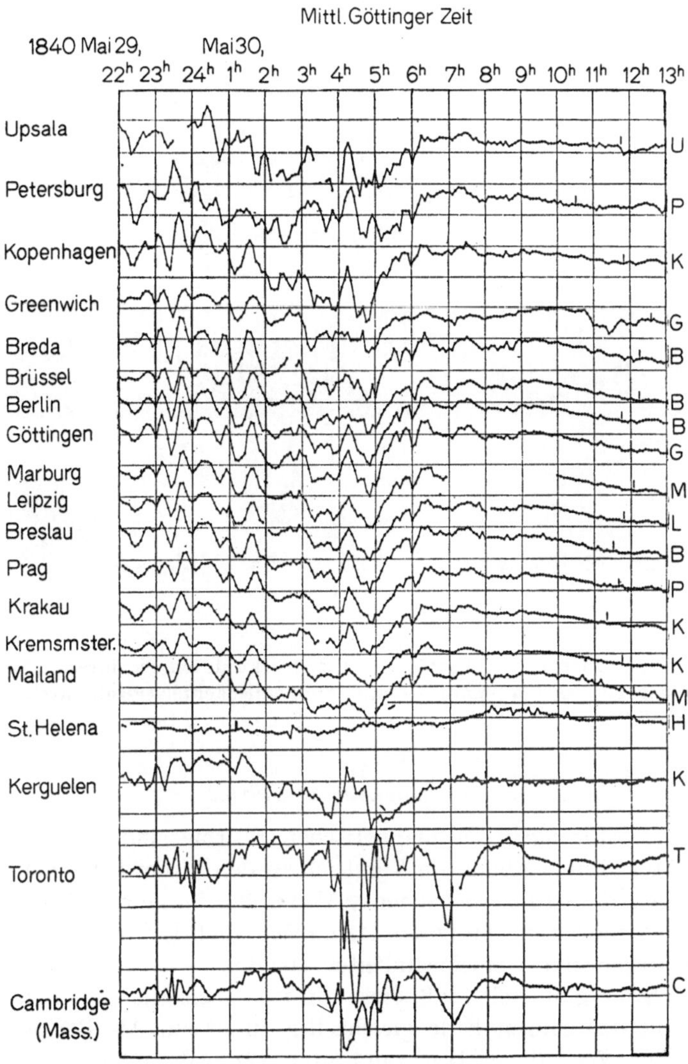

Abb. 62. Das gleiche am 29./30. 5. 1840 an europäischen und außereuropäischen Stationen

fleckenrelativzahl, Abb. 64 die Koppelung des „magnetischen Störungszustandes" mit der Rotation der Sonne (Wiederholungstendenz nach 27 Tagen).

Führten die tagesperiodischen Variationen auf den Einfluß der elektromagnetischen Wellenstrahlung der Sonne als Ursache, so sind die unregelmäßig auftretenden und verlaufenden Variationen nur mit der von der Sonne ausgehenden Korpuskularstrahlung in Verbindung zu bringen.

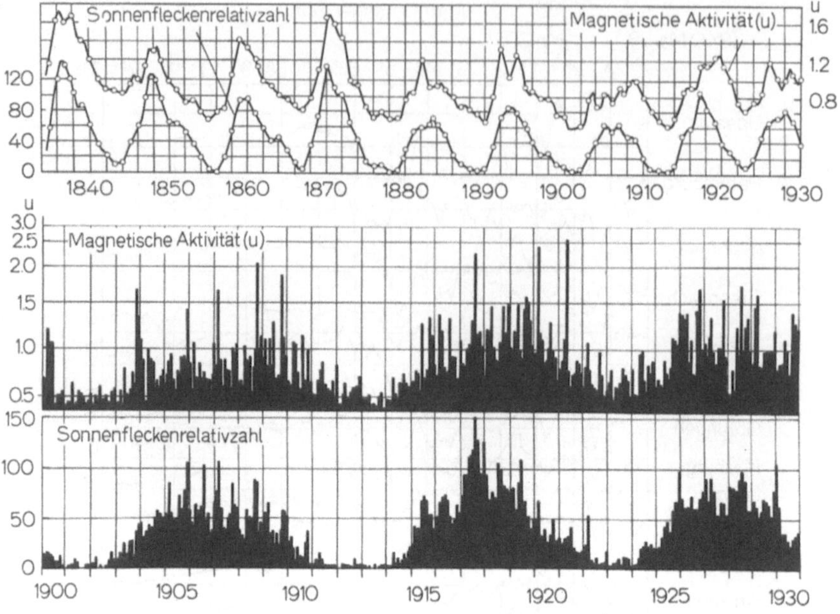

Abb. 63. Erdmagnetische Aktivität — ausgedrückt durch die interdiurnen Veränderlichkeit von H („u"-Maß) — und Sonnenfleckenrelativzahl nach Jahresmitteln (unten). (Aus S. Chapman u. J. Bartels, Geomagnetism)

c) Magnetische Stürme

Die Großstörungen der magnetischen Stürme sind in ihrem Vorkommen und ihrem Ablauf im Vergleich zu den bisher behandelten Erscheinungen der erdmagnetischen „Aktivität" in sehr viel stärkerem Maße zufälliger Natur. Trotzdem lassen sich auch für sie aus der Beobachtung Regeln und Gemeinsamkeiten ableiten:

Zunächst ergibt sich, daß diese Stürme meistens innerhalb einer Minute auf der ganzen Erde gleichzeitig einsetzen. Als Beispiel zeigt Abb. 65 den Verlauf der Horizontalintensität während eines magnetischen Sturmes am 24./25. 6. 1885 mit zwei typischen „Einsätzen" an einer Reihe von Stationen in verschiedenen Teilen der Welt. Die beiden „Einsätze" um 22,32 und um 3,48 erfolgen überall zum gleichen Zeitpunkt.

Im zeitlichen Ablauf der magnetischen Stürme läßt sich vor allem im Verhalten der Horizontalintensität eine gewisse Regelmäßigkeit erkennen, wie man aus Abb. 66 ersieht.

Hier sind für eine Reihe von Stationen in niederen, mittleren und höheren geomagnetischen Breiten bei Stürmen mäßiger Stärke durch Mittelung die typischen Verläufe von H, Z und D nach „Sturmzeit" ($0^h =$ Zeit des Sturmbeginns) bestimmt und dargestellt. Danach beginnt — unabhängig von der geomagnetischen Breite — der Sturm mit

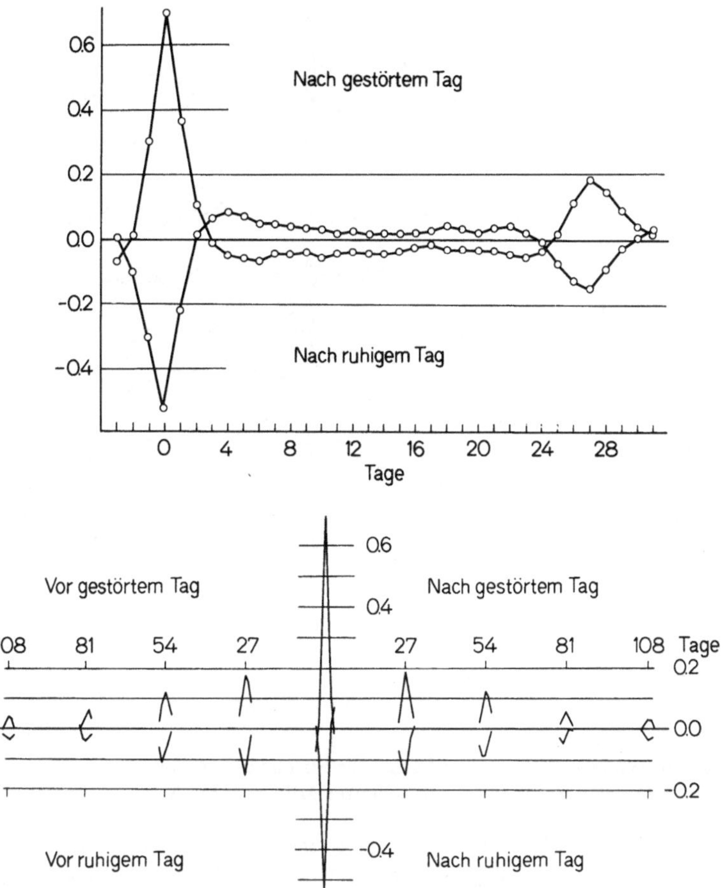

Abb. 64. Oben: Die 27tägige Wiederholungstendenz der erdmagnetischen „Aktivität". Dargestellte sind die magnetischen „Charakterzahlen"* in ihren Abweichungen vom Mittel. Als Ausgangszeitpunkt wird jeweils ein besonders gestörter bzw. ein besonders ruhiger Tag gewählt. (Von J. Bartels aus 20jährigem Beobachtungsmaterial abgeleitet.) Unten: Das gleiche für mehrere Sonnenrotationen. (Nach Chree u. Stagg)

einer Erhöhung von H, um dann schon nach kurzer Zeit H zu Werten absinken zu lassen, die weit unter dem Normalniveau liegen. Von hier beginnt dann eine meist über Tage erstreckte langsame „Erholung" zum

* Um das fortlaufend anfallende umfangreiche Beobachtungsmaterial leichter überblicken zu können, ist es im erdmagnetischen Bereich schon seit Jahrzehnten üblich, sog. „Charakterzahlen" oder „Kennziffern" zu verwenden, die eine definierte Aussage über die erdmagnetische Variabilität (bezüglich der aperiodischen Schwankungen) während eines bestimmten Zeitraumes (Stunden, Tage, Monate, Jahre) für eine Station bzw. die ganze Erde vermitteln. — Einzelheiten über dieses vor allem von J. Bartels ausgebaute Verfahren sind z.B. in den Beirägen von J. Bartels, in: Annals of the International Geophysical Year, vol. IV, p. 215—236. London: Pergamon Press 1957, zu finden.

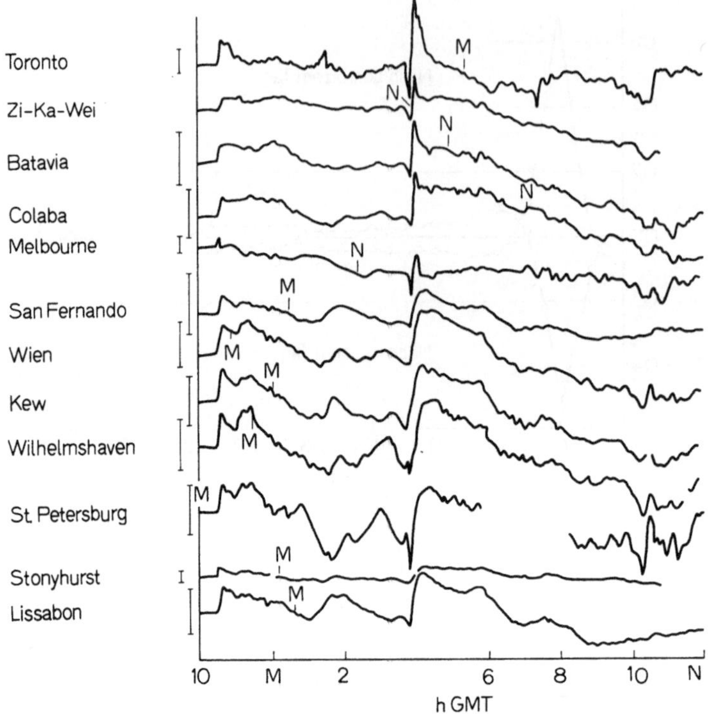

Abb. 65. Verlauf der Horizontalintensität am 24./25. 6. 1885 (nach W. G. Adams)
Zeitangabe in Weltzeit (GMT). Die Länge der Striche neben den Stationsnamen entspricht einer Änderung um 100 γ. M bedeutet Mitternacht, N Mittag nach Ortszeit

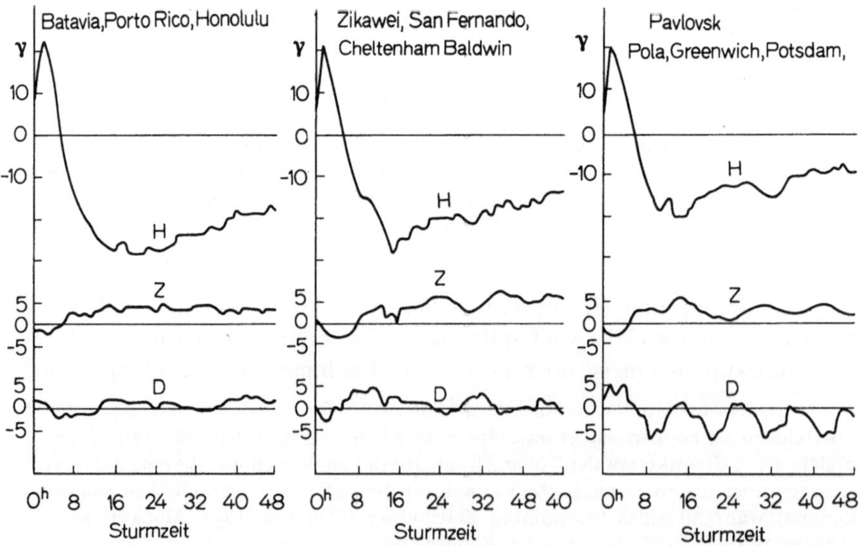

Abb. 66. Das „normale" Verhalten von H, Z und D während magnetischer Stürme
an Stationen in niederen (links), mittleren (Mitte) und höheren magnetischen
Breiten — bis etwa 60° — (rechts). Nach S. Chapman

alten Wert*. — Die Deklination zeigt in der Regel keinen typischen Verlauf. Dagegen ist bei Z eine gewisse Gegenläufigkeit zu H angedeutet.

Magnetische Stürme sind regelmäßig von Polarlicht begleitet; dabei ist deutlich eine Korrelation zwischen der Stärke des Sturmes und der Ausdehnung der Polarlichterscheinung nach niederen Breiten hin zu erkennen (vgl. dazu das Kapitel „Polarlicht" in Teil IV: „Physik der Atmosphäre").

In Ergänzung zur Ordnung der Sturmverläufe nach „Sturmzeit" läßt sich auch eine mittlere tageszeitgekoppelte Variabilität in solchen Zeiten finden. Man gewinnt so — z. B. für den ersten oder zweiten Tag nach einem Sturmbeginn — „S_D-Gänge", die eine gewisse von der geomagnetischen Breite abhängige Systematik zeigen ($S_D = $Solar variation during Disturbed days). Insbesondere nehmen diese Variationen in hohen Breiten (über etwa 60°) deutlich an Größe zu.

Zur Darstellung der „Sturm"-Variationen bedient man sich gelegentlich des Mittels, das Verhalten der einzelnen Elemente entsprechend dem bei S_q und L angewandten Verfahren durch Stromsysteme in der Hochatmosphäre „abzubilden". Man findet dann Bilder der in Abb. 67 dargestellten Art.

Die beiden oberen Bilder zeigen — links von der Sonne her gesehen, rechts mit Blickrichtung auf den Nordpol — das Stromsystem eines Sturmes, das sich aus den beiden für der Verlauf nach Sturmzeit (Mitte) und den nach Tageszeit (unten) konstruierten Bildern zusammensetzt.

Bei dieser Darstellung kommen die Unterschiede zwischen mittleren und hohen Breiten sowie die Verbindung zur Polarlichtzone deutlich zum Ausdruck.

Man muß sich bei diesen Bildern jedoch bewußt bleiben, daß es sich um eine anschauliche Art der Darstellung handelt, ohne daß diesen Stromsystemen im Gegensatz zu den für S_q und L abgeleiteten gezeitengebundenen Systemen Realität bezüglich ihrer Lage in der Atmosphäre und ihrer Stärke zuzukommen braucht. Selbstredend werden die Erscheinungen durch Ströme hervorgerufen, doch können diese wesentlich weiter außerhalb der Erde liegen („Ringstrom", s. unten).

d) Weitere Störungserscheinungen

Außer den bisher behandelten Arten sind in den variographischen Registrierungen noch verschiedene Störungsformen mit geringeren Amplituden zu erkennen. Besonders markant sind die Erscheinungen der sog. „Bai-Störungen" und der Mikropulsationen.

---

* Man unterscheidet — diesem Verhalten entsprechend — im Ablauf eines magnetischen Sturmes die drei Phasen des „Einsatzes" („Impetus", beginnend mit dem „s.c." — „Sudden commencement"), charakterisiert durch die Periode erhöhten H-Wertes, die „Hauptstörung" (Absinken von H) und die „Nachstörung" (Wiedererholung von H).

Aus Sonnenrichtung gesehen
Von aussen in Richtung des Nordpoles gesehen
350000
200000
B'
A
B
300000
500000
A'
B'
B
A
350000
200000
S₁
100000
75000
B'
A
L₁
B
S₂
200000
200000
A'
O
B'
B
S₁
A
S₂
75000
100000
450000
S₃
275000
275000
B'
A
B
L₂
100000
A'
50000
S₄
50000
O
B
B
50000
50000
S₃
L₂
100000
A
275000
275000
S₄
450000

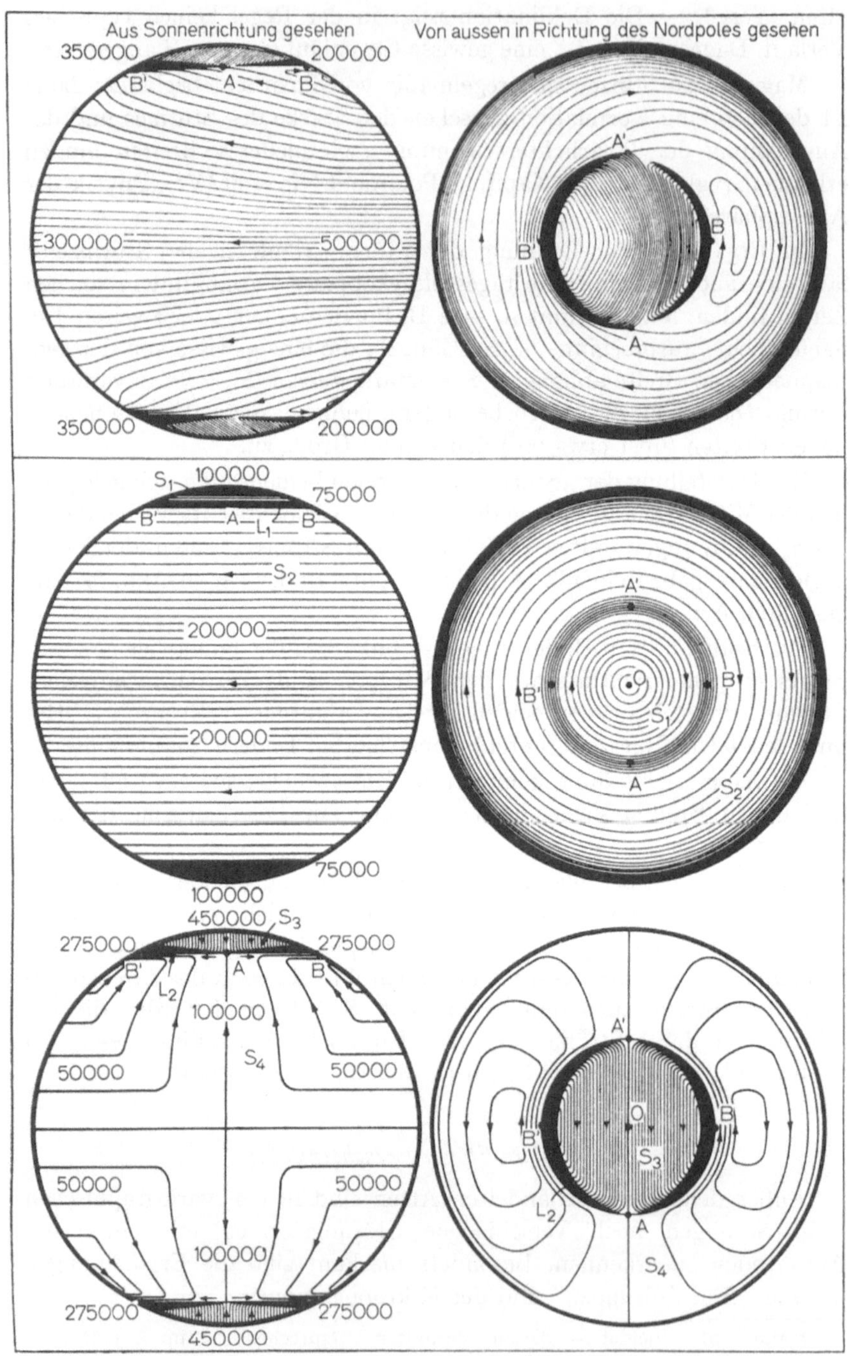

Abb. 67

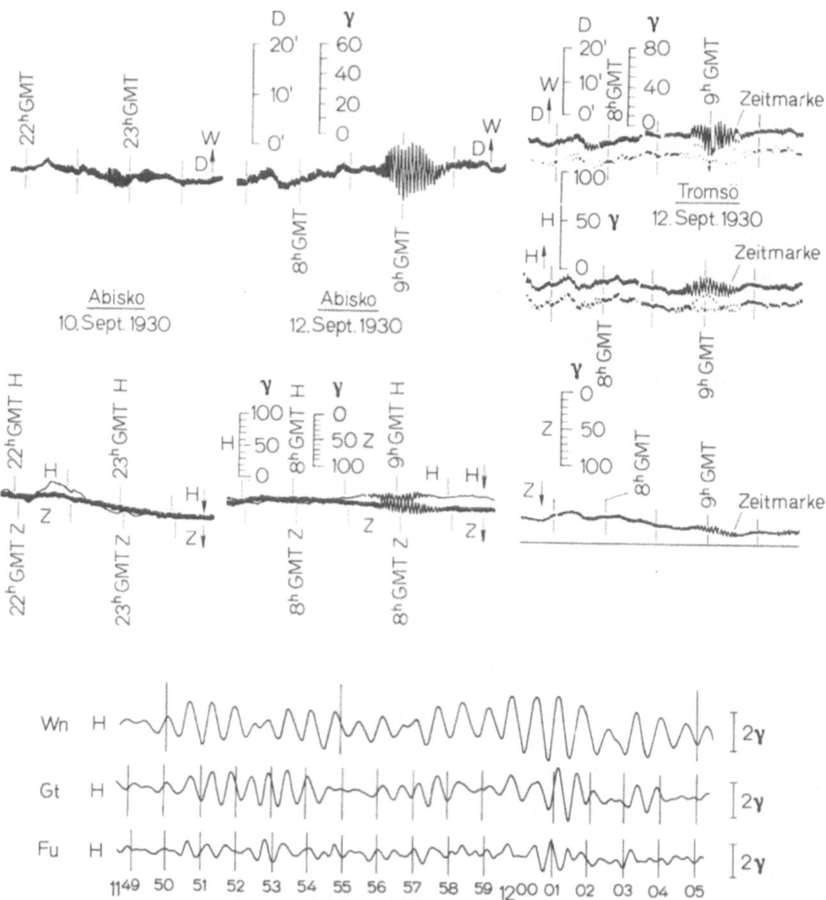

Abb. 68. Mikropulsationen. Oben: „Giant pulsations“ in D, H und Z in Tromsö und Abisco (nach B. Rolf). Unten: „pc's“ (continuous pulsations) nach gleichzeitigen Registrierungen von H in Wingst bei Hamburg (Wn), Göttingen (Gt) und Fürstenfeldbruck in Ober-Bayern (Fu) am 30. 7. 1961. (Nach H. Voelker, Mitt. Max-Planck-Inst. f. Aeron. Nr. 11, 1963). Pulsationen kommen auch mit kürzeren Perioden bis herunter zu solchen von einigen Hertz vor

Abb. 67. Darstellung der während eines Sturmes auftretenden Variationen durch „äquivalente Stromsysteme“ in der Hochatmosphäre nach S. Chapman. Unten: Stromsystem für S_D, links von der Sonne her gesehen, rechts von außen her mit Blickrichtung zum Nordpol gesehen. Mitte: Das gleiche für die sturmzeitgebundene Variation. Oben: Überlagerung beider Stromsysteme zum „D-Stromsystem“. Die eingetragenen Zahlen geben die Stromstärke in Ampere an. In den oberen und mittleren Bildern ist somit zwischen je zwei Linien eine Stromstärke von 10000 A anzunehmen

Bai-Störungen. An magnetisch ruhigen Tagen treten mitunter für
1—2 Std Ausbuchtungen in den Registrierungen auf. Sie haben in
ihrem Aussehen Ähnlichkeit mit einer Bucht („Bai") in geographischen
Küstenlinien, was zu der Bezeichnung „Bai-Störung" geführt hat. Die
Amplituden übersteigen in H und Z nur zum Teil 10 γ und liegen bei D
meist unter 30'. In der Regel ist mit einer Abnahme von H eine Zunahme
von Z verknüpft und umgekehrt.

Bai-Störungen kommen während der Tages- und Nachtzeit vor.
Gelegentlich werden Wiederholungen nach etwa 24 Std beobachtet.

Stellt man die Bai-Störungen durch ein äquivalentes ionosphärisches
Stromsystem dar, so ergeben sich ähnliche Bilder bei den magnetischen
Stürmen mit geringeren Stromstärken.

Ähnliches Aussehen wie die Bai-Störungen zeigen die *Magnet-*
störungen bei Dellinger-Effekt. Wird bei chromosphärischen UV-Erup-
tionen auf der Sonne durch die Verstärkung der Ionisierung in der
D-Schicht der Ionosphäre die Kurzwellenausbreitung gestört bzw. unter-
brochen (s. Teil IV: „Physik der Atmosphäre"), so ist dies von bai-
artigen Erscheinungen in den magnetischen Registrierungen begleitet.
Die Amplituden liegen in der Größenordnung von 10 bis 20 γ bei H
und Z und von Bogenminuten bei D.

Mikropulsationen (Abb. 68). Diese Störungen bestehen in der Regel
aus Schwingungszügen mit zum Teil schwebungsartigem Aussehen. Die
Perioden liegen meist im Bereich von Bruchteilen einer Minute bis zu
mehreren Minuten; die Amplituden liegen bei einigen γ, können aber
auch 30 γ und mehr erreichen („Giant micropulsations").

7. Die Ursachen der Variationen; solar-terrestrische Beziehungen

Die Deutung der kurzzeitigen Variationen der erdmagnetischen
Elemente führt in das Grenzgebiet zwischen Geophysik und Astro-
physik, in dem die kosmisch-terrestrischen und speziell die solarterrestrischen Einwirkungen zur Analyse anstehen (nähreres dazu im
Teil IV: „Physik der Atmosphäre").

Der Zusammenhang zwischen den *tagesperiodischen Variationen*
während erdmagnetisch ruhigen Zeiten und der elektromagnetischen
Wellenstrahlung der Sonne sowie der Mechanismus des Entstehens dieser
Variationen im Zusammenwirken von Gezeitenhub, Aufheizung durch
Wärmeeinstrahlung und Ionisierung der Hochatmosphäre war schon
oben angedeutet worden. Hierzu ist folgendes zu ergänzen:

Die Amplituden der tagesperiodischen Variationen zeigen eine deutliche Korrelation zur Sonnenfleckenperiode wie Abb. 69 zeigt.

Es ist also zu erwarten, daß die verantwortliche Wellenstrahlung
der Sonne im gleichen Rhythmus schwankt. Nimmt man — wie üblich —
als Maß für diese Wellenstrahlung, zu der auch die Strahlung im sicht-

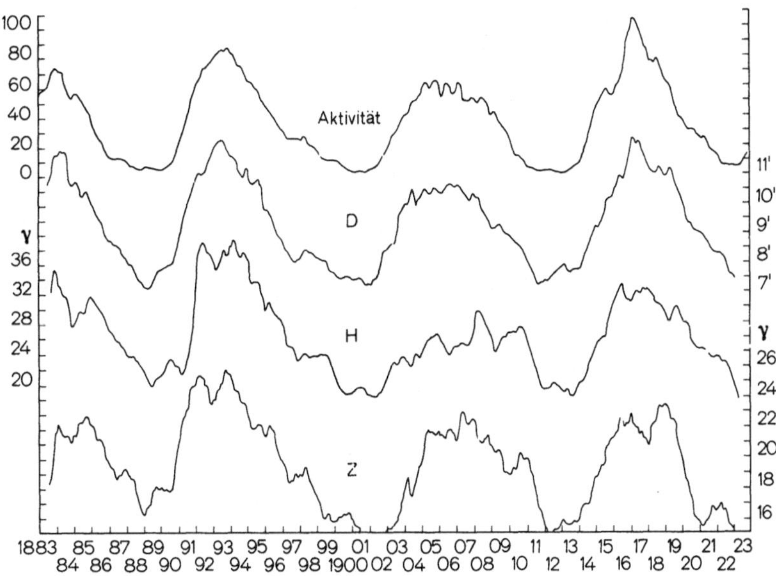

Abb. 69. Verlauf der Sonnenfleckenkurve nach Monatsmitteln (oben) und mittlere tägliche Amplituden von D, H und Z (S_q-Variation) in Paris für die Zeit von 1883 bis 1923. (Nach Ch. Maurain)

baren Gebiet gehört, die „Solarkonstante" und untersucht ihre Abhängigkeit von der Sonnenfleckenperiode, so ergibt sich, daß eine solche nicht existiert.

Man begegnet hier dem gleichen Dilemma, wie es sich allgemein ergibt, wenn Vorgänge in der Hochatmosphäre gedeutet werden sollen, die ortszeitlich gebunden sind, die sich also mit anderen Worten von der solaren Wellenstrahlung herleiten, daß diese Erscheinungen offensichtlich nicht mit der „normalen" Sonnenstrahlung zusammenhängen.

Es muß also noch eine andere Quelle solarer Wellenstrahlung vorhanden sein, die diese Erscheinungen verursacht. Sie stammt im wesentlichen aus dem zur Sonnen-Korona gehörigen Planck-Spektrum, dessen Maximum — der Koronatemperatur von etwa 2 Millionen Grad entsprechend — im Gebiet der weichen Röntgenstrahlung (bei etwa 20 Å) liegt.

Man hat mit Erfolg versucht, aus dem Verlauf der tagesperiodischen erdmagnetischen Variationen ein Maß für die Veränderlichkeit dieser kurzwelligen UV-Strahlung zu gewinnen und findet dabei — wie Abb. 70 zeigt — erwartungsgemäß eine enge Relation zur Sonnenfleckenkurve.

Bei den *unregelmäßigen erdmagnetischen Variationen* sind die Ursachen ebenfalls solarer Natur, wie man aus den Abb. 63, 64 und 70 erkennt. Die Tatsache, daß diese Erscheinungen in ihrem Auftreten nicht an die Tageszeit gebunden sind, beweist, daß es sich nur um Partikelstrahlung handeln kann, die — zumindest teilweise — aus geladenen Teilchen bestehen

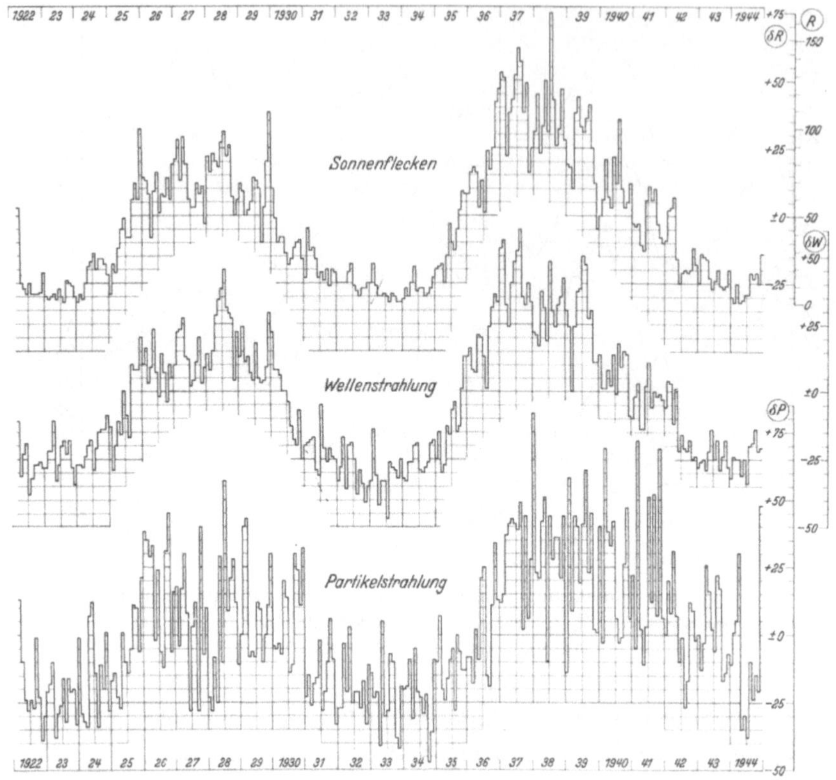

Abb. 70. Monatsmittel der Relativzahlen (Abweichungen vom Mittel) für die
Sonnenflecken R, die Wellenstrahlung W und die Partikelstrahlung P für die Zeit
von 1922—1944 nach J. BARTELS (1952)

muß, denn nur solche Teilchen können auch auf die Nachtseite der
Erde gelangen.

Bei dem Versuch, diese Variationen zu deuten, ist zu unterscheiden
zwischen der — fast stets vorhandenen — erdmagnetischen Unruhe
(„Aktivität") und den erwähnten besonders markanten Störungserscheinungen.

Nimmt man die erdmagnetische „Aktivität" als Maß für die Partikelstrahlung, so ergänzt sich der in Abb. 70 gegebene Variationsbefund für
die Wellenstrahlung (mittlere Kurve) durch ein entsprechendes Bild für
die Partikelstrahlung (untere Kurve).

Der Zusammenhang mit der Sonnenrotation ergibt sich aus der
Tendenz zur Wiederkehr nach 27 Tagen, die bezüglich der Extremwerte
schon in Abb. 64 zum Ausdruck kam. Abb. 71 zeigt dies nochmals in
anschaulicher Weise für den allgemeinen Störungszustand.

Dargestellt sind die Tagesmittel der Aktivität in einer mit der Stärke
zunehmenden Symbolik. Die oberste Zeile enthält von links nach rechts

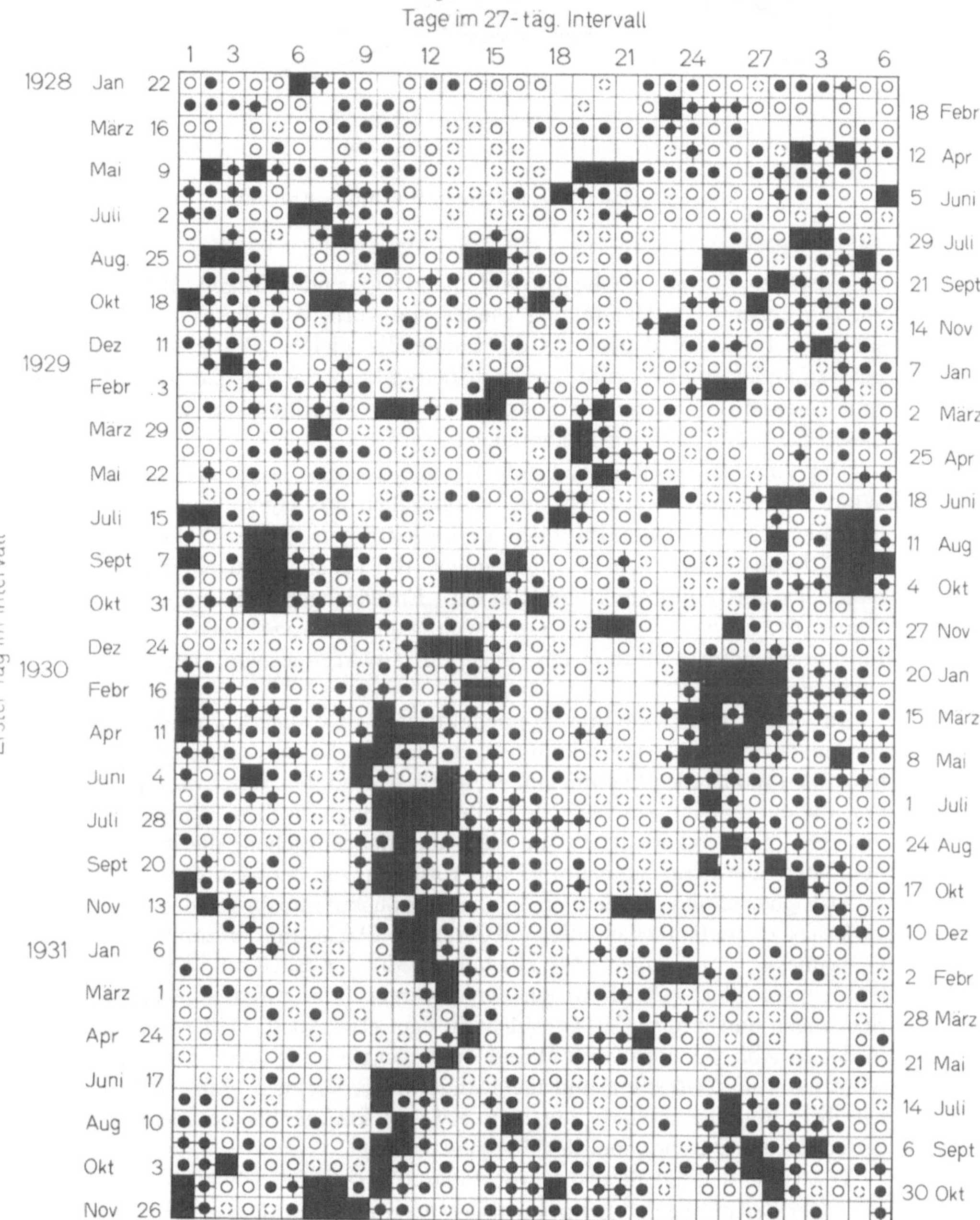

Abb. 71. Erdmagnetische Aktivität und Sonnenrotation. (Nach J. BARTELS). Die Datumsangaben links *und* rechts geben den jeweiligen ersten Tag an, mit dem die betreffende Zeile links beginnt

6*

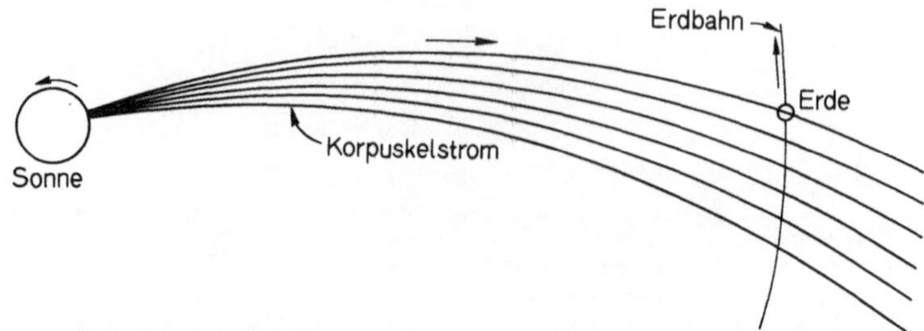

Abb. 72. Solarer Korpuskularausbruch und Erdbahn

die Angaben für eine Reihe von aufeinanderfolgenden Tagen. Mit dem 28. Tag beginnt die Darstellung wieder von vorn. Auf diese Weise erscheinen Tage, bei denen uns die Sonne die gleiche Partie zukehrt, untereinander. Man erkennt, daß sich Zeiten besonderer Ruhe oder Unruhe bestimmten Partien der Sonnenoberfläche zuordnen lassen und mit diesen nach 27 Tagen wiederkehren.

Der von der Sonne ausgehende Partikelstrom — auch als „solarer Wind" bezeichnet — besteht im wesentlichen aus einem nach außen neutralen Gemisch von Protonen und Elektronen. Seine Dichte liegt im Mittel etwa zwischen 100 und einigen 100 Teilchen pro Kubikzentimeter. Er dürfte mit einer oberhalb der „Entweichgeschwindigkeit" der Sonne (617 km/sec) liegenden Geschwindigkeit diese verlassen und sich im interplanetaren Raum mit ungefähr 500 km/sec von der Sonne entfernen.

In Zeiten stark erhöhter Sonnenaktivität bzw. bei Vorhandensein besonders aktiver Zentren kommen zusätzliche Korpuskularausbrüche mit 100—1000facher Dichte und wesentlich erhöhter Geschwindigkeit vor, die dann, wenn sie die Erde treffen, die magnetischen Stürme verursachen. Sie sind identisch mit den Materieausbrüchen, die bei verdunkelter Sonne am Sonnenrand als Protuberanzen beobachtet werden.

Der Querschnitt mit dem ein solcher Korpuskularausbruch die Sonne verläßt, kann entsprechend der emittierenden Fläche auf der Sonne einen Durchmesser von einigen 1000 km haben. Mit der Entfernung von der Sonne vergrößert es sich wegen der Divergenz der radialen Ausstoßrichtungen und infolge der Turbulenz in dem etwa 5000° heißen Plasma in der in Abb. 72 skizzierten Weise. In Erdentfernung kann der Querschnitt so auf 100000 km und mehr angewachsen sein, so daß die Erde bei ihrer Bahngeschwindigkeit von etwa 30 km/sec bis zu mehreren Stunden zum Durchqueren des Stromes benötigt.

Die Geschwindigkeit des Korpuskularstromes läßt sich bestimmen, wenn der Zeitpunkt der Eruption fixiert werden kann. Dieser ist erfahrungsgemäß gegeben durch den im Spektroheliogramm der H-Linie erkennbaren UV-Ausbruch. In den Fällen, in denen ein solches Ereignis von einem magnetischen Sturm gefolgt wird — wenn also mit anderen

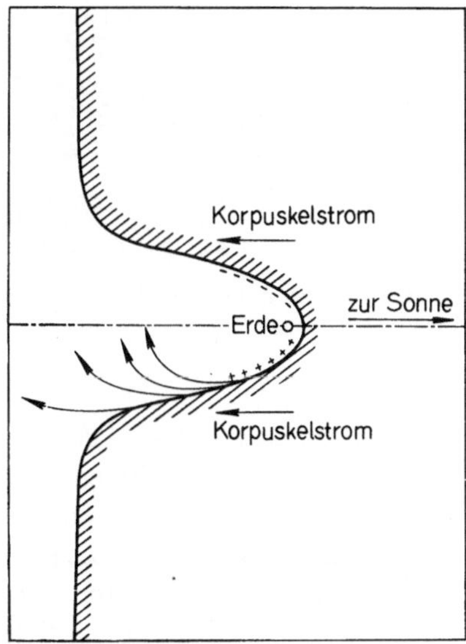

Abb. 73. Zur Entstehung magnetischer Stürme. (Aus J. A. FLEMING, Physics of the earth, vol. VIII. New York 1939/49)

Worten der zugehörige Korpuskularstrom die Erde trifft — ermittelt man aus der Zeitdifferenz, die in der Regel etwa einen Tag beträgt, eine Geschwindigkeit des Partikelstromes von größenordnungsmäßig 2000 km/sec. Ähnliche bzw. zum Teil noch etwas größere Geschwindigkeiten werden auch aus der „Violettverschiebung" in Polarlichtspektren abgeleitet.

Mit Annäherung an die Erde werden verschieden geladene Anteile unter der Wirkung des erdmagnetischen Feldes separiert. Neutrale Teilchen können, wie schon gesagt, nur auf der der Sonne zugewandten Seite auf die Erde treffen, während die geladenen Teilchen infolge ihrer Ablenkung im Magnetfeld auch die Nachtseite der Erde erreichen können.

Man kann sich den Mechanismus der Entstehung eines magnetischen Sturmes und seiner verschiedenen Phasen im einzelnen etwa wie folgt vorstellen.

Nähert sich der Partikelstrom der Erde, so wird in seiner Front durch das erdmagnetische Feld der Erde ein Strom induziert, der die Geschwindigkeit des Partikelstromes abbremst und damit gleichzeitig das Erdfeld nach Art der Abb. 42 deformiert. Dies erklärt das in Abb. 66 dargestellte Verhalten während der ersten Phase des Sturmes, die durch die Erhöhung der Horizontalintensität charakterisiert ist.

Gleichzeitig wird auf die geladenen Partikel eine ablenkende und damit separierende Wirkung der in Abb. 73 skizzierten Art ausgeübt, die die Elektronen und Protonen schließlich in Bahnen um die Erde zwingt. Es kommt zur Ausbildung eines „Ringstromes", der die Erde in großem

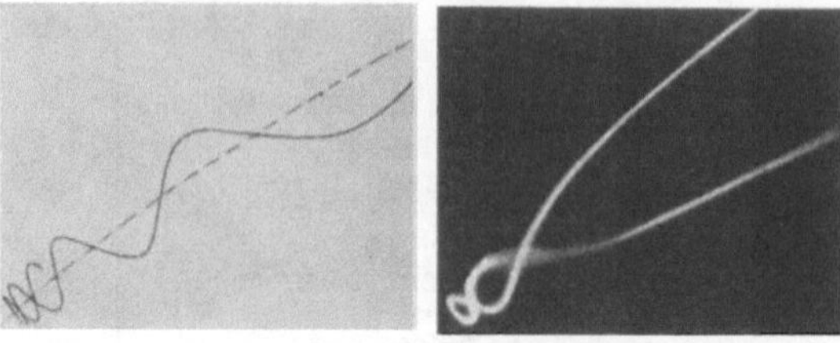

Abb. 74. Spiralbahn und Reflexion eines Teilchens in einem Magnetfeld.
Links: berechnet; rechts: gemessen

Abstand umkreist. Sein Radius ist zu etwa $5\,R$ ($R =$ Erdradius), seine
Stärke zu etwa $3 \cdot 10^6$ A maximal anzunehmen. Da dieser Ringstrom
so gerichtet ist, daß er das Dipolfeld schwächt, leitet seine Ausbildung die Hauptphase des Sturmes mit dem Absinken von H ein. Diese
Phase hält solange an, wie sich die Erde durch den Partikelstrom bewegt. — Ist dies beendet, so erfolgt eine allmähliche Schwächung des
Ringstromes durch Wiedervereinigung der Protonen und Elektronen;
damit setzt die „Nachstörung" ein, in der langsame Erholung der Horizontalintensität auf das alte Niveau erfolgt.

Betrachtet man die Wirkung eines Magnetfeldes auf ein geladenes
Teilchen genauer, so ergeben sich zusätzliche Phänomene.

Zerlegt man die Bewegung in zwei Komponenten in Richtung und
senkrecht zur Richtung des Feldes, so wird die erstere natürlich nicht
beeinflußt, während die andere Komponente zu einer Kreisbahn um die
Kraftlinien umgeformt wird. Der Radius dieser Bahn bestimmt sich zu

$$(38) \qquad\qquad r = \frac{m \cdot v}{e \cdot F},$$

wo e die Ladung, m die Masse und v die Geschwindigkeit des Teilchens
und F die magnetische Feldstärke bedeuten.

Die Bewegung der Teilchen wird also im allgemeinen Fall zur Spiralbewegung um die magnetischen Kraftlinien (vgl. Abb. 74). Die „Steigung" der Spirale wird infolge der Feldstärkezunahme um so enger, je
mehr sich das Teilchen der Erde nähert, bis infolge magnetischer Abstoßung zwischen dem Feld der umlaufenden Ladung und dem Magnetpol
der Erde „Reflexion" erfolgt.

Die Korrelation zwischen magnetischen Stürmen und der Sonnenfleckentätigkeit ist weniger eng als bei der allgemeinen magnetischen
Aktivität, weil im ersteren Fall die Zufälligkeit der Strahlrichtung des
Korpuskularausbruches die entscheidende Rolle spielt.

Auch die Tendenz zur Wiederholung nach 27 Tagen ist bei den
magnetischen Stürmen geringer ausgeprägt. Außerdem nimmt sie mit
der Stärke des Sturmes deutlich ab, was gewisse Rückschlüsse auf die
Lebensdauer der sturmerzeugenden Zentren auf der Sonne nahelegt.

Bezüglich der Bai-Störungen liegt angesichts des den Stürmen ähnlichen Äquivalentstromsystems die Vermutung nahe, als sturmerzeugende Ursachen schwächere — vielleicht wolkenartige — Korpuskulareinflüsse anzunehmen.

Bei den mit solaren UV-Ausbrüchen verbundenen bai-artigen magnetischen Erscheinungen ist ein Einfluß der dabei auftretenden Ionisationsvermehrung auf den S_q-Verlauf anzunehmen.

Die Entstehung der Pulsationen ist noch nicht befriedigend geklärt. Sie gehören jedenfalls zu den Korpuskulareffekten des von der Sonne ausgestoßenen interplanetaren Plasmas, was u. a. durch ihre Tendenz zur 27tägigen Wiederholung und ihren Zusammenhang mit der magnetischen Aktivität und mit dem Sonnenfleckenzyklus bewiesen ist. Sie scheinen von elektrischen Strömen bewirkt zu werden, die durch wellenartige Vorgänge in der Ionosphäre oder im Grenzbereich zwischen der höchsten Atmosphäre und dem interplanetaren Raum angeregt werden. Man versucht, für den Entstehungsmechanismus hydromagnetische Vorgänge verantwortlich zu machen.

Die kürzeren, im Gebiet von einigen Hertz auftretenden Pulsationen werden mit den Resonanzerscheinungen des Systems Erde-Ionosphäre — den sog. „Schumann-Frequenzen" — in Verbindung gebracht.

8. Die Magnetosphäre

Im letzten Jahrzehnt sind die Kenntnisse über das erdmagnetische Feld im Außenraum der Erde durch die Messungen von Satelliten und Raumsonden aus wesentlich vermehrt worden.

In diesem äußersten noch zum irdischen Bereich gehörigen Gebiet der *Magnetosphäre* erfolgt unter der Wirkung des mit großer Geschwindigkeit anströmenden interstellaren Plasmas die Umgestaltung des zur Erde symmetrisch gelegenen Feldes (vgl. Abb. 37) in die in Abb. 42 dargestellte asymmetrische Form. Die Untersuchungen in diesem Grenzbereich haben die Vorstellungen über die solarterrestrischen Wirkungen und ihren Mechanismus wesentlich erweitert und verfeinert.

Damit mündet die erdmagnetische Forschung in diesem Teilgebiet unmittelbar in die Weltraumforschung ein.

Bezüglich der hier vorhandenen Ergebnisse und Probleme muß auf die Spezialliteratur verwiesen werden*.

---

* Kurze zusammenfassende Darstellungen finden sich in jedem neueren Werk über die Physik der Hochatmosphäre. Um einige anzuführen, seien die beiden folgenden Werke genannt: H. ODISHAW (1964) und P. I. NAWROCKI and R. PAPA (1961).

Teil III

Physik der Hydrosphäre

Übersicht

Das Wasser nimmt durch sein in vieler Hinsicht anomales physikalisches Verhalten eine Sonderstellung im geophysikalischen Bereich ein.

Da das H_2O-Molekül infolge seines bekannten unsymmetrischen Baues ein starkes Dipolmement besitzt, treten starke zwischenmolekulare Kräfte auf, die zur Bildung von Molekülassoziationen der Zusammensetzung $(H_2O)_2$, $(H_2O)_4$, $(H_2O)_8$ führen, in denen die einzelnen Moleküle kristallgitterartig angeordnet sind. Mit abnehmender Temperatur nimmt vor allem die mit Volumenvergrößerung verbundene Bildung von $(H_2O)_8$ zu, was die sprunghafte Volumenvermehrung um 9% beim Gefrieren zur Folge hat.

Diese Volumenvermehrung beim Phasenübergang flüssig-fest ist infolge ihrer Sprengwirkung für die Verwitterung und die Bodenaufbereitung von ausschlaggebender Bedeutung. Außerdem sichert sie bei tiefen Temperaturen den biologischen Lebensraum im Wasser, da das Eis schwimmt, das Gefrieren also „von oben her" erfolgt.

Eine andere Folge der molekularen Eigenschaften des Wassers sind seine hohe spezifische Wärme und die hohe Wärmetönung bei den Phasenübergängen, die in das thermodynamische Geschehen als wichtige Faktoren eingehen. Insbesondere macht die hohe spezifische Wärme das Wasser zu einem besonders wirksamen Wärmespeicher und -transportmittel.

Wenn man von der „Hydrosphäre" spricht, so verbindet man damit die Vorstellung von dem an der Erdoberfläche vorhandenen Wasser. Dieses Wasser, das wir sinngemäß als „freies" Wasser bezeichnen, ist indes nur ein Teil des im terrestrischen Bereich vorhandenen Wassers. Ein weiterer — wesentlich größerer — Teil umfaßt das in der Lithosphäre „gebundene" Wasser.

a) „Freies" Wasser

Wasser in freier Form kommt im Temperaturbereich der Erdoberfläche in fester, flüssiger und gasförmiger Phase vor. Dabei überwiegt der flüssige Anteil die beiden anderen mengenmäßig um Größenordnungen:

Die freie Wassermenge der Erde beträgt etwa $1{,}39 \cdot 10^{24}$ cm³ bzw.
— wenn wir als mittlere Dichte die des Meerwassers annehmen —

$1{,}44 \cdot 10^{24}$ g. Dies entspricht $0{,}023\%$ der Gesamtmasse der Erde $(5{,}99 \cdot 10^{27}$ g).

Die Hauptmenge des Oberflächenwassers der Erde ($98{,}3\%$) ist im Meer enthalten. $1{,}65\%$ sind im Festlandeis gebunden. Der Rest von $0{,}04\%$ verteilt sich im Verhältnis $40:1$ auf das Süßwasser (einschließlich des Grundwassers) und das in Dampfphase in der Atmosphäre enthaltene Wasser.

b) „Gebundenes" Wasser

Diesen Beträgen steht das Wasser gegenüber, das in der Lithosphäre gebunden ist. Dabei handelt es sich vor allem um die im heißen Material des Erdinneren gelösten Mengen von gasförmigem H_2O. Aus der Löslichkeit von H_2O im Gesteinsmaterial und ihrer Temperaturabhängigkeit ist abzuleiten, daß der Gesteinsmantel bis zur Grenze des Erdkerns in 2900 km Tiefe mindestens $0{,}5\%$ gelöstes Wasser enthält. Daraus ergibt sich eine Menge „gebundenen" Wassers von etwa $20 \cdot 10^{24}$ g, also eine Menge, die das „freie" Wasser an der Oberfläche um fast das 15fache übertrifft. Im Material des Erdkerns ist das Vorhandensein von H_2O unwahrscheinlich, wie aus Untersuchungen an Eisenmeteoriten geschlossen wird (s. z.B. W.W. Rubey, 1964).

Im Verlaufe der Erdgeschichte ist durch „Entgasung" der oberflächennahen Partien ein Teil des gelösten H_2O wegen der Abnahme der Löslichkeit beim Erkalten frei nach außen abgegeben worden. Diese Entgasung des Erdinneren dauert auch heute noch an in Gestalt der Wasserabgabe im „juvenilen" (aus der Tiefe stammenden) Anteil der Mineralquellen und im Vulkanismus.

Wir beschränken uns im weiteren auf den Anteil des „freien" Wassers.

A. Ozeanographie*

1. Die Meeresbecken

Das Hauptreservoir des Wassers an der Erdoberfläche sind die Meeresbecken. Bei einer mittleren Tiefe von 3790 m bedecken sie $361 \cdot 10^6$ km² der Erde. Tabelle 5 gibt eine Übersicht über die verschiedenen Meeresräume:

Tabelle 5. *Areale, Volumina und mittlere Tiefen der Meeresräume*

Meere	Areal in 1000 km²	Mittlere Tiefe (m)	Inhalt in 1000 km³
Pazifischer Ozean	165246	4282	707555
Atlantischer Ozean	82216	3868	318078
Indischer Ozean	73443	3963	291030
Randmeere	8079	874	7059
Mittelmeere	31811	1416	45419

---

* Vergleiche dazu die Handbuchartikel von J. Bartels (1957), A. Defant (1957) und H.U. Roll (1957).

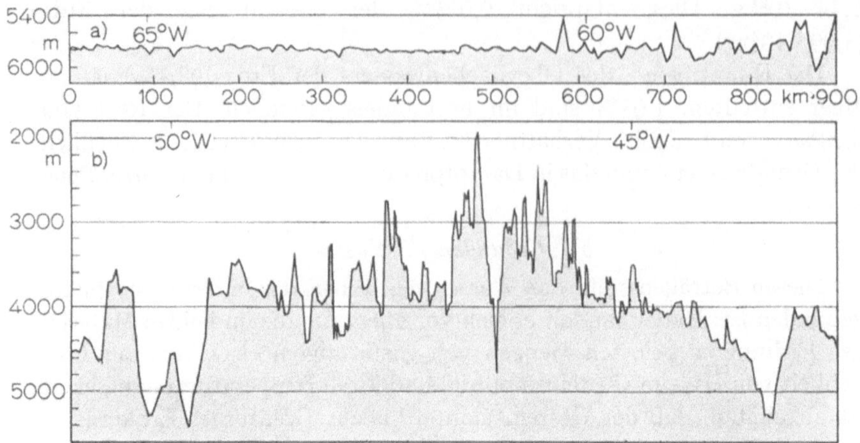

Abb. 75. Echolotprofile des Ozeanbodens. a) West-östlich verlaufendes Profil durch
das Nordamerikanische Becken in 24° Nord. b) West-östlich verlaufendes Profil durch
den mittelatlantischen Rücken in 17° Nord. Beide Profile sind 100fach überhöht.
(Nach G. DIETRICH, Allgemeine Meereskunde, 1957)

Die Ozeanböden lassen sich in großen Zügen nach ihrer Tiefenlage
gliedern: Man unterscheidet die — noch zum jeweiligen Festlandsockel
zu rechnenden — Schelfe, die Kontinentalabhänge, Tiefseerücken (unterseeische Gebirgszüge), Tiefseebecken und Tiefseegräben mit Tiefen bis
zu mehr als 10 000 m. Zur flächenmäßigen Häufigkeitsverteilung der
einzelnen Anteile s. Abb. 14 und 15 auf S. 22.

Im einzelnen zeigt die Bodengestalt der Ozeanbecken eine orographische Gliederung, die bei den genannten Typen recht verschieden ausgeprägt ist. Am stärksten gegliedert sind die submarinen Gebirgsrücken,
am einförmigsten die Tiefseebecken (vgl. Abb. 75).

Auch in den Kontinentalabhängen läßt sich gelegentlich reiche Gliederung feststellen. Eine besondere Erscheinung sind tief eingeschnittene
unterseeische Schluchten (s. z. B. Abb. 76). Sie lassen sich z. T. als Fort-
setzungen von Flüssen ansehen, so z. B. am Hudson, Indus, Kongo u. a.
Ob ihre Entstehung durch Erosion bei wesentlich tieferer Lage des
Meeresspiegels oder durch andere Erscheinungen — z. B. durch Rutschen
von Sedimenten am Rande des Schelfes — erfolgt ist, ist noch nicht
geklärt.

Die Ozeanböden sind normalerweise von Sedimenten verschiedener
Art und Mächtigkeit bedeckt. In Küstennähe überwiegt die Material-
zufuhr aus dem kontinentalen Zufluß. Im küstenfernen tiefen Ozeanboden herrschen sehr feinkörnige Sedimente anorganischen und orga-
nischen Ursprunges (roter Tiefseeschlamm; Diatomeen, Radiolarien-
schlamm) vor.

Das Sedimentwachstum im freien Ozean läßt sich für die Jetztzeit
im Mittel auf etwa 1 bis 2 mm pro Jahrtausend schätzen. Da sich für die

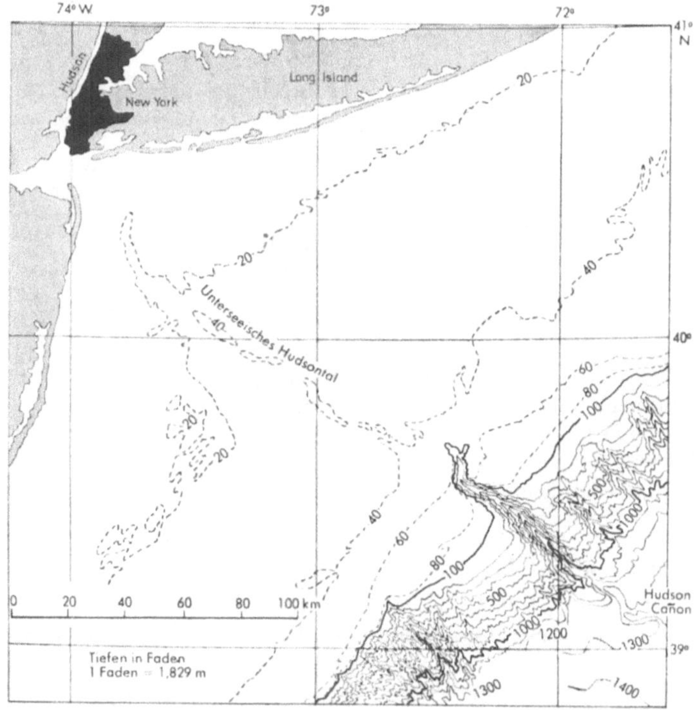

Abb. 76. Submariner Cañon am Schelfrand südöstlich der Hudsonmündung.
(Nach G. DIETRICH, l.c.)

Sedimentdicke im Atlantik nach seismischen Messungen Werte bis zu 4000 m ergeben, läßt dies auf ein Alter des Ozeanbodens von $2-4 \cdot 10^9$ Jahren schließen — ein Wert, der etwa auf den Zeitpunkt der Krustenbildung auf der Erde zurückführt.

Im pazifischen und im indischen Ozean ist die Sedimentdicke mit etwa 300 bis 400 m wesentlich geringer. Man vermutet hier „Überflutung" durch submarine Lava-Flüsse.

2. Der Aufbau des Meeres

a) Wassereigenschaften

Das Meerwasser enthält im Mittel $35^0/_{00}$ gelöster Substanz der in den Tabellen 6a und 6b angegebenen Zusammensetzung. Die gesamte gelöste Menge kann je nach den äußeren Umständen — Lage des betreffenden Meeresteiles, Klimabereich — bis über $40^0/_{00}$ ansteigen (so z.B. im Roten Meer und im Golf von Kalifornien) und auf fast 0 zurückgehen (so z.B. im küstennahen Gebiet des nördlichen Bottnischen Meerbusens

und an Flußmündungen). Die Zusammensetzung der gelösten Salze ist
immer die gleiche.

Tabelle 6a. *In 1 kg Meerwasser von 34,33⁰/₀₀ Salzgehalt sind ff. Gewichtsmengen der einzelnen Elemente enthalten*

Element	mg
Cl	18 980
Na	10 556
Mg	1 272
S	884
Ca	400
K	380
Sonstige Elemente in Konzentrationen von 1—100 mg in 1 kg Wasser	116
Zahlreiche Spurenelemente	etwa 2

Tabelle 6b. *Prozentuale Zusammensetzung des Meersalzes (Hauptbestandteile)*

Verbindung	Prozentualer Anteil
NaCl	77,76
$MgCl_2$	10,88
$MgSO_4$	4,74
$CaSO_4$	3,0
K_2SO_4	2,47
$CaCO_3$	0,35
$MgBr_2$	0,22

Außerdem enthält das Meerwasser stets gewisse Mengen der atmosphärischen Gase N_2, O_2 und CO_2. An der Meeresoberfläche werden diese bis zum Sättigungsbetrag aufgenommen: Die Konzentrationen betragen

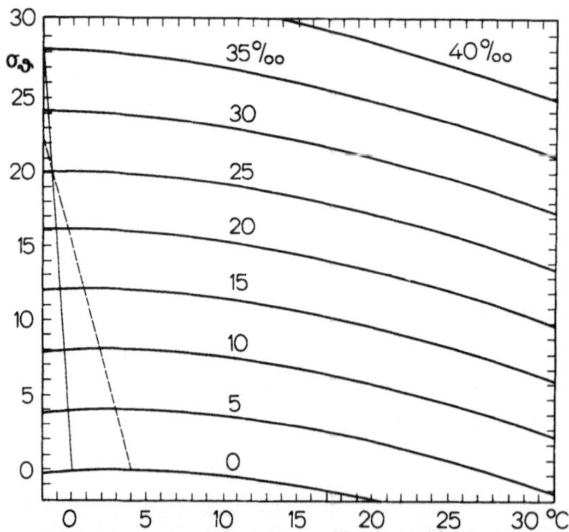

Abb. 77. Dichte, Gefrierpunkt und Temperatur des Dichtemaximums von See wasser in Abhängigkeit vom Salzgehalt. Dichteangaben in Promille-Abweichung vom Wert 1. Beispiel: 20 bedeutet Dichte 1,020. (Nach den Tabellen von M. KNUDSEN.) — — — Dichtemaximum; ——— Gefrierpunkt

dann bei einer Temperatur von 0° (20°) C 14,40 (10,40) cm³ N_2, 8,03 (5,35) cm³ O_2 und 0,42 (0,22) cm³ CO_2 pro Liter Seewasser von 35⁰/₀₀ Salzgehalt.

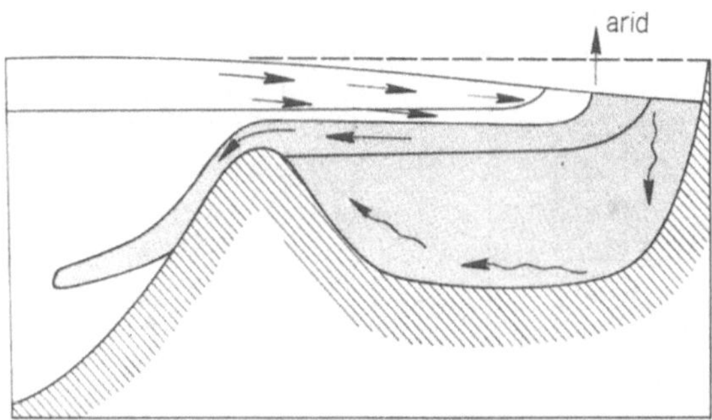

Abb. 78. Schema des Wasseraustausches zwischen einem Ozean (links) und einem „ariden" Nebenmeer (rechts). (Nach G. DIETRICH.) Grau: spezifisch schwereres, salzreicheres Wasser. Weiß: spezifisch leichteres, salzärmeres Wasser

Die Dichte des Meerwassers wird im wesentlichen durch seine Temperatur und seinen Salzgehalt bestimmt. Der formelmäßige Zusammenhang ist verhältnismäßig kompliziert — s. z. B. J. BARTELS und P. TEN BRUGGENKATE (1952). In Abb. 77 ist er graphisch veranschaulicht.

In der Abbildung sind zusätzlich noch die Temperaturen für das Dichtemaximum und den Gefrierpunkt angegeben. Beide zeigen mit zunehmendem Salzgehalt eine Verschiebung zu tieferen Temperaturen hin. Wichtig ist, daß sich die beiden Kurven bei einem Salzgehalt von 24,7⁰/₀₀ überschneiden. Das Meerwasser gefriert also, ehe es seine größte Dichte erreicht. Das hat zur Folge, daß die Eisbildung die vertikale Durchmischung *nicht* unterbindet, wie es beim Gefrieren von Süßwasser der Fall ist.

Die Darstellung in Abb. 77 gilt für normalen Atmosphärendruck. Mit zunehmender Wassertiefe nimmt die Dichte außerdem infolge der — wenn auch schwachen — Kompressibilität des Wassers unter sonst gleichen Bedingungen langsam zu.

Besonders charakteristische Dichteunterschiede zeigen sich im oberflächennahen Bereich: Hierin kommen vor allem die klimatologischen Unterschiede bezüglich der Relation zwischen Niederschlag und Verdunstung zum Ausdruck. Überwiegt in dem betreffenden Gebiet der Niederschlag, so werden der Salzgehalt und damit die Dichte geringer sein als im umgekehrten Fall.

b) Schichtung; Wassermassen

Der innere Aufbau der Ozeane ist durch das Nebeneinander und Übereinander von Wassermassen verschiedener Dichte charakterisiert.

Die Ausbildung bestimmter Eigenschaften des Wassers erfolgt an der Oberfläche, wo sich im längeren Kontakt mit der Atmosphäre durch klimatologische Einflüsse bestimmte Werte des Salzgehaltes und der

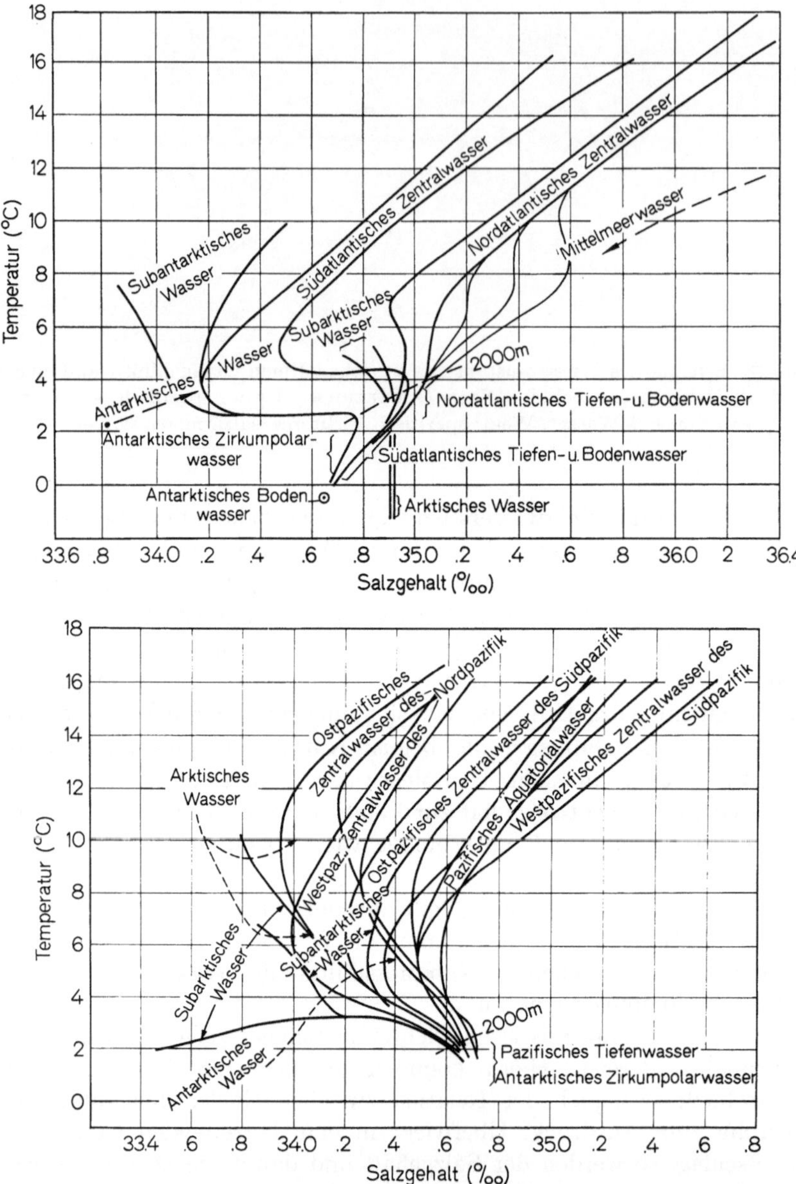

Abb. 79. Wassermassen-Diagramm für den Atlantik (oben) und den Pazifik (unten). (Nach H. U. Sverdrup)

Temperatur einstellen, die dem Wasser einen Dichtewert aufprägen, der für sein weiteres Verhalten bestimmend bleibt.

So bildet sich z.B. in den arktischen und antarktischen Meeren — bedingt durch die niedrige Temperatur und die bei der Bildung von Meereis eintretende Erhöhung des Salzgehaltes — spezifisch verhältnismäßig schweres Wasser aus, das bis zum Tiefseeboden absinkt und sich hier unter spezifisch leichterem Wasser weit nach Süden bzw. Norden vorschiebt.

Ein anderes Beispiel der Wassermassenbildung zeigt Abb. 78, das etwa den Verhältnissen an der Straße von Gibraltar entspricht:

Im „ariden" Nebenmeer, in dem die Verdunstung den Niederschlag überwiegt, steigt der Salzgehalt an und teilt sich durch dichtebedingten Austausch dem ganzen Meeresbecken mit. An der Trennungsschwelle strömt dieses salzreichere Wasser in das freie Meer ab, während darüber ein Einströmen des salzärmeren Ozean-(Atlantik-)Wassers erfolgt.

Die Erfahrung zeigt, daß eine Charakterisierung verschiedener ozeanischer Wassermassen durch die Relation zwischen der Temperatur und dem Salzgehalt gewonnen werden kann: Trägt man nach entsprechenden Bestimmungen in verschiedenen Tiefen zusammengehörige Werte von Temperatur T und Salzgehalt S einer einheitlichen Wassermenge in ein rechtwinkliges Diagramm ein, so liegen die Schnittpunkte in der Regel auf einer Linie bzw. in einem schmalen Streifen.

Auf diese Weise gewinnt man Markierungen der in Abb. 79 für den Atlantik und den Pazifik gezeichneten Art. Durch Eintragen der „Zustandskurve" eines T-S-Tiefenprofils lassen sich dann die verschiedenen übereinandergeschichteten Wassermassen bezüglich ihrer Herkunft analysieren.

3. Ozeanische Bewegungen und ihre Ursachen

Der Hauptteil der ozeanographischen Forschung gilt dem Studium der Bewegungsvorgänge.

Man kann diese nach den erzeugenden Ursachen und nach ihren räumlichen Dimensionen in drei Gruppen teilen und unterscheidet

a) Strömungen und Zirkulationen,

b) Wellen und Seegang und

c) Gezeitenbewegungen.

Die beiden erstgenannten Bewegungsarten stehen in ursächlichem Zusammenhang mit der Grenzfläche zwischen Wasserhülle und Lufthülle. Auslösende Ursache ist letztenendes die Energiezustrahlung von der Sonne, die als „Antrieb" der Wettererscheinungen einerseits durch die Ausbildung atmosphärischer Strömungen und Zirkulationen indirekt auf die ozeanischen Wassermassen einwirkt, und andererseits durch das wetter- und klimabedingte Zusammenspiel von Verdunstung und Niederschlag direkt zur Entstehung verschiedener Wassereigenschaften Anlaß gibt. Im einen Fall erfolgt die Energieübertragung an der Grenzfläche Wasser-Luft; im anderen entstehen Dichte- und damit Druckunterschiede, die Ausgleichsströmungen verursachen.

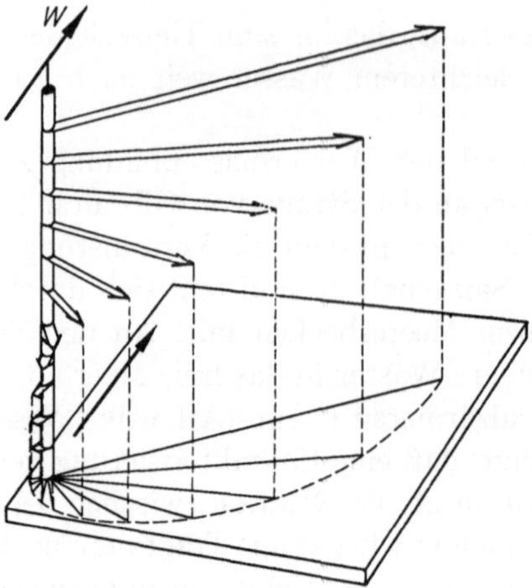

Abb. 80. Vertikale Stromverteilung im reinen Triftstrom auf der Nordhalbkugel.
(Nach V. W. ECKMANN.) *W* Windrichtung

Die Wellen sind Grenzschichterscheinungen an der Wasseroberfläche.
Sie stellen in der Regel nur einen reinen Energietransport dar, ohne daß
Wassermassen transportiert werden.

Demgegenüber sind die Gezeitenbewegungen in der Regel mit erheblichem Massentransport verbunden.

a) Strömungen und Zirkulationen

Strömt Luft über Wasser, so überträgt sich ein Teil ihrer kinetischen
Energie auf die Wasseroberfläche und übt dadurch einen tangentialen
Zug aus. Dieser setzt sich infolge der inneren Reibung nach innen
fort und beeinflußt auch die darunterliegenden Wasserschichten. Da bei
dieser Energieübertragung Verluste eintreten, nimmt die „Mitführung"
mit der Tiefe ab.

Die so entstehenden Bewegungen der Wasserteilchen unterliegen der
ablenkenden Kraft der Erdrotation. Die theoretische Behandlung
liefert unter der Voraussetzung eines unendlich großen und tiefen homogenen Ozeans als Ergebnis der Einwirkung einer homogenen Windströmung als Endzustand das in Abb. 80 dargestellte Strömungsbild:

Im stationären Zustand bildet die Richtung der Oberflächenströmung
(oberster Pfeil) mit der Windrichtung *W* einen Winkel von 45°. Die
darunterliegenden Schichten werden durch die (turbulente) Reibung
nachgeschleppt und durch die Corioliswirkung abgelenkt. Da ihre Geschwindigkeit immer mehr abnimmt, ergibt sich das Bild einer Wendeltreppe abnehmender Stufenbreite. In einer bestimmten Tiefe ist die
Bewegungsrichtung der an der Oberfläche bestehenden Bewegung entgegengesetzt. Die Geschwindigkeit ist hier auf den 23. Teil herabgesetzt.
Diese sog. „Reibungstiefe" hängt von der geographischen Breite und der

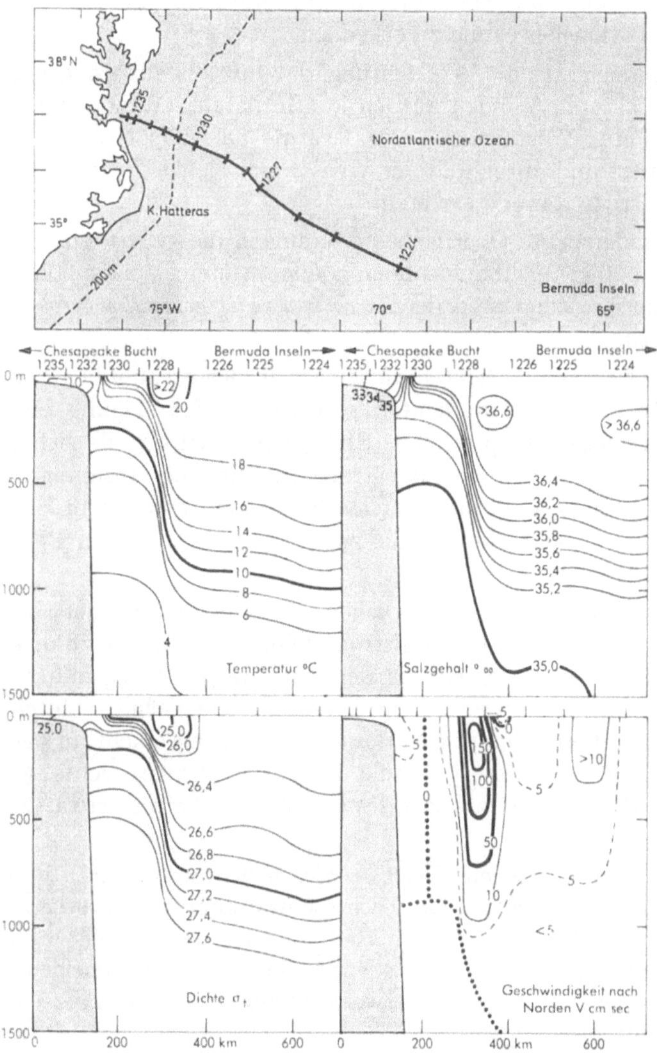

Abb. 81. Querschnitt durch das Golfstromgebiet zwischen 37° und 35° Nord. Oben: Lage des Meßprofils. Mitte und unten links: Isolinien von Temperatur, Salzgehalt und Dichte — Angabe zur letzteren in Promille Abweichungen vom Wert 1. Unten rechts: Strömungsprofil

Windgeschwindigkeit ab. Sie beträgt z.B. in 5° (50°) Breite bei einer Windgeschwindigkeit von 7 m/sec 180 m (60 m).

Reine Triftströmungen dieser Art ohne Stau- und Druckwirkungen sind selten und nur im freien Ozean zu erwarten. An Widerständen, so an Küsten und bei geringer Wassertiefe, treten Stauerscheinungen und Ausweichbewegungen auf, die auch die tieferen Wasserschichten er-

fassen. Trotzdem sind sie häufig als „primärer Ansatz" der Strömungs-
und Zirkulationsbewegung zu erkennen.

So läßt sich z.B. die Beobachtung, daß mit küstenparallelen äquatorwärts gerichteten Winden an den kontintentalen Westküsten — Kalifornien, Peru, Westafrika — das warme Oberflächenwasser seewärts
transportiert und durch kälteres Wasser aus Tiefen bis zu 200 m ersetzt
wird, als Triftströmung erklären.

Da winderzeugte Oberflächenströmungen dieser Art sich am besten
bei gleichmäßigem Wind ausbilden können, treten sie nach höheren Breiten hin zurück zugunsten der *durch innere Druckkräfte hervorgerufenen
Strömungen.*

Kommt es durch Dichteunterschiede in der ozeanischen Schichtung
zu horizontalen Druckgradienten, so wird eine der Neigung der Flächen
gleichen Druckes entsprechende Strömung einsetzen, die sich dann infolge der ablenkenden Kraft der Erdrotation in eine Strömung senkrecht
zum Druckgefälle umformt. Der Mechanismus ist, wie man leicht sieht,
den Vorgängen sehr ähnlich, die zu den atmosphärischen Bewegungen
führen (s. S. 127).

Beispiel für eine im wesentlichen auf Druckunterschiede zurückzu-
führende Strömung ist der Golfstrom. Ohne Einzelheiten zu diskutieren,
ist in Abb. 81 eine Darstellung der Temperatur-, Salzgehalts-, Dichte-
und Geschwindigkeitsverteilung in einem Querschnitt durch diesen
Strom dargestellt. Charakteristisch ist die Sprungschicht an der Grenze
der beiden Wassermassen — links kalt und salzarm, rechts warm und
salzreich. Der Wassertransport des Golfstromes beträgt etwa $57 \cdot 10^6 \, \text{m}^3/$
sec.

Auch die ozeanischen *Tiefenzirkulationen* werden durch horizontale
Druckgradienten infolge von Dichteschwankungen hervorgerufen und
unter dem Einfluß der inneren Reibung und der Corioliswirkung ver-
formt. Den Anstoß geben letztenendes die Wassermasseneigenschaften,
die an der Oberfläche gebildet werden und zur Schichtung nach ihrer
Dichte führen.

Zur Bestimmung der verschiedenen Wassermassen und ihrer Bewe-
gungen dienen die im vorigen Abschnitt skizzierten T-S-Diagramme.
Messungen des Gasgehaltes und „Altersbestimmungen" der betreffenden
Wassermassen können nach der C^{14}-Methode erfolgen.

b) Wellen und Seegang

Die Wellen des Meeres gehören zu den periodisch verlaufenden Vorgängen an Grenzflächen zwischen Gebieten verschiedener Dichte und
Geschwindigkeit. Je nachdem, ob es sich dabei um die Meeresoberfläche
oder um innere Grenzflächen handelt, sind Oberflächenwellen und interne
Wellen zu unterscheiden.

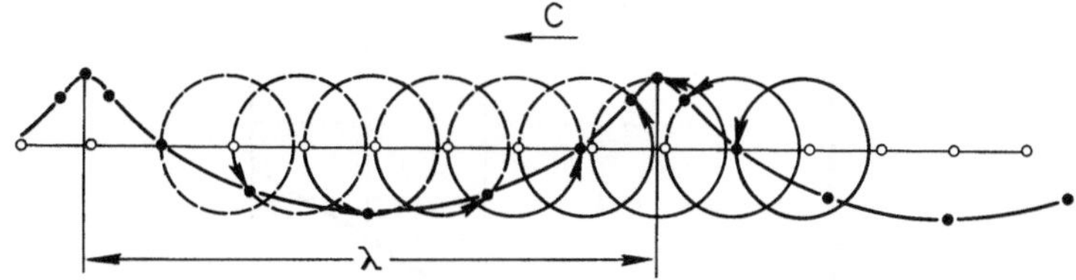

Abb. 82. Orbitalbahnen und Wellenform einer fortschreitenden Oberflächenwelle

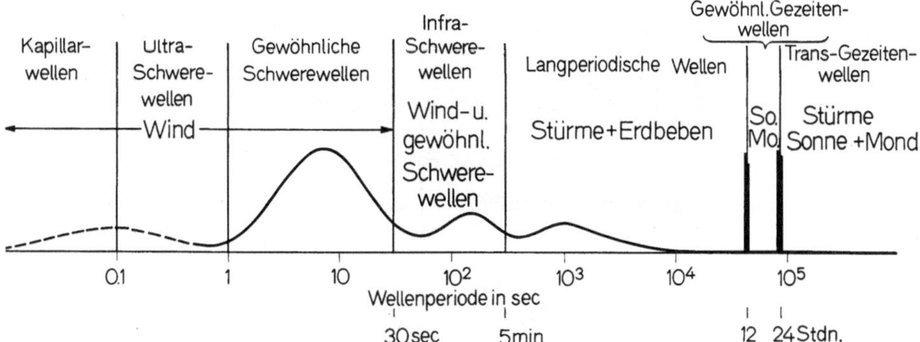

Abb. 83. Klassifikation der Meereswellen. (Nach W. H. MUNK, Trans. Am. Geophys.
Union **30**, 849 ff. (1949)]. Die Kurve gibt die relativen Amplituden an

Bei den Oberflächenwellen in tiefem Wasser führen die einzelnen
Wasserteilchen die bekannten kreisförmigen oder elliptischen „Orbital-
bewegungen" aus (vgl. Abb. 82), deren Schwingungsweite mit der Tiefe
abnimmt. In Tiefen von mehr als einer halben Wellenlänge bleibt das
Wasser in Ruhe.

Die Form der fortschreitenden Welle (ausgezogene Linie in Abb. 82)
ist die einer „Trochoide" — geschweifte Zykloide mit steilen Wellen-
bergen und flachen Wellentälern.

Bei dieser Art von Wellen erfolgt kein Wassertransport, sondern nur
ein Hin- und Herschwingungen der Wasserteilchen. Dies ändert sich
wenn die Wassertiefe kleiner wird als eine halbe Wellenlänge. Dann ent-
arten die Orbitalbahnen mehr und mehr zu Geraden: Die Wasserbewegung geht in eine translatorische Hin- und Herbewegung von einzelnen
Wassersäulen über.

Abb. 83 gibt einen Überblick über die Oberflächenwellen des Meeres
und der sie erzeugenden Ursachen. Als Abszisse ist die Wellenlänge in
logarithmischem Maß aufgetragen, als Ordinate sind die relativen Amplituden angedeutet.

Die für die Wellenbewegung entscheidende Richtkraft ist bei den
kürzesten von ihnen, den sog. „Kapillarwellen", die Oberflächenspannung, bei den längeren die Schwerkraft. Für ihre Fortpflanzungsge-

7*

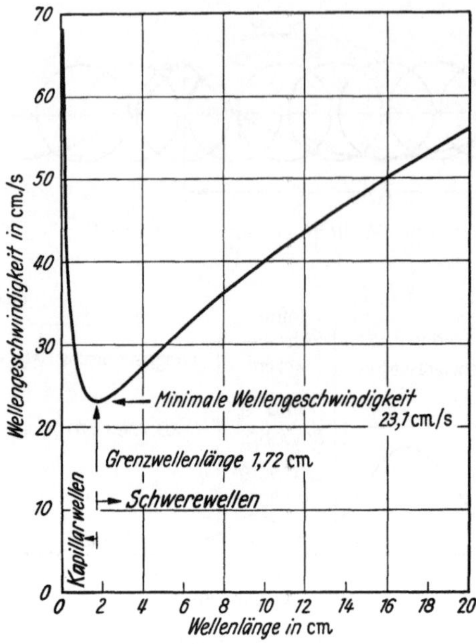

Abb. 84. Zusammenhang zwischen Wellenlänge und Wellengeschwindigkeit

schwindigkeiten („Phasengeschwindigkeiten") c gelten die Beziehungen:

$$(39) \qquad c = \sqrt{\frac{g\lambda}{2\pi}} \qquad \text{(gültig für reine Schwerewellen)},$$

$$(40) \qquad c = \sqrt{\frac{2\pi\vartheta}{\varrho\lambda}} \qquad \text{(gültig für reine Kapillarwellen)},$$

$$(41) \qquad c = \sqrt{\frac{g\lambda}{2\pi} + \frac{2\pi\vartheta}{\varrho\lambda}} \qquad \text{(gültig für gemischte Wellen)}.$$

Dabei bedeuten g die Schwerebeschleunigung, λ die Wellenlänge, ϑ die Oberflächenspannung und ϱ die Dichte.

In Abb. 84 ist der Zusammenhang zwischen Wellenlänge und Wellengeschwindigkeit dargestellt: Der geringste Wert der Geschwindigkeit ergibt sich für eine Wellenlänge von 1,72 cm und beträgt dann 23,1 cm/sec. In diesem Fall sind die beiden Summanden unter der Wurzel in Gl. (41) einander gleich. Die Geschwindigkeit steigt dann sowohl nach kleineren wie nach größeren Wellen hin an. Die in der Abbildung dargestellten theoretischen Ergebnisse sind auch durch Messungen bestätigt.

Die Ausdrücke gelten für Wassertiefen, die groß sind gegen die Wellenlänge. Für geringe Wassertiefen nähert sich die Geschwindigkeit dem nur noch von der Tiefe abhängigen Wert

$$(42) \qquad c = \sqrt{gh} \qquad (h = \text{Wassertiefe}).$$

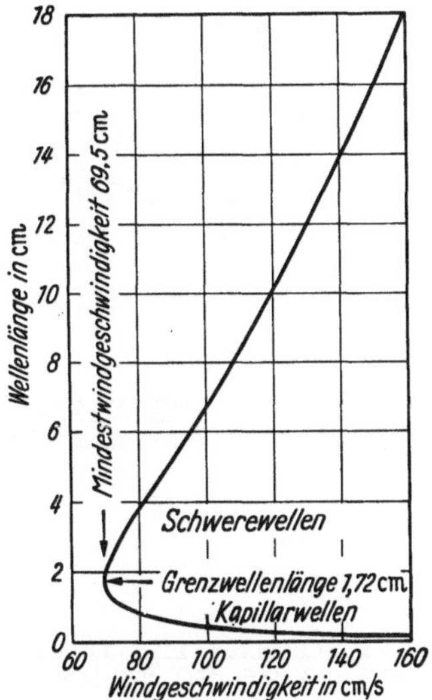

Abb. 85. Anregung der „Initialwellen" bei kleinen Windgeschwindigkeiten. [Nach G. NEUMANN, Deut. Hydrograph. Z. **2**, 187 ff. (1949)]

Für die Gruppengeschwindigkeit c_g der Wellen, die für den Energietransport maßgeblich ist, folgt aus der Theorie der Ausdruck

$$(43) \qquad c_g = \frac{c}{2} \cdot \left(1 + \frac{4\pi h}{\lambda \, \text{Sin} \, (4\pi h/\lambda)}\right).$$

Danach ergeben sich für Grenzfälle von Wellen, die klein (bzw. groß) sind im Vergleich zur Wassertiefe h, die folgenden Beziehungen

$$(44) \qquad c_g = c/2 \qquad (\text{für } h \gg \lambda)$$

bzw.

$$(45) \qquad c_g = c \qquad (\text{für } \lambda \gg h).$$

Die Anregung der Wellen im linken Teilbereich des Wellenspektrums der Abb. 83 erfolgt ausschließlich durch Wind. Der Mechanismus der Wellenentstehung ist indes noch nicht befriedigend geklärt. Ohne Frage handelt es sich um einen komplexen Vorgang, bei dem verschiedene Faktoren zusammenwirken. So ist zunächst eine gewisse Instabilität der ebenen Meeresoberfläche unter Windwirkung anzunehmen. Hinzu kommt die stets vorhandene Turbulenz der Luftströmung. Auch sind zufällige Störungen der Meeresoberfläche nicht auszuschließen.

Nach Abb. 85 folgt als Mindestgeschwindigkeit einer zur Wellenbildung führenden Luftbewegung der Wert von 69,5 cm/sec. Bei dieser Geschwindigkeit erfolgt die Anregung der schon oben erwähnten „Grenzwellenlänge" von 1,72 cm. Mit steigender Windgeschwindigkeit nimmt die Länge der Schwerewellen zu, die der Kapillarwellen ab.

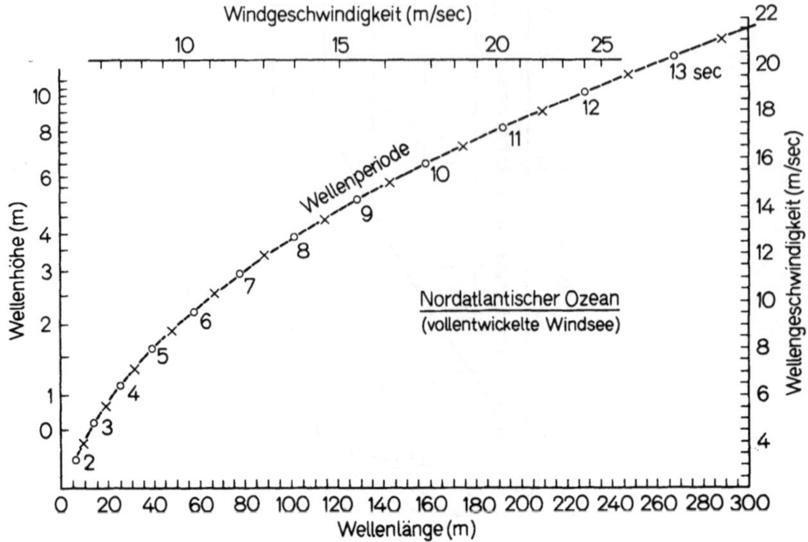

Abb. 86. Empirische Beziehung zwischen Wind und Seegang nach A. SCHUMACHER.
(Siehe J. BARTELS, 1952)

Die Gesamtheit der winderzeugten Oberflächenwellen ergibt den
Seegang. Man unterscheidet das unter unmittelbarer Windwirkung entstehende Bild der *Windsee* von der nach Aufhören der Windeinwirkung
entstehenden *Dünung.*

Die Erfahrung zeigt, daß jeder Windgeschwindigkeit eine Maximalwellenlänge der Wellen zugeordnet werden kann — vorausgesetzt, daß
eine genügende *Wirkdauer* und *Wirklänge* zum *Ausreifen* der Windsee
vorhanden ist. Abb. 86 zeigt den Zusammenhang für den Nordatlantik.
Für die Ausreifung sind bei Windstärken von 3, 6, 9 bzw. 11 Beaufort
Wirklängen von etwa 11, 260, 780 bzw. 4600 km oder — zeitlich ausgedrückt — Wirkdauern von 2,3, 15, 52 bzw. 101 Std erforderlich (Zahlenangaben nach G. NEUMANN). Im einzelnen ist der Vorgang des Anwachsens der Wellen aus den Initialwellen bis zur ausgereiften Windsee physikalisch noch nicht befriedigend geklärt.

Geht die antreibende Kraft des Windes zurück oder eilen bei großen
Windgeschwindigkeiten die längsten Wellen voraus, so formt sich die
Windsee in die Dünung mit ihren typischen glatten, langen Wellen um.
Mit wachsender Laufstrecke der Dünung nehmen erfahrungsgemäß die
Wellenhöhen ab bei gleichzeitiger Zunahme der Wellenlängen.

Eine interessante Erscheinung großer Wasserbecken sind die sog.
Seiches, rhythmisch wiederkehrende Niveauschwankungen der Wasseroberfläche. Sie wurden zuerst als Seespiegelschwankungen am Genfer
See beobachtet und als Eigenschwingungen gedeutet, dann an zahlreichen
weiteren Binnenseen untersucht und auch in abgeschlossenen Meeres-

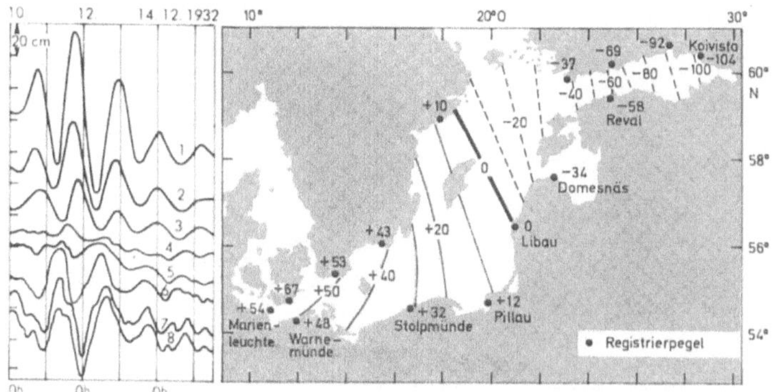

Abb. 87. Grundschwingungen („Seiches") der Ostsee

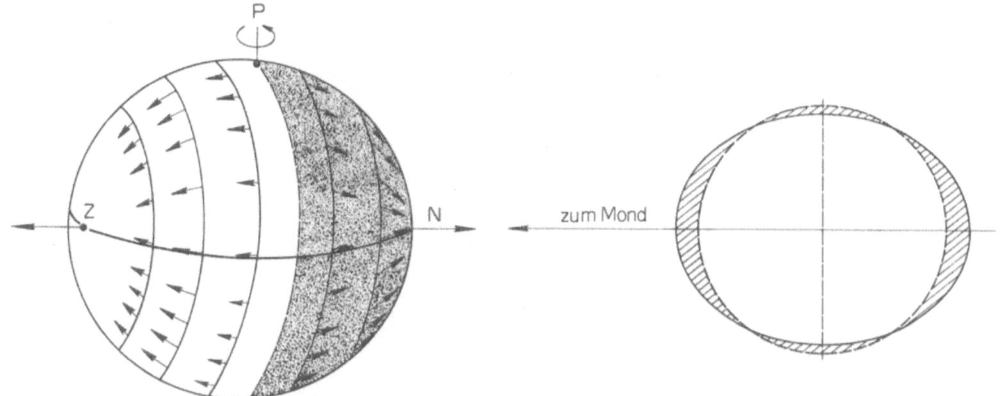

Abb. 88. Links: Verteilung der horizontalen Komponenten der fluterzeugenden Kräfte. Stellung des erzeugenden Gestirns in Richtung Z zu denken. P Rotationspol. Rechts: Flutdeformation eines die ganze Erde bedeckenden Ozeans genügender Tiefe (stark überhöht gezeichnet)

becken festgestellt — so z.B. in der Bucht von San Francisco und in der Ostsee. Abb. 87 zeigt die Erscheinung in der Ostsee.

Zur Berechnung bzw. Abschätzung der Perioden kann die Beziehung von *Merian* benutzt werden, nach der für ein abgeschlossenes rechteckiges Wasserbecken (Länge: L; Tiefe: T) die Perioden P der Schwingungen sich wie folgt bestimmen:

$$(46) \qquad P = \frac{2L}{n\sqrt{gT}} \qquad n = 1, 2, \ldots.$$

c) Gezeiten

Die Gezeiten des Meeres sind Wellenerscheinungen von globalen Ausmaßen. Ihre Anregung erfolgt durch die rhythmischen Schwankun-

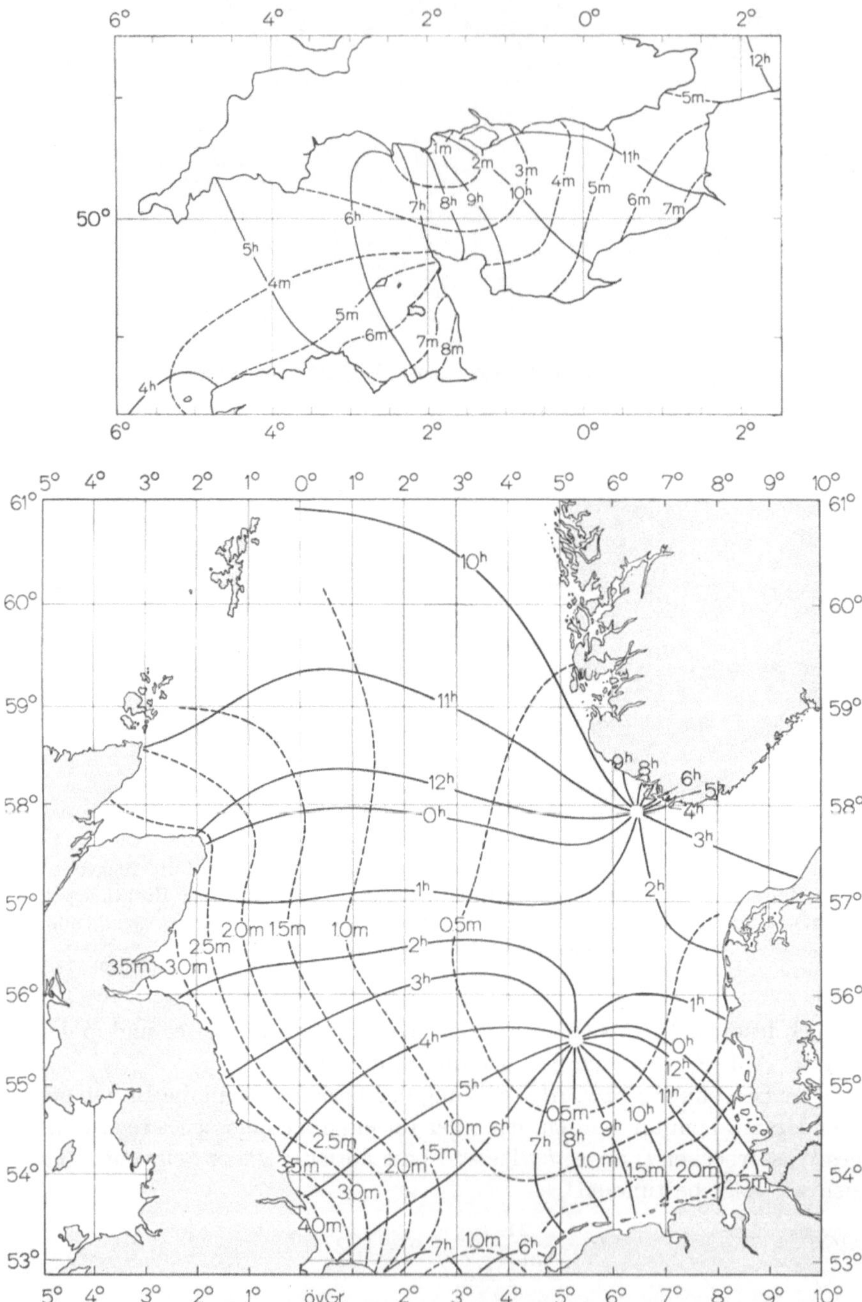

Abb. 89. Linien gleichen Hochwasserzeitunterschiedes gegen den Monddurchgang durch den Meridian von Greenwich (ausgezogene Kurven) und Linien gleichen Tidenhubs der Hauptmondtide (gestrichelte Kurven) für das Gebiet des Kanals (oben) und der Nordsee (unten)

gen der Schwerkraft, die durch die verschiedenen Konstellationen von Sonne, Erde und Mond und die Erddrehung an der Erdoberfläche entstehen.

Zur Verteilung der Gezeitenkräfte s. Abb. 12 auf S. 20. Abb. 88 zeigt links die Verteilung der Horizontalkomponenten der fluterzeugenden Kräfte an der Erdoberfläche, rechts die „Flutdeformation".

Wäre die Erde gleichmäßig mit Wasser genügender Tiefe bedeckt, so würde sie diesen Kräften ungehindert folgen und ihre Oberfläche entsprechend deformieren. Im Gleichgewicht mit den Gezeitenkräften würde sich als größter *Gezeitenhub* für die Wirkung der Sonne ein Betrag von 25 cm, für die des Mondes ein solcher von 54 cm ergeben. Diese Höhe der Flutwelle würde sich in 14tägigem Rhythmus von einem Maximalwert von 79 cm („Springflut") über einen Minimalwert von 29 cm („Nippflut") wieder zum Maximalwert ändern.

Infolge der Verteilung von Land und See können sich solche die Erde umlaufenden Gezeitenwellen nicht ausbilden. Die tatsächlich auftretenden Gezeiten sind das Ergebnis von Überlagerungen verschiedener Einflüsse, die den primär gegebenen Ansatz zur Gezeitenbewegung umgestalten.

Die größten Abweichungen des realen Gezeitenablaufes vom Idealbild sind durch orographische Einflüsse an den Küsten bedingt: Durch Stauerscheinungen kann sich hier der *Tidenhub* erheblich vergrößern (in der Fundy-Bai bei New Brunswick in Kanada beträgt er bis zu 21 m). Außerdem ergeben sich orographisch bedingte Interferenzen, die zu Verhältnissen der in Abb. 89 am Beispiel Kanal-Nordsee dargestellten Art führen.

Da der zeitliche Ablauf der Gezeiten eines Ortes mit großer Regelmäßigkeit erfolgt, kann er vorausberechnet werden. Die erforderlichen Daten dazu liefert die harmonische Analyse von Pegelregistrierungen über einen längeren Zeitraum. Die der Konstellation von Sonne, Erde und Mond entsprechende Vorausberechnung muß zur Voraussage der zu erwartenden Gezeitenamplitude noch die Stärke und Richtung der Luftbewegung in Rechnung stellen.

B. Der Süßwasserbereich

1. Kreislauf und Umsatz

Wie schon einleitend bemerkt, ist nur ein kleiner Teil des freien Wassers der Erde Süßwasser. Dieser befindet sich in einem ständigen Kreislauf. Trotzdem es sich dabei mengenmäßig um einen einen sehr geringen Betrag im Vergleich zum Gesamtwasser handelt, beinhaltet er den gesamten Wasserhaushalt des Festlandes.

Der *Wasserumsatz*, der im Laufe eines Jahres den Kreislauf Verdunstung-Niederschlag durchläuft, läßt sich aus der mittleren jährlichen

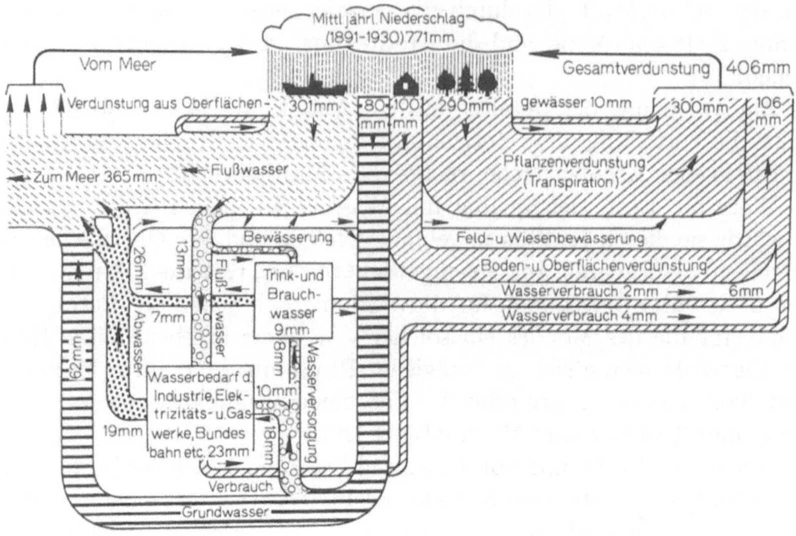

Abb. 90. Der Wasserkreislauf in der Bundesrepublik Deutschland. (Nach einem von R. KELLER und S. CLODIUS für 1951 aufgestellten Schemabild.) [°₀°] Wasser, an dessen Qualität besondere Anforderungen gestellt werden. [▓▓] Abwasser. [▬] Grundwasser, kann infolge seiner Lagerungsverhältnisse und chemischen Eigenschaften nur zum Teil zur Wasserversorgung herangezogen werden. [▨▨] Flußwasser, dient der Schiffahrt, Kraftgewinnung, Fischerei usw.; wird wegen seiner chemischen und bakteriologischen Eigenschaften nur teilweise nach Aufbereitung zur Wasserversorgung herangezogen. [▨▨] Wasserverdunstung (Verdampfen) durch Vegetation, auf Straßen und Dächern, in Haushalten, Dampfkraftwerken u. a. m. (Alle Angaben in Wasserhöhe pro Fläche)

Niederschlagshöhe der Erde zu etwa $4 \cdot 10^{20}$ cm³ schätzen. Etwa $^3/_4$ davon fällt als Niederschlag über den Ozeanen. Das restliche Viertel fällt als Niederschlag über dem Festland und gelangt von hier über eine Reihe von Zwischenstufen (Versickerung — Grundwasser — Quellenaustritt — Abfluß) in den Süßwasserhaushalt und über ihn wieder zum Meer zurück.

Der jährliche Wasserumsatz von rund 10^{20} cm³ entspricht etwa einem Fünftel der gesamten festländischen Süßwassermenge. Dies besagt, daß der Gesamtwassergehalt des Festlandes in 5 Jahren einmal erneuert werden kann.

Die Aufgaben der *Hydrologie* bestehen darin, die *Wanderung* des Wassers mit allen Begleiterscheinungen und Folgerungen zu untersuchen.

Die zur Bearbeitung stehenden hydrologischen Einzelprobleme stehen meist in enger Verbindung zu benachbarten Gebieten: Da die maßgeblichen Faktoren des Wasserkreislaufes die Verdunstung und der Niederschlag sind, ergibt sich ein enger Zusammenhang zur Meteorologie, Klimatologie und Geographie. Die notwendige Einbeziehung der Wasserbewegung im Boden (Versickerung, Grundwasserbewegung, Quellen) sowie die Wirkung des Wassers an der Oberfläche (Verwitterung, Flußbettbildung, Festmaterialtransport u.a.) ergeben enge Berührung mit Spezialaufgaben der Geologie. Schließlich ist der Wasserhaushalt der Biosphäre zu erwähnen.

Zu diesen für die Geowissenschaften wesentlichen Gesichtspunkten treten solche seitens der verschiedenen an der *Wasserwirtschaft* interessierten Disziplinen der Landwirtschaft, der Technik, der Versorgungswirtschaft und der Verkehrswirtschaft.

Abb. 90 vermittelt nach einem für die Deutsche Bundesrepublik aufgestellten Schaubild einen Eindruck von der vielgestaltigen Differenzierung des Wasserkreislaufes im Hinblick auf biologische, technische und zivilisatorische Einzelbedürfnisse.

2. Glazeologische Probleme

Die Mitbeteiligung der Eisphase ist ein wichtiges Glied im Kreislauf des Wassers.

Hier werden zunächst die zeitlichen Dimensionen völlig andere: Im Bereich des flüssigen Wassers können im Kreislauf Änderungen der Niederschlagstätigkeit im Verlaufe eines Jahres bzw. im Verlaufe einiger Jahre erkannt werden. Im Gegensatz dazu beginnt für den in den vergletscherten Regionen fallenden Niederschlag ein sehr viel langsamer ablaufender Kreislauf, in dem sich klimatische Änderungen erkennen lassen, die sich über 10^2 bis 10^6 Jahre erstrecken.

Der Anteil, der dem unmittelbaren Gesamtwasserumsatz des Festlandes durch Einbeziehung in den Gletscherkreislauf entzogen wird, beträgt 2,5 % desselben oder $2,5 \cdot 10^{18}$ g/Jahr.

Insgesamt sind $16,2 \cdot 10^6$ km² (10,9 %) der Festlandoberfläche der Erde von Gletschern bedeckt. Die in ihnen angehäuften Eismassen würden — in flüssiges Wasser zurückverwandelt — den heutigen Meeresspiegel um mehr als 60 m ansteigen lassen. Etwa $^5/_6$ dieser Gesamtmasse des Eises entfällt auf den antarktischen Kontinent.

Der *Eisumsatz* in einem Gletscher erfolgt so, daß sich in seinem *Zuwachsgebiet*, in dem — bedingt durch Höhenlage und Temperatur — mehr Schnee aufgenommen als entfernt wird, die *Ernährung* erfolgt. Von hier fließt die Eismasse in langsamer Bewegung zu Tal, bis sie in die Regionen kommt, in denen der Abgang durch Schmelzen und durch Verdunstung mehr und mehr über den Zugang überwiegt. Bei den großen Inlandeisgebieten und ihren Gletscherströmen erfolgt die Massenabgabe überwiegend durch die ins Meer abbrechenden Eisberge.

Der auf das Eis fallende Schnee verwandelt sich durch verschiedene Einwirkungen (Schmelzen und Wiedergefrieren, Winddruck, Umkristallisation u.a.) in *Firn* und letztlich in kompaktes Eis. Dieses hat eine

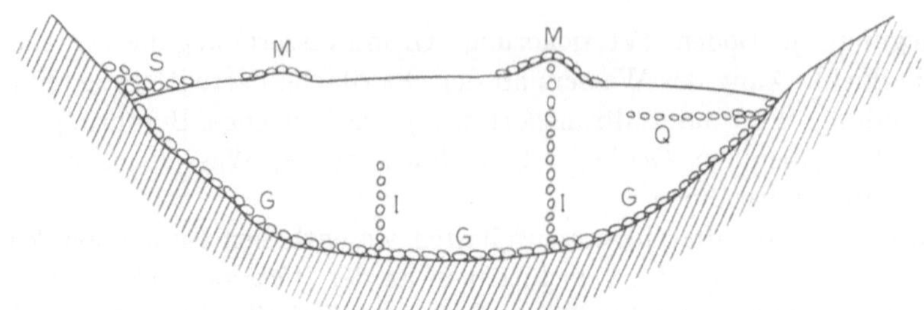

Abb. 91. Bewegte Moränen in einem Gletscherquerschnitt. Es bedeuten: *G* Grund-
moräne; *I* und *Q* Innenmoränen; *M* Mittelmoränen; *S* Seitenmoräne

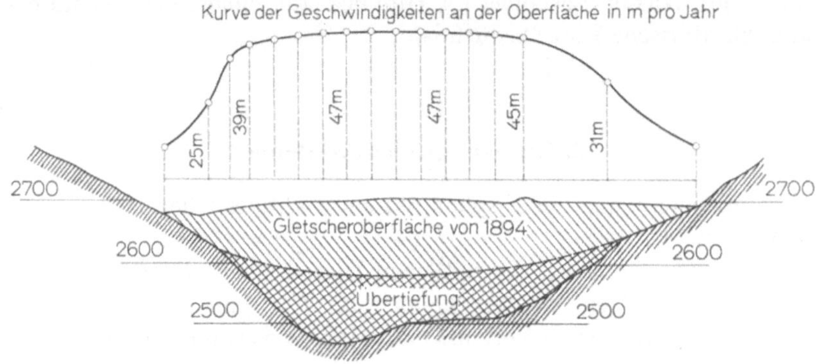

Abb. 92. Erosion im Gletscherbett des Hintereisferners

grobkörnige Struktur mit Korngrößen bis zu 30 cm Durchmesser in
dichter Packung.

Die Fließgeschwindigkeiten liegen bei den großen Alpengletschern in
der Größenordnung von 50 m pro Jahr, im Himalaja etwa beim doppelten
Wert. Die großen Eisströme vom Inlandeis in Grönland und in der Antarktis bewegen sich zum Teil wesentlich rascher: In Grönland sind in
einem Fall bis zu 7 km pro Jahr gemessen worden.

Die in Gebirgstälern fließenden Gletscher transportieren erhebliche
Mengen von Gesteinsmaterial, das sie aus abstürzenden Steinen und
Felstrümmern von den Hängen oder durch die Eisbewegung vom Gletscherbett aufnehmen und an anderen Stellen als *Moränen* wieder ab-
lagern. Abb. 91 gibt eine Schemadarstellung der verschiedenen Moränen-
arten und -entwicklungen.

Durch das Abfließen des Eises wird der Untergrund in nachhaltiger
Weise beeinflußt und verändert. Abb. 92 zeigt dies an einem Querprofil
des Hintereisgletschers.

Die Neigung der Talwände an beiden Gletscherseiten setzt sich zunächst unverändert fort, wird aber dann bei steigender Bewegungs-
geschwindigkeit des Gletschers (s. oberste Kurve) deutlich vergrößert.

Es tritt also eine „Übertiefung" des Gletscherbettes ein, die man unmittelbar in Beziehung zur Geschwindigkeit setzen kann. Aus Bestimmungen an mehreren Gletschern hat sich für den Betrag der Erosion in Abhängigkeit vom Druck der Gletschermasse (Eisdicke) auf die Unterlage und von der „Grundgeschwindigkeit" (Fließgeschwindigkeit an der Unterseite)* ein Wert von 0,0025 mm pro Jahr bei 1 atm Druck und 1 m Geschwindigkeit ergeben. Angewandt auf die in Abb. 92 dargestellten Verhältnisse würde dies für die Erosion im Gletscherbett einen Betrag von 1,6 mm pro Jahr ergeben. Für die zu 100 m angenommene Übertiefung wäre also bei sonst unveränderten Bedingungen ein Zeitraum von 60000 Jahren nötig gewesen.

Dieser Modellierung des Gletscherbettes durch die Eisbewegung kommt grundlegende Bedeutung für die Entstehung der Gebirgsorographie zu.

Besondere Aufmerksamkeit wird der Frage der Gletscherschwankungen gewidmet, da sich in ihnen langzeitig verlaufende klimatische Veränderungen manifestieren.

Da in allen Gletschergebieten der Erde gegenwärtig die Moränengebiete den Gletschern *vor*gelagert sind, muß angenommen werden, daß die Vergletscherung früher größer gewesen ist als heute. Nach den dazu vorliegenden Untersuchungen ist in der Tat während der letzten 60 bis 100 Jahre ein erheblicher Gletscherschwund zu verzeichnen. Dagegen scheinen die Inlandvereisungen — insbesondere in der Antarktis — von diesem Schwund nicht betroffen zu sein.

Die Ursachen dieser Veränderungen sind noch nicht befriedigend geklärt**.

---

* Für die Grundgeschwindigkeit lassen sich etwa folgende Angaben machen: Diese beträgt bei 20, 50, 100, 200, 300 m Eisdicke des Gletschers 96, 93, 86, 72, 61% der Oberflächengeschwindigkeit.

** Siehe dazu u. a. P. A. Shumskiy, A. N. Krenke, and I. A. Zotikov, 1964.

Teil IV

Physik der Atmosphäre*

1. Übersicht

Die Lufthülle ist derjenige Teilbereich der Erde, der — zumindest in seinen unteren Partien — am leichtesten zugänglich ist. Aus diesem Grunde sind sowohl unsere Kenntnisse von den atmosphärischen Zuständen und Vorgängen wie auch die Forschungsmöglichkeiten zur Aufklärung der Kausalzusammenhänge hier größer als in den anderen geophysikalischen Regionen.

Die besondere Bedeutung der Lufthülle liegt darin, daß sie nach außen hin unmittelbar an den interplanetaren Raum angrenzt, und damit den vielfachen kosmisch-solaren Einflüssen unmittelbar ausgesetzt ist. Sie wird in ihrem Aufbau und ihrem Verhalten in entscheidendem Maße durch diese äußeren Einflüsse gesteuert, wirkt als deren Vermittler und — z.B. in strahlenbiologischer Hinsicht — gleichzeitig als Schutz.

Die Gesamtmasse der Lufthülle beträgt rund $5{,}1 \cdot 10^{21}$ g, stellt also nur einen sehr kleinen Bruchteil der irdischen Gesamtmasse dar**. Ihre Höhenverteilung wird durch das Zusammenwirken von Gravitation und Expansionsbestreben der Gase bestimmt: Die Dichte nimmt von einem Bodenwert von $0{,}00129$ g/cm³ (gültig für Normalbedingungen von 0° C und 760 mm) mit der Höhe angenähert nach einer e-Funktion ab. Die „Halbwertshöhe" beträgt etwa 5 km im unteren Bereich, nimmt dann aber von etwa 100 km Höhe an zu.

Das bedeutet, daß über 80% der Atmosphärenmasse in einer Schicht enthalten sind, die die Erde in einer Dicke von etwa $^1/_{1000}$ ihres Durchmessers umgibt. Mit zunehmender Höhe wird bald Vakuum und Hochvakuum erreicht. Trotzdem bieten gerade diese höheren Gebiete der Atmosphäre besondere Schwerpunkte für die geophysikalische Forschung, da hier die von außen kommenden Einflüsse immer klarer in Erscheinung treten.

Eine scharfe Abgrenzung der Atmosphäre gegen den interplanetaren Raum besteht entsprechend der exponentiellen Dichteabnahme nicht.

---

* Anmerkung bei der Korrektur. In Ergänzung zu diesem Abschnitt sei auf die kürzlich erschienene Monographie von H. FAUST: „Der Aufbau der Erdatmosphäre" (Verlag Vieweg & Sohn, 1968) verwiesen.

** Die in den drei Teilen der Lithosphäre, der Hydrosphäre und der Atmosphäre enthaltenen Massen M_L, M_H und M_A verhalten sich etwa wie

$$1{,}2 \cdot 10^6 : 280 : 1.$$

Rechnet man zur Atmosphäre den Bereich, in dem sich Gase irdischen Ursprunges in einer von der Dichte der Materie im interplanetaren Raum abweichenden Konzentration nachweisen lassen, so erstreckt sich dieser bis zu Entfernungen von mehreren Erddurchmessern.

Die Gliederung der Atmosphäre in einige in ihrem Verhalten sehr verschiedenartige „Stockwerke" ergibt sich aus ihren Reaktionen gegenüber den von außen wirkenden Einflüssen, die sich in ihrem Temperaturaufbau wiederspiegeln (vgl. Abb. 93).

In den unteren Gebieten nimmt die Lufttemperatur im Mittel um rund 6° C pro km Höhenzunahme ab. Von einer von der Breitenlage und der Wetterlage abhängigen Höhe, die zwischen etwa 8 und 18 km schwanken kann, hört die Temperaturabnahme auf. Der dann anschließende isotherme Bereich erstreckt sich — gelegentlich unter schwacher Zunahme der Temperatur — bis über 30 km Höhe. Hier setzt dann Temperaturzunahme ein, die zu einem Maximum in Höhen zwischen 50 und 60 km führt. Darüber nimmt die Temperatur wieder stark ab und erreicht einen Tiefstwert in etwa 80 bis 85 km Höhe. Oberhalb dieser Schicht erfolgt dann wieder eine Temperaturzunahme bis zu Werten von einigen 1000° in großen Höhen. Der Übergang zum interplanetaren Raum ist sehr wahrscheinlich durch eine nochmalige *sehr* erhebliche Temperaturzunahme gekennzeichnet *.

Im untersten Bereich spielt sich das Wettergeschehen ab. Bei diesen Vorgängen handelt es sich im weitesten Sinne um thermodynamische Prozesse, bei denen die von der Sonne zugestrahlte Wärme die Energiequelle darstellt. Die entscheidende Rolle spielt dabei der Gehalt der Atmosphäre an Wasserdampf, denn ohne diesen würde sich auch im unteren Bereich der Atmosphäre Isothermie einstellen. — Dieses Stockwerk führt wegen der in ihm ständig vorhandenen Vertikalumlagerungen den Namen *Troposphäre*.

Oberhalb der sog. *Tropopause* („...pause" vom griechischen pausis = Ende), die diesen Bereich begrenzt, überwiegt ein schichtförmiger Aufbau der Atmosphäre, in dem Vertikalbewegungen nur in geringerem Maße vorhanden sind bzw. zum Teil gänzlich fehlen. Man bezeichnete deshalb die höheren Schichten zunächst ganz allgemein als *Stratosphäre*.

Heute pflegt man die Einteilung und Bezeichnung der höheren Schichten weiter zu differenzieren nach den in ihnen beherrschenden Zuständen und Reaktionen und unterscheidet die folgenden Bereiche der Atmosphäre oberhalb der Tropopause (die angegebenen Höhen sind da-

---

* Die Temperaturwerte sind hier natürlich „kinetische Temperaturen" entsprechend der Definition

$$(47) \qquad\qquad \frac{m}{2} v^2 = \frac{3}{2} k T$$

v = Mittlere kinetische Geschwindigkeit der Teilchen
k = Boltzmannsche Konstante
T = absolute Temperatur („Kelvin-Grad").

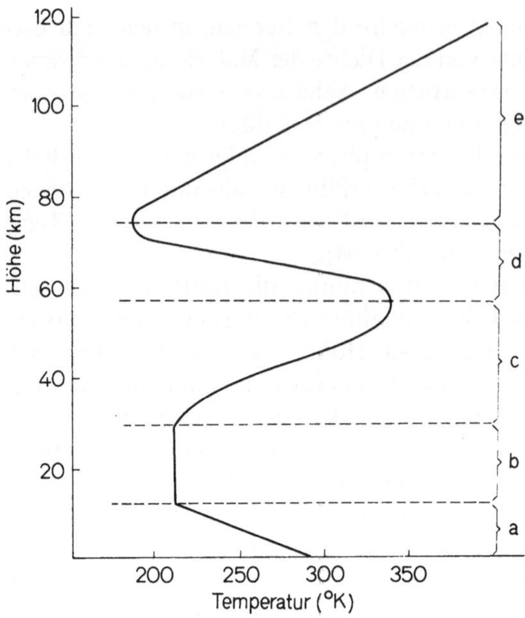

Abb. 93. Der Temperaturaufbau der Erdatmosphäre in den untersten 120 km (schematisch) (s. dazu auch Tabelle 7)

bei nicht als scharfe Grenzen aufzufassen, sondern stellen lediglich mittlere Angaben dar):

Stratosphäre. Ausdehnung von der Tropopause bis zum Temperaturmaximum in etwa 50—55 km Höhe (Obergrenze als Stratopause bezeichnet).

Mesosphäre. Bereich von der Stratopause bis zum Temperaturminimum in etwa 85 km Höhe (obere Begrenzung als Mesopause bezeichnet).

Thermosphäre. Bereich der hohen Temperaturen von der Mesopause aufwärts.

Exosphäre. Oberer Teil der Thermosphäre bis zum Übergang in den interplanetaren Raum. Untere Grenze in einigen 100 km Höhe anzunehmen.

Tabelle 7 zeigt das Schema dieser Einteilung in idealisierter Form. Zum Vergleich sind in der Tabelle noch andere Einteilungsprinzipien und Bezeichnungen aufgeführt: So wird der im Höhenbereich von etwa 80 km bis etwa 500 km gelegene Teil wegen seiner starken Ionisierung als

Ionosphäre

bezeichnet. — Ein anderes Einteilungsprinzip geht von der Gaszusammensetzung aus und unterscheidet die beiden Bereiche

Homosphäre: Gebiet, in dem die gleiche prozentuale Gaszusammensetzung vorhanden ist, wie in Bodennähe, und

Heterosphäre: Gebiet, in dem sich die prozentuale Gaszusammensetzung ändert und Entmischungsvorgänge wirksam werden.

Tabelle 7. *Die Einteilung und Benennung der atmosphärischen Schichten*

Höhe in km	Bezeichnung
0 bis etwa 10	Troposphäre (a)
etwa 10	Tropopause
etwa 10 bis etwa 55	Stratosphäre (b, c)
etwa 55	Stratopause
etwa 55 bis etwa 85	Mesosphäre (d)
etwa 85	Mesopause
etwa 85 bis etwa 500	Thermosphäre (e)
etwa 500	Thermopause
über etwa 500	Exosphäre
Andere Einteilungen	
etwa 85 bis etwa 500	Ionosphäre
unter etwa 100	Homosphäre
über etwa 100	Heterosphäre

Das in Teil II behandelte Gebiet der

Magnetosphäre

gehört nicht mehr zur Atmosphäre, sondern beginnt etwa am Grenzbereich zwischen dieser und dem interplanetaren Raum. Dagegen liegt das *Van-Allan-Gebiet* noch im Bereich der Hochatmosphäre.

Die Atmosphäre ist der Schauplatz einer ganzen Anzahl weiterer Erscheinungen, die aber in der Nomenklatur nicht berücksichtigt sind.

Hier sind zu nennen die Erscheinungen der atmosphärischen Optik, die elektrischen Besonderheiten, Schallausbreitungsvorgänge, radioaktive Vorgänge bzw. Transporte, Polarlichterscheinungen, Aerosolvorgänge u.a.m. Sie werden im weiteren zum Teil in Sonderkapiteln behandelt.

2. Die Entstehung der Atmosphäre

Wird ein Gas einer einseitigen Kraftwirkung ausgesetzt, so werden die gradlinigen Bahnstücke seiner Moleküle zwischen zwei Zusammenstößen durch eben diese Kraftwirkungen zu Wurfparabeln umgeformt. Mit zunehmender Größe der Kraftwirkung wird dadurch das Expansionsbestreben des Gases in der ihr entgegengesetzten Richtung mehr und mehr abgebremst.

Dementsprechend ist die Vorbedingung für den Bestand einer Atmosphäre die, daß der betreffende Weltkörper eine so große Masse besitzen muß, daß er imstande ist, das Expansionsbestreben seiner atmosphärischen Gase durch Gravitationswirkung zu kompensieren.

Um diesen Zusammenhang quantitativ zu erfassen, gehen wir von der sog. „Entweichgeschwindigkeit" aus und setzen sie zur kinetischen Geschwindigkeit der Gase in Beziehung.

Die „Entweichgeschwindigkeit" gibt an, welche Anfangsgeschwindigkeit einem Körper erteilt werden muß, damit er bei radialer Bewegung nach außen den Anziehungsbereich des betreffenden Weltkörpers verlassen kann. Sie ergibt sich aus der Bedingung, daß die kinetische Energie des Körpers größer sein muß als seine potentielle Energie im Schwerefeld. Es muß also die Beziehung

$$(47) \qquad \frac{m}{2} v^2 \geqq m g r$$

$m =$ Masse des Körpers
$v \ =$ Geschwindigkeit
$g \ =$ Schwerebeschleunigung des betreffenden Weltkörpers im Abstand r von seinem Mittelpunkt

erfüllt sein. Die Grenzgeschwindigkeit v_e ergibt danach also zu

$$(48) \qquad v_e = \sqrt{2gr}.$$

Für die Erdoberfläche errechnet sich ein Wert von 11,2 km/sec.

Da nun in einem Gas mit der charakteristischen *Maxwell*schen Geschwindigkeitsverteilung seiner Moleküle bzw. Atome stets ein gewisser Teil derselben die Grenzgeschwindigkeit überschreitet, werden diese Teilchen den Anziehungsbereich der Erde verlassen können. Voraussetzung ist das Vorhandensein einer genügend großen mittleren freien Weglänge*. — Die durch das Abwandern gestörte *Maxwell*-Verteilung stellt sich wieder her, d.h. es treten weitere Teilchen an die Stelle der abgewanderten, die dann das gleiche Schicksal trifft.

Man kann errechnen, wie die Zeit, innerhalb deren ein atmosphärisches Gas in den interplanetaren Raum abwandert, von dem Verhältnis seiner mittleren kinetischen Geschwindigkeit v zur Entweichgeschwindigkeit v_e abhängt und findet, daß bei einem Wert von $v/v_e = 0,27$ (0,24 bzw. 0,20) das betreffende Gas innerhalb eines Zeitraumes von 10^3 (10^6 bzw. 10^9) Jahren entweichen kann.

Auf die Erde angewandt bedeutet das, daß die „kritische mittlere kinetische Geschwindigkeit" unterhalb des Wertes von $2,3 \cdot 10^5$ cm/sec bleiben muß, wenn das betreffende Gas 10^9 und mehr Jahre Bestandteil der Erdatmosphäre bleiben soll. — Berücksichtigt man die im Bereich der oberen Thermosphäre vorhandenen hohen Temperaturen, so ergibt sich, daß der Wasserstoff diese Bedingung *nicht* erfüllt, also in den Weltraum entweicht. Helium steht etwa an der Grenze, während alle übrigen Gasbestandteile auch bei den hohen Temperaturen der Hochatmosphäre

---

* Die mittlere freie Weglänge nimmt mit der Höhe rasch zu. In der Erdatmosphäre erreicht sie in Höhen von 100, 200, 400 und 700 km Werte von etwa 20 cm, 200 m, 6 km und 210 km.

in ihren mittleren kinetischen Geschwindigkeiten *wesentlich* unter dem Wert von 0,20 v_e bleiben.

Die Frage, welche Entwicklung die Erdatmosphäre bis zu ihrem heutigen Zustand durchlaufen hat, hängt unmittelbar mit den Problemen der Entstehung und Entwicklung der Erde überhaupt zusammen und läßt sich angesichts der hier bestehenden Unsicherheiten noch nicht befriedigend beantworten.

Bezüglich der beiden Hauptbestandteile Stickstoff und Sauerstoff läßt sich dazu mit einiger Sicherheit folgendes sagen:

Der Stickstoff entstammt dem Erdinneren und ist durch Entgasung der Lithosphäre bei den früheren hohen Temperaturen freigesetzt worden. Auch heute erfolgt dies noch in abgeschwächtem Maße im Vulkanismus. Es liegt nahe, dabei chemische Umwandlungen des wahrscheinlich primären NH_3 durch Oxydation in N_2 und H_2O anzunehmen. Stickstoff dürfte danach immer Bestandteil der Atmosphäre gewesen sein.

Beim Sauerstoff liegen die Dinge anders: Angesichts seiner hohen Oxydationsbereitschaft mit dem heißen Urmaterial der Lithosphäre und ihrer Bestandteile (z.B. Fe-Verbindungen!) und mit den oxydablen Gasen lithosphärischer Herkunft, wie z.B. NH_3 und CH_4 konnte in der Uratmosphäre freier Sauerstoff nicht bestehen. Der heute vorhandene Sauerstoff muß später und zudem außerhalb der Lithosphäre entstanden sein — bzw. heute noch entstehen.

Hierfür bestehen zwei Möglichkeiten: H_2O-Dampf, der in genügende Höhen vordringt, wird durch kurzwelliges UV-Licht der Sonne dissoziiert und hinterläßt, da der Wasserstoff abwandert, freies O_2. Außerdem wird er im Assimilationsprozeß der Pflanzenwelt gebildet. Der erstgenannte Prozeß der Photodissoziation könnte den heutigen Sauerstoff der Atmosphäre in etwa $6 \cdot 10^8$ Jahren gebildet haben. Der Prozeß der „Photosynthese" würde dies schon in etwa einigen 1000 Jahren ermöglichen, hat also die größere Wahrscheinlichkeit für sich*.

3. Zusammensetzung und Aufbau der Atmosphäre

Tabelle 8 zeigt die Zusammensetzung der heutigen Atmosphäre in Bodennähe. Sie besteht aus einem Gemisch von permanenten Gasen, denen ein räumlich und zeitlich schwankender Anteil von Wasserdampf beigemischt ist.

Den Hauptanteil stellen die drei Gase Sauerstoff, Stickstoff und Argon, die stets im gleichen Verhältnis gemischt sind. Auf den Rest von 0,03 Volumprozenten verteilen sich in wechselnder Konzentration eine Reihe von Spurengasen. Der Anteil an Wasserdampf schwankt zwischen etwa 0 und 4 Volumprozenten.

---

* Wegen weiterer Einzelheiten sei auf die einschlägige Literatur verwiesen, so z.B. auf G.P. KUIPER (1952) und auf P.I. BRANCAZIO und A.G.W. CAMERON (1964).

8*

Um über die Änderung dieser Zusammensetzung mit der Höhe etwas aussagen zu können, gehen wir von der *statischen Grundgleichung* aus:

Herrscht in einer gewissen Höhe h in einer Luftsäule von Einheitsquerschnitt der Druck p, so geht dieser in der Höhe $h + dh$ auf den Wert $p - dp$ zurück, wo dp dem Gewicht der im Bereich zwischen h und $h + dh$

Tabelle 8. *Zusammensetzung der Erdatmosphäre in Bodennähe*

Gas	Volumprozente
Stickstoff	78,09
Sauerstoff	20,95
Argon	0,93
Kohlensäure	etwa 0,03
Helium, Neon Krypton, Xenon	0,0024
Wasserstoff	etwa $5 \cdot 10^{-5}$
Ozon	etwa $4 \cdot 10^{-5}$
Jod	etwa $4 \cdot 10^{-9}$
Radon	etwa $8 \cdot 10^{-18}$
Wasserdampf	0—4

enthaltenen Masse Luft entspricht, also den Wert $\varrho \cdot g \cdot dh$ besitzt ($g =$ Schwerebeschleunigung, $\varrho =$ Dichte). Kombination mit der allgemeinen Gasgleichung liefert die Differentialgleichung

$$(49) \qquad \frac{dp}{dh} = -\frac{M\,g}{R\,T} \cdot p$$

$R =$ Universelle Gaskonstante
$M =$ Molekulargewicht
$T =$ absolute Temperatur.

Das negative Vorzeichen drückt aus, daß der Druck mit der Höhe abnimmt.

Die Lösung lautet

$$(50) \qquad p = p_0 \cdot e^{-\frac{M\,g}{R\,T} \cdot h} = p \cdot e^{-\frac{h}{H}} \cdot$$

Der Druck nimmt also exponentiell mit der Höhe ab. Die Abnahme hängt von dem Ausdruck H ab, der als *Maßstabshöhe* oder *Skalenhöhe* bezeichnet wird[*]. Er verknüpft die Druckabnahme nach oben in einer Gasatmosphäre mit dem Molekulargewicht des Gases und seiner Temperatur (die Abnahme von g gewinnt erst in größeren Höhen an Bedeutung). Unter gleichen Temperaturverhältnissen erfolgt also die Druckabnahme mit der Höhe um so rascher, je größer das Molekulargewicht des betreffenden Gases ist.

---

[*] Eine andere Bezeichnung: *Höhe der homogenen Atmosphäre* rührt daher, daß eine Luftsäule gleicher Gesamtmasse und konstanter Dichte die durch H bestimmte Höhe hätte.

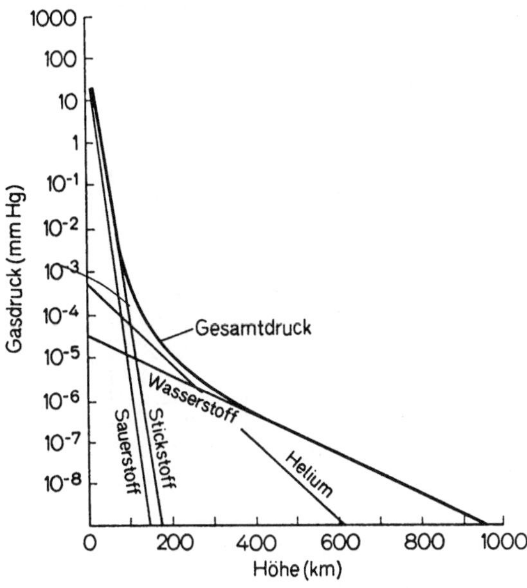

Abb. 94. Änderung der Partialdrucke mit der Höhe in einer völlig „entmischten"
Atmosphäre

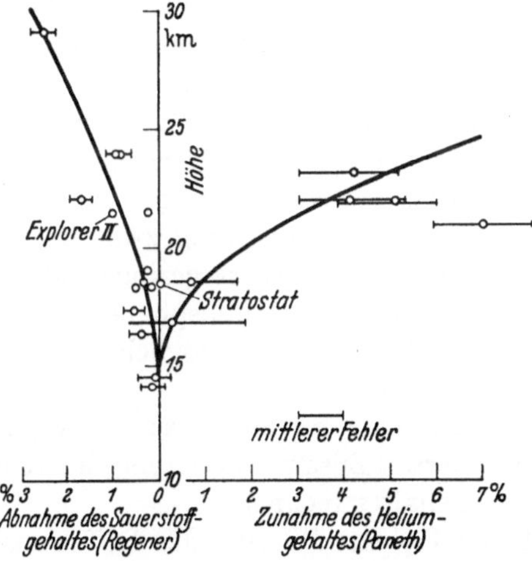

Abb. 95. Änderungen des O_2- und des He-Anteils infolge von „Entmischung"
oberhalb von 15 km Höhe. (Aus LANDOLT-BÖRNSTEIN, l.c.)

Sind mehrere Gase gemischt, wie es in der realen Atmosphäre der
Fall ist, so hat entsprechend dem Daltonschen Gesetz jedes von ihnen
das Bestreben, sich in seiner Höhenabnahme Gl. (50) entsprechend einzustellen. Wären die einzelnen Gasbestandteile, jeder für sich, nach
ihrer Skalenhöhe geschichtet, ließe sich unter Zugrundelegung der am
Boden herrschenden Partialdrucke die prozentuale Zusammensetzung
für jede Höhe angeben (vgl. Abb. 94). — Um eine solche „Entmischung"

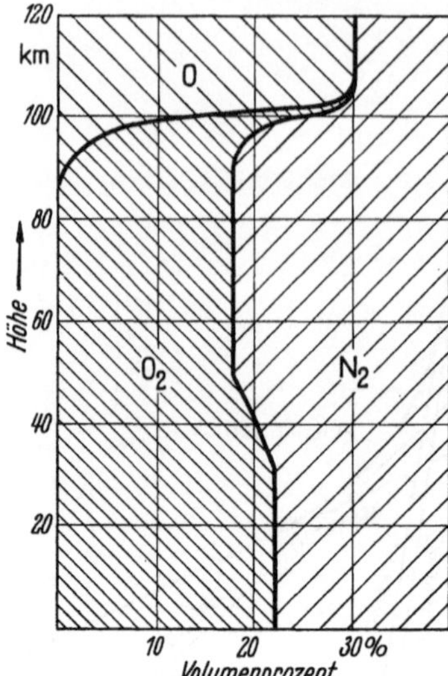

Abb. 96. Prozentuale Zusammensetzung der atmosphärischen Luft (Hauptbestandteile) bis zu 120 km Höhe („Grimminger"-Modell; aus LANDOLT-BÖRNSTEIN, l.c.)

entstehen bzw. bestehen zu lassen, bedarf es völliger Ruhe des Gemisches bezüglich vertikaler Durchmischung. Es dürfen keine anderen
vertikalen Bewegungen auftreten als die durch Diffusion bedingten.

In der Troposphäre, die gerade durch ihre Vertikalbewegungen charakterisiert ist, ist diese Voraussetzung auf keinen Fall erfüllt. Aber
auch in der darüberliegenden isotherm geschichteten Stratosphäre und
dem Bereich der Temperaturzunahme bis etwa 60 km Höhe ist, wie die
Erfahrung zeigt, eine solche Entmischung zwar im Ansatz erkennbar
(vgl. Abb. 95) im Betrag aber *wesentlich* geringer, als bei völliger Ruhe
zu erwarten wäre. Im Bereich der Mesosphäre mit ihrer Temperaturabnahme ist keine weitere Entmischung möglich, da hier wieder vertikale
Bewegungen anzunehmen sind.

Im ganzen kann man danach mit einer bis zur Mesopause in 85—90 km
Höhe nahezu unveränderten Zusammensetzung der Atmosphäre bezüglich ihres O$_2$- und N$_2$-Gehaltes rechnen.

Anders in größeren Höhen: Da sich der Diffusionskoeffizient etwa
proportional zu $T^{\frac{3}{2}}$ ($T =$ abs. Temperatur) und umgekehrt proportional
zum Druck ändert, werden die Entmischungszeiten kürzer (vgl. Tabelle 9).
Gleichzeitig beginnt etwa von der Mesopause an der Sauerstoff — und
in größeren Höhen auch der Stickstoff — zu dissoziieren, d.h. in atomare
Form überzugehen.

Tabelle 9 gibt größenordnungsmäßig die in verschiedenen Höhen
für eine 50%ige Entmischung erforderlichen Zeiten an.

Abb. 96 stellt die Zusammensetzung der Atmosphäre bis 120 km
Höhe dar und zeigt den Übergang von der „Homosphäre" zur „Heterosphäre" in etwa 85 km.

Tabelle 9. *"Entmischungszeiten" für verschiedene Höhen (Näherungswerte für eine etwa 50%ige Entmischung durch Diffusion errechnet)*

Höhe in km	"Entmischungszeit"
0	mehr als 10^4 Jahre
100	etwa 1—6 Jahre
140	etwa 3—15 Tage
180	etwa 0,2—2 Std
200	etwa 2—12 min

4. Atmosphäre und Strahlung I

Aufbau und Einzelreaktionen der Atmosphäre lassen sich als Wirkungen der von außen einfallenden Strahlungen verstehen. Ohne diese Strahlungswirkungen würde sich eine völlig entmischte und isotherm geschichtete Atmosphäre ohne horizontale und vertikale Bewegungen ergeben.

Über die Höhenverteilung einer Strahlungs-Reaktion in der Atmosphäre läßt sich folgendes aussagen:

Betrachten wir einen beliebigen durch Strahlungsabsorption angeregten Vorgang — Erwärmung, Ionisation, Dissoziation o. ä. — so wird sein Betrag mit zunehmender Eindringtiefe von außen anwachsen. Gleichzeitig wird die betreffende Strahlung durch eben diesen Prozeß verringert und schließlich aufgebraucht. Es wird sich also ein "Wirkungsbereich" aufbauen, der in bestimmter Höhe ein Maximum hat und nach oben und unten in charakteristischer Weise abnimmt*. Sein Aussehen

---

* Setzt man den Absorptionskoeffizienten a_h der betreffenden Strahlung entsprechend Gl. (50) an in der Form

$$(51) \qquad a_h = a \cdot e^{-h/H}$$

so ergibt sich der längs eines vertikalen Wegstückes dh absorbierte Teil dJ der an seinem oberen Ende ankommenden Strahlung J zu

$$(52) \qquad dJ = a_h \cdot J \cdot dh$$

und zusammen mit Gl. (51)

$$(53) \qquad \frac{dJ}{dh} = a \cdot e^{-h/H} \cdot J$$

mit einem Maximalwert

$$(54) \qquad \left(\frac{dJ}{dh}\right)_{\max} = \frac{J}{H \cdot e}$$

in der Höhe

$$(55) \qquad h_{\max} = H \cdot \ln(a\,H).$$

Drückt man die Höhe in Einheiten von H aus und setzt

$$(56) \qquad z = \frac{h - h_{\max}}{H}$$

so folgt

$$(57) \qquad \frac{dJ}{dz} = J \cdot e^{-z-e^{-z}}$$
$$= \left(\frac{dJ}{dz}\right)_{\max} \cdot e^{1-z-e^{-z}}$$

aus dem sich für verschiedenes z die Zahlenwerte der Tabelle 10 errechnen.

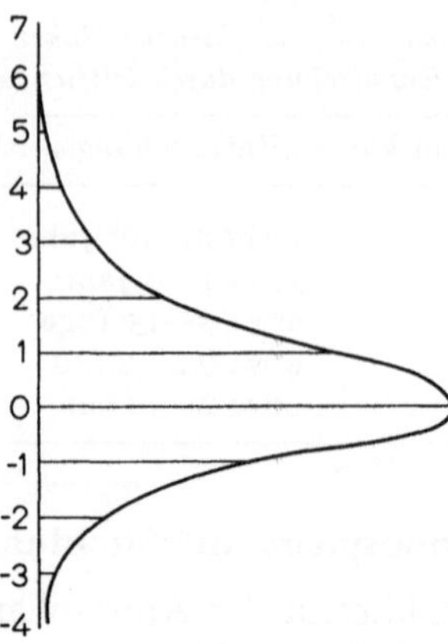

Abb. 97. Höhenaufbau einer durch Strahlungseinfluß in der Atmosphäre erzeugten Schicht

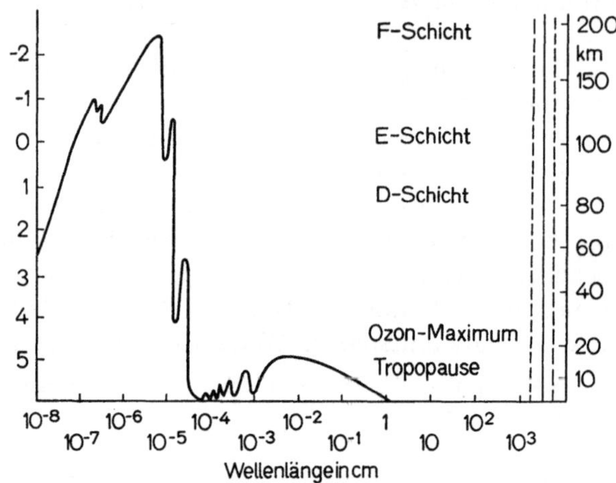

Abb. 98. Eindringtiefen der Strahlung verschiedener Wellenlängen in die Atmosphäre

bestimmt sich nach Tabelle 10. Die „reduzierte Höhe" z ist gemäß Gl. (56) definiert.

Tabelle 10. *Der Aufbau strahlungsbedingter Atmosphärenschichten*

z	$e^{1-z-e^{-z}}$
-2	0,0124
-1	0,4876
0	1,0000
1	0,6921
2	0,3214
3	0,1288
4	0,0489
6	0,0067

Abb. 97 zeigt den Aufbau solcher durch Strahlungsabsorption in der Atmosphäre entstehenden Schichten.

Abb. 98 gibt einen Überblick über die Eindringtiefe der von außen kommenden Strahlung verschiedener Wellenlängenbereiche. Danach kommt nur die Strahlung im sichtbaren und im cm-Wellen-Gebiet bis zur Erdoberfläche, während alle Strahlung anderer Wellenlängen in der Atmosphäre absorbiert und „umgesetzt" wird.

Abb. 98 macht zwei Hauptregionen der Atmosphäre in ihrem Verhalten gegenüber der Sonnenstrahlung deutlich: Die Ultrarotstrahlung dringt bis in die unteren Schichten vor und bedingt den Wärmeumsatz. Die kurzwellige Strahlung wird in höheren Schichten, zum Teil bereits in sehr großen Höhen, absorbiert. Erstere verursacht und steuert das Wettergeschehen, während die letztere für die mannigfaltigen Erscheinungen in den hohen und höchsten Schichten verantwortlich ist.

Diese von der Sache her gegebene Zweiteilung rechtfertigt die Aufgliederung der Physik der Atmosphäre in die beiden Teilgebiete der *Meteorologie* und der *Physik der Hochatmosphäre*.

Bezüglich des stofflichen Umfanges stand und steht aus naheliegenden Gründen die Meteorologie als die Grundlage für das Verständnis der unmittelbaren Umwelterscheinungen des Wetters und Klimas an erster Stelle. Der Fortschritt in Richtung auf die Untersuchung der höheren Schichten ist langsamer erfolgt. Abgesehen von der auf verschiedenen Grundlagen beruhenden Erforschung der mittelhohen Atmosphäre bis zu den leitfähigen Schichten der Ionosphäre sind die Gebiete der Hochatmosphäre praktisch erst mit der Einführung der Raketen- und Satelliten-Technik erschlossen worden.

A. Die Troposphäre

Grundlagen der Meteorologie

Im Sinne der Zielsetzung dieses Buches, eine „Einführung in die Probleme der Geophysik" zu geben, kann der Meteorologie als Spezialdisziplin nicht der breite Raum gewidmet werden, der ihrer Bedeutung und ihrem Umfang nach erwünscht wäre. Im folgenden sind nur die physikalischen Grundlagen der im Bereich der Troposphäre ablaufenden Vorgänge einschließlich einiger charakteristischer Einzelheiten behandelt. Auf die Darstellung ihres Zusammenspiels im allgemeinen Wettergeschehen und der Verfahren zu dessen Analyse und Prognose muß verzichtet werden. Bezüglich dessen sei auf die umfangreiche Spezialliteratur verwiesen*.

---

* Aus der *sehr* umfangreichen Literatur mag hier auf die Werke A. und F. DEFANT (1958), H. FICKER (1952), HANN-SÜRING (1939/1951), T.E. MALONE (1951) und R. SCHERHAG (1948) hingewiesen werden.

a) Strahlungseinflüsse

Energiequelle und „Motor" der thermodynamischen Maschine des meteorologischen Geschehens ist die solare Wärmezustrahlung. Änderungen des Sonnenstandes im Laufe des Tages und Jahres erzeugen Unterschiede der terrestrischen Erwärmung. Außerdem hängen die Wärmeaufnahme der Erdoberfläche und der Wärmeaustausch zwischen Boden und Atmosphäre entscheidend von der Oberflächenbeschaffenheit ab. Alle diese Verschiedenheiten erzeugen Dichte- und Druckunterschiede, die sich in Luftbewegungen in horizontaler und vertikaler Richtung auszugleichen suchen.

Der Betrag der solaren Wärmezustrahlung ergibt sich für mittleren Erdabstand von der Sonne zu 1,94 cal pro Quadratzentimeter und Minute („Solarkonstante"). Die Erde empfängt also pro Quadratzentimeter und Tag eine Wärmezustrahlung S von

$$(58) \qquad \begin{aligned} S &= 1{,}94 \cdot \frac{r^2\,\pi}{4\,r^2\,\pi} \cdot 1440 \\ &= 700 \text{ cal.} \end{aligned}$$

Von diesem Betrag dringen (im Mittel über die ganze Erde betrachtet) 27% direkt bis zum Erdboden vor. Hinzu kommen weitere 16%, die den Boden indirekt nach diffuser Zerstreuung an den atmosphärischen Teilchen als „Himmelsstrahlung" erreichen. 15% werden von der Atmosphäre und den Wolken absorbiert. Der Rest von 42% — die sog. „Energie albedo" der Erde — wird in den Weltraum zurückgestrahlt, ohne als Energiequelle wirksam zu werden.

Die vom Boden und der Atmosphäre aufgenommene Energiemenge muß wieder nach außen abgegeben werden, wenn Strahlungsgleichgewicht herrschen soll. Diese Abgabe setzt sich (im ganzen gesehen) aus der langwelligen Strahlung der Erdoberfläche (ca. 8%) und der Atmosphäre (ca. 50%) zusammen.

Abb. 99 zeigt eine schematische Übersicht der irdischen Strahlungsbilanz.

Berechnet man nach dem Stefan-Boltzmannschen Gesetz die Temperatur, die die Erdoberfläche annehmen würde, wenn sie die genannten Beträge von 700 cal pro Tag und Quadratzentimeter bzw. von 406 cal pro Tag und Quadratzentimeter als „schwarzer Strahler" ausstrahlen würde, so erhält man eine Oberflächentemperatur von $+6°$ C bzw. von $-30°$ C. Die tatsächliche mittlere Oberflächentemperatur beträgt indes $+14{,}4°$ C. Dieser Widerspruch klärt sich durch folgende Überlegung auf:

Die Zustrahlung von der Sonne entspricht in ihrer spektralen Verteilung der Planck-Kurve eines 6000° heißen Körpers. Ihr Schwerpunkt liegt etwa im gelbgrünen Bereich des sichtbaren Lichtes. Trotz den Wasserdampf-Absorptionsbanden im nahen Ultrarot kann diese Strahlung die Atmosphäre mit verhältnismäßig geringem Verlust bis zum Erdboden

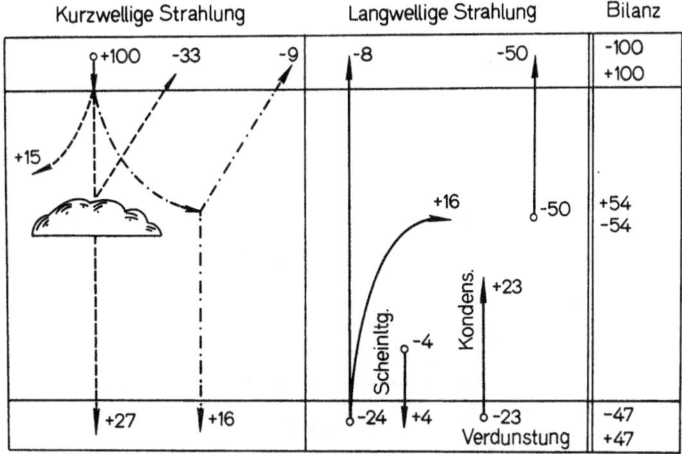

Abb. 99. Der mittlere Strahlungshaushalt der Atmosphäre

durchdringen. Demgegenüber liegt die Planck-Kurve der ausstrahlenden Erde ihren sehr viel tieferen Temperaturen entsprechend im langwelligen Ultrarot mit dem Schwerpunkt um etwa 10 μ, d.h. in einem Bereich, in dem die Atmosphäre infolge ihres Wasserdampfgehaltes undurchsichtig ist.

Der Mechanismus des Strahlungstransportes geschieht hier in der Weise, daß der Wasserdampf die von unten kommende Strahlung absorbiert, sich dabei erwärmt und nun seinerseits nach dem Planckschen Gesetz strahlt. Der nach unten gerichtete Anteil dieser Strahlung — die sog. „Gegenstrahlung" — dient zur Aufheizung der unteren Schichten, während der nach oben gerichtete Anteil sich dem darüberliegenden Wasserdampf mitteilt und den gleichen Umsatz erfährt. Durch dieses Wechselspiel entsteht eine Aufheizung der unteren Schichten bis zu dem genannten Betrag von $+14{,}4°$ C in Bodennähe und eine dem mit der Höhe abnehmenden Wasserdampf entsprechende Temperaturverteilung. In Analogie zu der entsprechend zu erklärenden Aufheizung im Inneren von Gewächshäusern wird dieser Effekt als „Glashauswirkung der Atmosphäre" bezeichnet.

Betrachtet man den Prozeß der Strahlungsbilanz differenzierter, so ergibt sich eine Breitenabhängigkeit der Art, daß die äquatornahen Gebiete mehr Strahlung aufnehmen als abgeben, während für die Polarregionen das umgekehrte gilt (vgl. Abb. 100).

Im Endeffekt ergibt sich danach, daß am Äquator bei Strahlungsgleichgewicht und fehlendem meridionalem Wärmetransport die Temperatur um etwa $6{,}7°$ höher, am Pol dagegen um etwa $14{,}2°$ niedriger sein müßte, als sie tatsächlich gefunden wird. Der Ausgleich zum tatsächlich bestehenden Zustand erfolgt durch äquator-polwärts gerichtete Wärmetransporte erheblichen Umfanges im Zuge der „globalen Zirkulation".

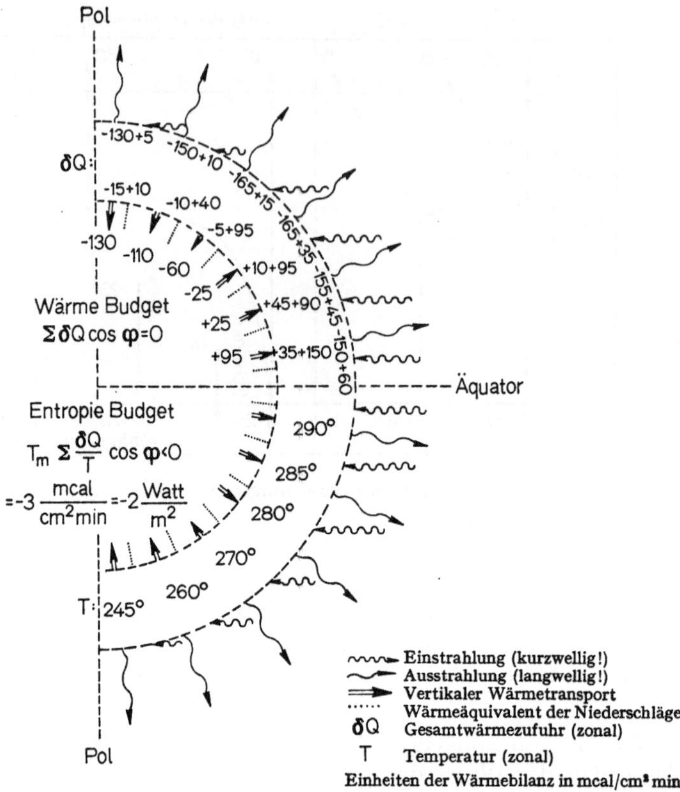

$$T_m \; \Sigma \frac{\delta Q}{T} \cos \varphi < 0$$

$$= -3 \, \frac{mcal}{cm^2 min} = -2 \, \frac{Watt}{m^2}$$

Abb. 100. Der mittlere Strahlungs- und Wärmehaushalt der unteren Atmosphäre [nach H. LETTAU, Arch. Meteorol., Geophys. u. Bioklimat., Reihe A **7**, 133—157 (1954)]. Dargestellt sind die vier Hauptkomponenten des (troposphärischen) Strahlungs- und Wärmeumsatzes und ihrer Summe für sechs Breitenzonen (oberer Teil) sowie die zonale Mitteltemperatur T und die zonale Entropiebilanz (unterer Teil). T_m = globales Temperaturmittel

Geht man noch weiter in die Einzelbetrachtung, so werden die Grundlagen für die klimatischen Verhältnisse und für eine Reihe von Witterungsphänomen sichtbar.

Die Aufnahme der bis zur Erdoberfläche gelangenden Wärmestrahlung hängt in entscheidendem Maße von der Oberflächenbeschaffenheit ab. Über dem festen Land kann diese Strahlung nur geringfügig in den Boden eindringen. Auch der Wärmetransport durch Wärmeleitung nach unten bleibt wegen der schlechten Wärmeleitfähigkeit des Bodenmaterials klein: Die tagesperiodische Temperaturwelle erreicht etwa 1 m Tiefe, die jahresperiodische kaum mehr als 10 m Tiefe. Die Folge sind große Tages- und Jahresamplituden in der bodennahen Luft, wie sie das *Kontinentalklima* charakterisieren. — Bei Wasserbedeckung dagegen teilt sich die Strahlung sowohl direkt als auch durch Wärmeleitung und Austausch einer sehr viel mächtigeren Schicht mit. Dies hat eine sehr

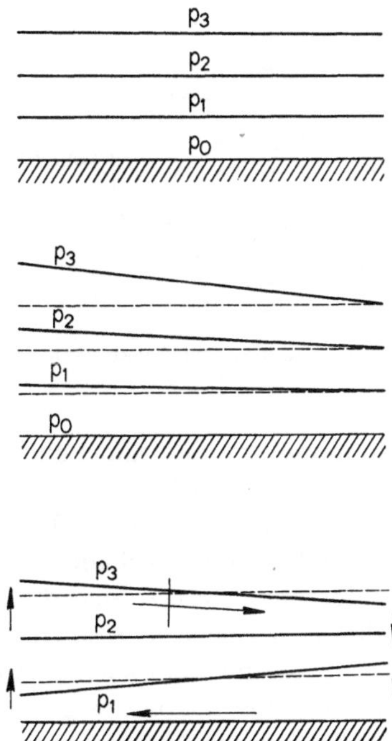

Abb. 101. Schema zum Verständnis des Land- und Seewindes

viel weitere in die Tiefe reichende Wärmewirkung und außerdem erhebliche Phasenverschiebungen zur Folge, wie sie sich im *Maritimen Klima* durch stark verringerte Tages- und Jahresamplituden der Lufttemperatur und außerdem durch das zeitliche Nachhinken der Maxima und Minima ausprägen.

Das unterschiedliche Verhalten der Strahlungsabsorption über Land und Wasser, über orographisch verschiedenem Untergrund usw. gibt die Erklärung für regelmäßig wiederkehrende Erscheinungen, wie sie im „Land- und Seewind", im „Berg- und Talwind" und — ins große dimensioniert — in den „Monsunen" beobachtet werden. Bei den letzteren kommt — wie bei allen großräumigen Bewegungen — noch die Corioliswirkung (ablenkende Kraft infolge der Erdrotation) hinzu.

Abb. 101 erklärt schematisch das Entstehen des Land- und Seewindes und der Monsune. Im oberen Teilbild ist gleiche Temperatur über Land und Wasser angenommen. Die Flächen gleichen Druckes liegen horizontal. Erfolgt nun mit dem Beginn der Wärmezustrahlung am Morgen, bzw. (bei den Monsunen) im Frühjahr eine stärkere Erwärmung der Landoberfläche, so teilt sich diese der Luft mit. Diese dehnt sich nach oben aus, was eine Schrägstellung der isobaren Flächen zur Folge hat. Dadurch entstehen horizontale Druckunterschiede, die — zunächst in der Höhe — die Luft in Bewegung setzen (mittleres Teilbild). Dieser Massentransport erzeugt ein Druckgefälle umgekehrter Richtung am

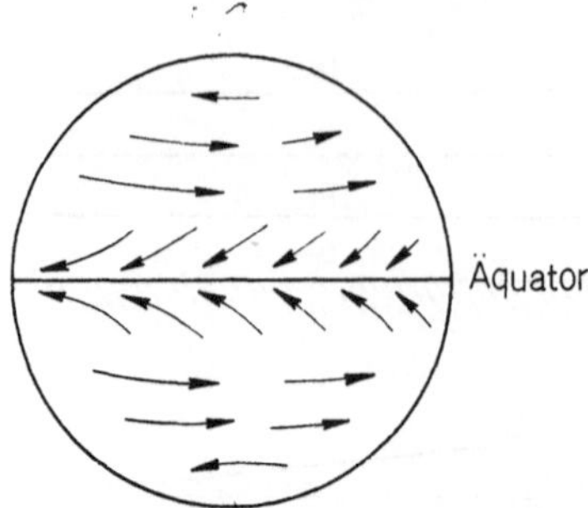

Abb. 102. Schema der allgemeinen Zirkulation (Erdoberfläche)

Boden, das zu einer Strömung von See zum Land hin führt. — In den Abend- (und Nacht-)stunden bzw. (bei den Monsunen) im Herbst kehrt sich infolge der stärkeren Abkühlung über Land das System um.

Beim Berg- und Talwind ist der Mechanismus komplizierter, aber grundsätzlich ähnlich: Morgens erwärmt sich die Luft in den Tälern rascher als in der vorgelagerten Ebene, was zu einer talaufwärts gerichteten Strömung Anlaß gibt. Abends und nachts ergibt sich, unterstützt durch den sog. „Hangwind", eine talabwärts gerichtete Luftbewegung.

In ähnlicher Weise läßt sich der Ansatz zu einer globalen Luftversetzung in meridionaler Richtung verstehen. Ohne Vorhandensein der Erdrotation würde sich eine allgemeine Zirkulation einstellen, bei der bodennah Luft polaren Ursprungs äquatorwärts und in der Höhe Warmluft polwärts strömte. Teilstücke eines solchen Zirkulationssystems sind auch auf der rotierenden Erde zu erkennen und in den Passaten und in der kalten Ost-West-Strömung in den hohen Breiten zu sehen (vgl. Abb. 102).

b) „Wettergestaltende" Einflüsse

Die durch Strahlungseinflüsse eingeleiteten Bewegungen und Zirkulationen werden durch eine Reihe von Einwirkungen variiert und umgestaltet. Zunächst unterliegen alle atmosphärischen Bewegungen der ablenkenden Kraft der Erdrotation (*Coriolis-Wirkung*). Außerdem ist jeder Vorgang *dreidimensional* zu betrachten. Hinzu kommt die Beteiligung von *Wasser* in allen drei Aggregatzuständen und der mit seinen Phasenänderungen verknüpften Wärmetönungen. Schließlich erfährt jede Luftbewegung am Boden Veränderungen durch *Reibung* und durch die *Orographie*.

Infolge der Erdrotation wird jede Bewegung auf der Nordhalbkugel nach rechts, auf der Südhalbkugel nach links abgelenkt. Dies hat zur Folge, daß jede durch Druckunterschiede in Richtung des Druckgefälles eingeleitete Bewegung solange aus dieser Richtung abgelenkt wird, bis sich Gradientkraft und Corioliskraft das Gleichgewicht halten, d.h. bis die Luftbewegung parallel zu den Isobaren verläuft (Abb. 103).

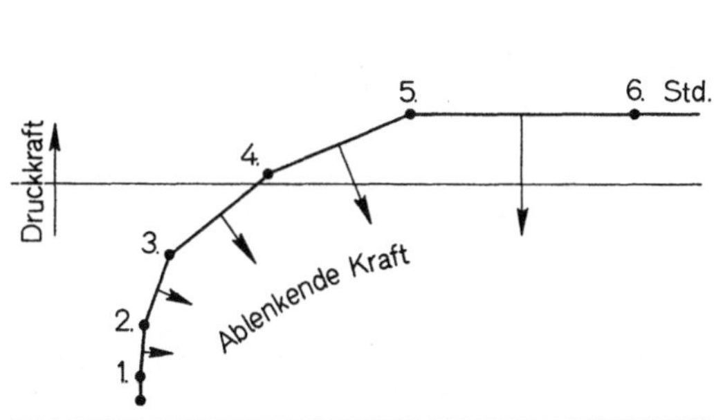

Abb. 103. Ausbildung des isobarenparallelen Windes

Die ablenkende Kraft der Erdrotation gestaltet den meridionalen Ausgleich zu einem außerordentlich komplizierten System um: Ohne auf Einzelheiten einzugehen, läßt sich diese im Prinzip etwa wie folgt skizzieren *:

Der in den Passaten gegebene Ansatz einer in der Höhe vom Äquator polwärts abströmenden Warmluft kommt etwa in den Roßbreiten zum Stehen, da hier die Strömungen bereits west-östliche Richtung angenommen haben. Durch Stau bilden sich hier Gebiete hohen Druckes aus, die mit Absinken der Luft verbunden sind (klimatisch an der Ausbildung von Wüstengürteln erkennbar). Die absinkende Luft strömt zum Teil äquatorwärts und schließt dadurch den Passatkreislauf, zum Teil strömt sie polwärts und erzeugt so infolge der wieder wirksamen Corioliswirkung die Westwindzonen der gemäßigten Breiten. In hohen Breiten trifft sie auf die zum Ostwind gewordene aus den Polargebieten abströmende Kaltluft. Diese Zone der sog. „Polarfront" ist bevorzugte Entstehungsstätte der wetterbestimmenden Groß-Turbulenzkörper der Zyklonen (Tiefdruckgebiete).

Sind die Isobaren gekrümmte Linien, wie sie Gebiete hohen oder niedrigen Druckes umgeben, so ist noch die Zentrifugalkraft zu berücksichtigen. Abb. 104 zeigt das Zusammenspiel der Kräfte für ein Tiefdruckgebiet (links) und ein Hochdruckgebiet (rechts).

Man erkennt daraus den Grund dafür, daß ein Gebiet tiefen Druckes von der Luftbewegung entgegen dem Uhrzeigersinn, ein Gebiet hohen Druckes im Uhrzeigersinn umkreist werden muß.

Nach diesem Schema würde weder Luft in ein Tief einströmen noch aus einem Tief ausströmen können. Die Erklärung dafür, daß dies in Wirklichkeit *doch* erfolgt, ergibt sich durch Berücksichtigung der Reibung. Diese bremst die Luftbewegung und verringert dadurch die Be-

* Im einzelnen betrachtet gehört das Problem der allgemeinen Zirkulation noch heute zu den weitaus schwierigsten aller meteorologischen Probleme, bei dem trotz der Fortschritte der letzten Jahrzehnte noch zahlreiche Fragen offen stehen.

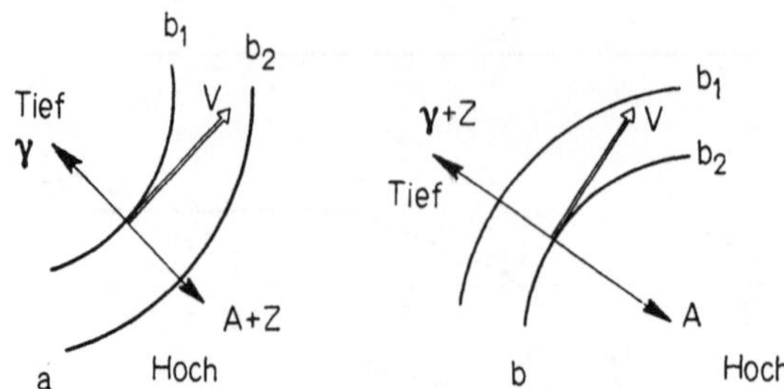

Abb. 104. Bewegungsrichtung V unter der Wirkung von Gradientenkraft γ, Corioliskraft A und Zentrifugalkraft Z für Isobarenverlauf um ein „Tief" (links) und ein „Hoch" (rechts)

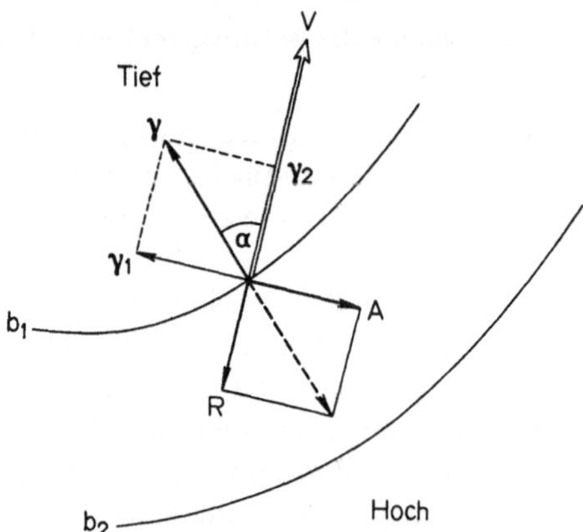

Abb. 105. Schema der Kraftwirkung auf die Luftbewegung beim Zusammenspiel von γ, A und Reibungskraft R. (Z nicht berücksichtigt)

träge von A und Z. Dadurch entsteht gemäß Abb. 105 ein Winkel α zwischen V und der Tangentenrichtung im Sinne einer Abweichung zum niedrigeren Druck hin. Die Änderung von Z kann bei nicht zu starker Krümmung, d.h. bei genügendem Abstand vom Kern des betreffenden Druckgebildes ohne nennenswerten Fehler vernachlässigt werden.

Die Abhängigkeit der Corioliskraft von der geographischen Breite und die der Reibungskraft vom Untergrund begründen weitere Varianten im Verhalten der Druckgebilde des Wettergeschehens.

Ein Charakteristikum des troposphärischen Geschehens ist die Ausbildung verschiedener „Luftkörper" („Luftmassen"), die sich durch Temperatur, Dichte u.a. Eigenschaften unterscheiden. Ihre Bildung erfolgt beim längeren Verweilen in verschiedenen Klimazonen (Polargebiete, Ozeane, Kontinente, Tropen usw.). Das „Wetter" ist weitgehend aus der Reaktion verschiedener solcher Luftmassen miteinander zu verstehen.

Luftmassen verschiedener Dichte können in ruhendem Zustand nicht nebeneinander bestehen, da sich stets die dichtere Luft unter die weniger dichte zu schieben sucht. Sind sie dagegen in Bewegung, so kann dieses Umschichtungsbestreben durch die Corioloiswirkung kompensiert werden. Es bilden sich schräg liegende Grenzflächen („Fronten") aus. Die Neigung gegenüber dem Boden ist stets sehr klein (in unseren Breiten 1° und weniger).

Bei der Betrachtung der dreidimensionalen Verknüpfung atmosphärischer Bewegungen müssen die bei vertikalen Bewegungen auftretenden Temperaturänderungen berücksichtigt werden.

Da es sich stets um verhältnismäßig kurzzeitig verlaufende Vorgänge handelt, verlaufen sie angesichts der sehr geringen Wärmeleitfähigkeit der Luft *adiabatisch*. Aus dem 1. Hauptsatz der Wärmelehre folgt dann in Kombination mit der Adiabatenbedingung und der statischen Grundgleichung für Vertikalbewegungen eines Luftquantums unter Verwendung der bekannten Bezeichnungen für die Temperaturänderung mit der Höhe die Beziehung

$$(59) \qquad -\frac{dT}{dh} = \frac{c_p - c_v}{c_p} \cdot \frac{g}{R}$$

$c_p = 0{,}238$
$c_v = 0{,}169$
$g = 9{,}81 \text{ m sec}^{-2}$
$R = 287 \text{ m}^2 \text{ sec}^{-2} \text{ grad}^{-1}$

bzw.

$$(60) \qquad \frac{dT}{dh} = -1°\,\text{C pro } 100 \text{ m} \qquad (\text{genau: } 0{,}97°).$$

Sinkt bei der Aufwärtsbewegung die Temperatur soweit ab, daß Sättigung mit Wasserdampf erreicht wird, so kommt es bei weiterer Abkühlung zur Ausscheidung von flüssigem Wasser. Dadurch wird die weitere Temperaturerniedrigung durch die freiwerdende Kondensationswärme abgebremst. An Stelle von Gl. (59) tritt dann die Beziehung

$$(61) \qquad -\frac{dT}{dh} = \beta \cdot \frac{c_p - c_v}{c_p} \cdot \frac{g}{R}$$

wo β gemäß

$$(62) \qquad \beta = \frac{p + 0{,}623 \dfrac{V}{c_p - c_v} \cdot \dfrac{e}{T}}{p + 0{,}623 \dfrac{V}{c_p} \cdot \dfrac{de}{dT}}$$

$p = $ Druck
$e = $ Dampfdruck
$V = $ Verdampfungswärme

eine Funktion von Druck und Temperatur ist.

Gl. (59) definiert die sog. „*Trockenadiabate*" der Atmosphäre, Gl. (61) die sog. „*Feuchtadiabate*" (auch als „Wolkenadiabate" bezeichnet). Abb. 106 zeigt den Übergang der einen in die andere Form beim Erreichen des „Kondensationsniveaus".

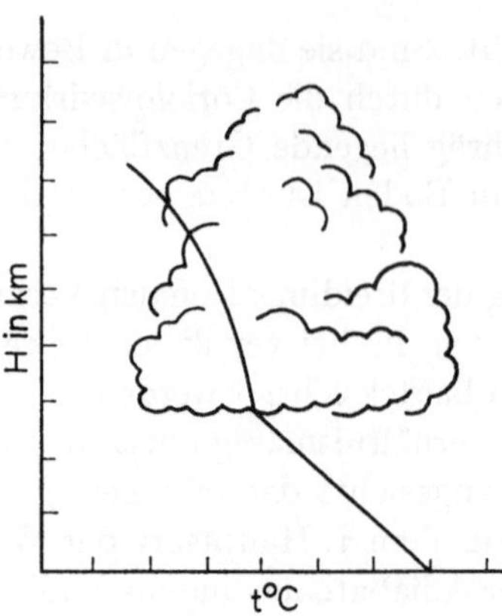

Abb. 106. „Trocken- und Feuchtadiabate"

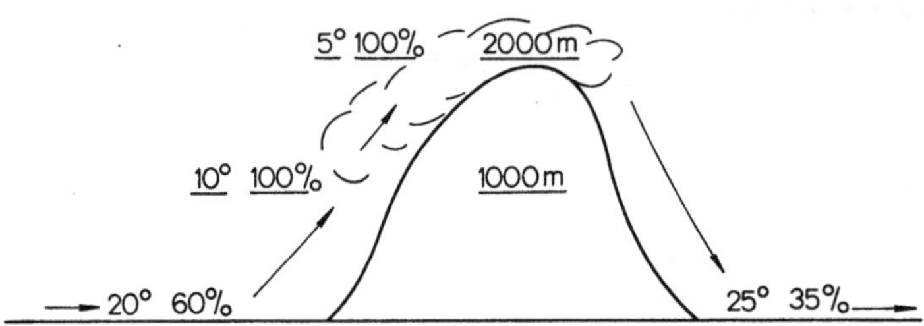

Abb. 107. Schematische Darstellung der Föhnentstehung

Wird ein Luftvolumen längs einer solchen zunächst „trockcn-" und dann „feuchtadiabatisch" verlaufenden Bahn aufwärts und anschließend wieder abwärts bewegt, so erfolgt die Temperaturänderung in beiden Fällen gleichartig. Wird dagegen das flüssige Wasser als Niederschlag ausgeschieden, so erfolgt die Abwärtsbewegung im ganzen Verlauf trockenadiabatisch.

Der erstgenannte Fall ist realisiert in den orographisch bedingten „Hinderniswolken" an Bergkämmen. Wolken dieser Art werden von der Luft durchströmt, bleiben aber ortsfest stehen. Ein bekanntes Beispiel ist die Matterhorn-Fahne. — Der zweite Fall ist z.B. im Alpenföhn gegeben, bei dem die Luft im Lee des Gebirges höhere Temperatur besitzt als in gleicher Höhe im Luv. In Abb. 107 ist der Vorgang schematisch wiedergegeben.

Vertikalbewegungen in der freien Atmosphäre hängen eng mit dem Gleichgewicht des betreffenden Luftquantums gegenüber seiner Umgebung ab. Ist die Temperaturschichtung in der Umgebung adiabatisch, so herrscht „indifferentes" Gleichgewicht (Abb. 108, links). Nimmt die Temperatur beim Aufsteigen (Absinken) langsamer ab (zu), als es der Umgebung entspricht, so ist die Schichtung stabil (Abb. Mitte). Nimmt die Luft dagegen beim Auf- bzw. Absteigen niedere bzw. höhere Tem-

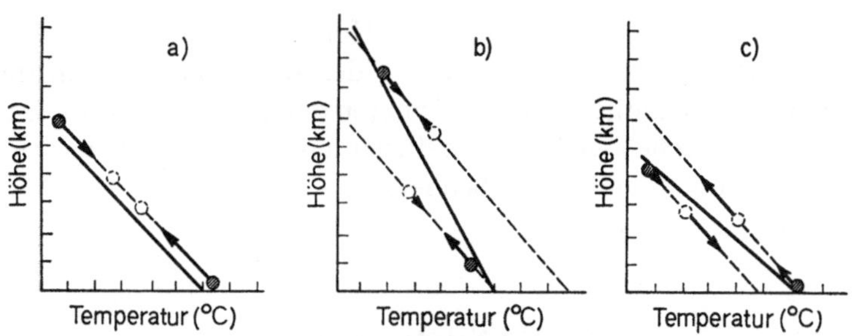

Abb. 108. Gleichgewichtszustände: a) indifferent; b) stabil; c) labil. Die dick ausgezogenen Kurven geben den Temperatur-Höhenverlauf in der Umgebung an. Die gestrichelten Kurven sind Adiabaten

peratur an als die Umgebung, so besteht labiles Gleichgewicht (Abb. rechts).

Besondere Bedeutung hat der Fall, daß ein ursprünglich stabiles Gleichgewicht durch Übergang zur Feuchtadiabaten bei Erreichung des Kondensationsniveaus in labiles Gleichgewicht übergeht. Dieser Zustand der sog. „Feuchtlabilität" spielt die entscheidende Rolle bei der Gewitterbildung und veranlaßt das „Aufquellen" der mächtigen — u. U. bis zur Tropopause hinaufreichenden — Wolkengebilde.

Ein atmosphärisches Element von besonderer Bedeutung ist der sog. *Austausch*. Molekularkinetische Prozesse, wie Wärmeleitung, Diffusion usw. reichen nicht im entferntesten aus, um die tatsächlichen Transporterscheinungen in der Atmosphäre erklären zu können*. Die Turbulenz der Luftbewegung bewirkt einen um Zehnerpotenzen größeren Transport von Lufteigenschaften (Wasserdampf, Wärme, Schwebstoffe, Bewegungsgröße). Die Erscheinung läßt sich in Analogie zu den molekularkinetischen Vorgängen verstehen, wenn man als Träger anstelle der Moleküle die in der turbulenten Strömung entstehenden Turbulenzkörper setzt. Auch die mathematische Behandlung ist in formal gleicher Weise möglich durch Verwendung der Diffusionsgesetze, wenn in diesen anstelle des Diffusionskoeffizienten ein (um Zehnerpotenzen größerer) „Scheindiffusionskoeffizient" gesetzt wird. So geben sich — speziell für eindimensionale Betrachtung vertikaler Austauschbewegung — die Beziehungen

$$(63) \qquad \frac{\partial s}{\partial t} = \frac{A}{\varrho} \cdot \frac{\partial^2 s}{\partial h^2} + \frac{1}{\varrho} \cdot \frac{\partial A}{\partial h} \cdot \frac{\partial s}{\partial h}$$

und

$$(64) \qquad S = -A \cdot \frac{\partial s}{\partial h}$$

wo s die Konzentration der betreffenden Eigenschaft, S den „Fluß" dieser Eigenschaft durch ein zur Richtung des Vorganges senkrechtes

---

* Die tägliche Temperaturschwankung der Luft könnte, wenn sie durch molekulare Wärmeleitung bedingt wäre, nur wenige Meter Höhe über dem Boden erreichen, während sie in Wirklichkeit bis zu mehreren Kilometern Höhe vordringt.

9*

Flächenelement, ϱ die Luftdichte, h die Höhe und t die Zeit bedeuten.
A ist der sog. „Austauschkoeffizient", der dem mit der Luftdichte
multiplizierten Scheindiffusionskoeffizienten entspricht. Er ist im Gegensatz zum gaskinetischen Diffusionskoeffizienten keine Konstante, sondern
von den meteorologischen Gegebenheiten — hier z.B. von der Höhe
über dem Boden — abhängig*.

B. Die Stratosphäre

1. Die Zweiteilung der Atmosphäre

Die Abnahme der Temperatur mit zunehmender Höhe, die nach den
aerologischen Messungen überall auf der Erde etwa 0,6° pro 100 m Er-
hebung beträgt, kommt in einer bestimmten Höhe mehr oder weniger
plötzlich zum Stehen. Die Höhe, in der dieser Übergang von der Troposphäre zur Stratosphäre erfolgt, liegt in den Tropen bei etwa 15—18 km,
in den Polarzonen und den hohen Breiten bei etwa 7—9 km Höhe. Demgemäß muß in der unteren Stratosphäre über den Tropengebieten eine
wesentlich tiefere Temperatur herrschen, als in den Zonen hoher geographischer Breite, was auch durch die Erfahrung bestätigt wird.

Diese Zweiteilung der Atmosphäre in einen unteren, durch Vertikalbewegungen charakterisierten Teil und einen darüber liegenden Bereich,
in dem diese Vertikalbewegungen fehlen, ist, wie schon gesagt, letztenendes aus den Reaktionen der einzelnen Schichten auf die Wärmezustrahlung von der Sonne her zu verstehen.

Die Höhe der Tropopause hängt mit der örtlichen Wetterlage zusammen. In Kaltluftgebieten liegt sie niedriger als in Warmluftgebieten
und folgt damit im wesentlichen dem Befund bezüglich der schon erwähnten meridionalen Verteilung, die eine hohe und kalte Tropopause über
den Tropen und eine niedrige warme Tropopause über den Polargebieten
zeigt. Diese Umkehrung des Temperaturgefälles in der Höhe gegenüber
dem in den unteren Schichten vorhandenen stellt ein wichtiges Glied im
Zustandekommen der allgemeinen Zirkulation dar.

Ohne auf die außerordentlich verwickelten Vorgänge dieses meridionalen Großaustausches hier im einzelnen eingehen zu können, sei nur
eine Erscheinung erwähnt, die dem Übergangsgebiet zwischen der polaren und der tropischen Tropopausenlage sein Gepräge gibt: In den hohen
Schichten der Troposphäre bildet sich ein verhältnismäßig schmales
Band außerordentlich hoher Windgeschwindigkeiten aus mit Geschwindigkeiten von 200 km/Std und mehr, das als sog. „Jet-stream" die
Erde in mittleren Breiten in einer mäandernden Bahn umschlingt. Diese
Strahlströmung stellt einen wettergestaltenden Faktor von entscheiden-
der Bedeutung dar, der für die Westströmung der mittleren Breiten,

---

* Ausführliche Behandlung der atmosphärischen Austausch- und Transport-
probleme s. z.B. bei W.G.L. SUTTON, 1953 und bei F. PASQUILL, 1962.

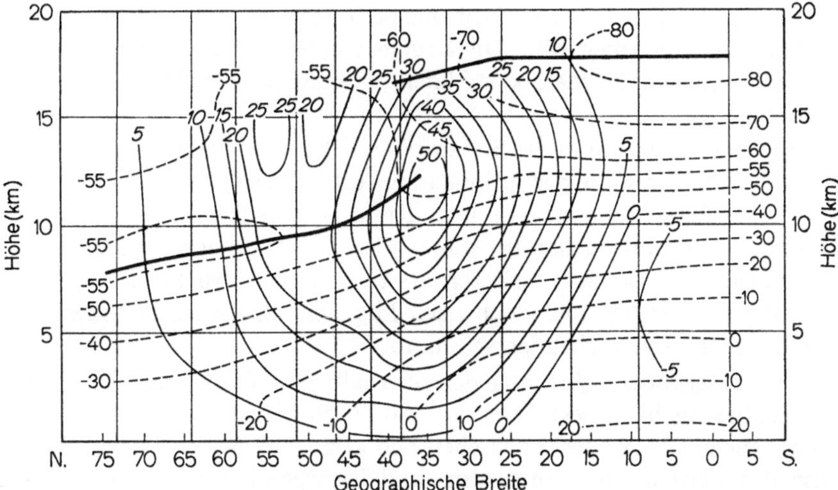

Abb. 109. Querschnitt durch den Jetstream nach amerikanischen Radiosonden-messungen. Ausgezogene Linien: Geschwindigkeiten der West-Ost-Strömung in m/sec; Gestrichelt: Temperaturen; Dicht ausgezogen: Tropopausenlage. (Nach ROSSBY, 1949)

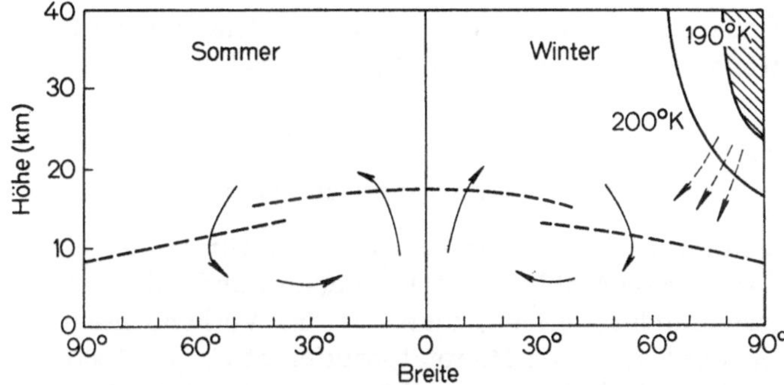

Abb. 110. Mittlere meridionale Verteilung der Tropopausenlage im Sommer (links) und Winter (rechts) nach DOBSON-BREWER [Proc. Roy. Soc. (London) A **236**, 187 (1956)]

für die Entwicklung der atmosphärischen Druckgebilde und für die durch sie bewirkten Warmluftvorstöße nach Norden bzw. Kaltlufttransporte nach Süden verantwortlich zu machen ist. Man kann sein Zustandekommen dynamisch erklären aus dem Zusammenspiel von Erhaltungstendenzen der „Wirbelgröße" („vorticity") und des Rotationsmomentes unter dem Einfluß der breitenabhängigen Corioliswirkung mit seitlichen Vermischungen der Luftmassen.

Für die Tropopausenlage bedeutet diese Erscheinung, daß kein kontinuierlicher Übergang ihrer Höhe von den niederen zu den hohen Breiten besteht. Vielmehr wird sie im Bereich des Jet-streams durch die damit verbundene starke Turbulenz gewissermaßen „aufgerissen" (vgl.

Abb. 109). Ihre meridionale Abhängigkeit entspricht damit etwa dem in Abb. 110 gegebenen Bild. Die Bruchstelle verlagert sich mit der Jet-stream-Lage nach Norden oder Süden, kann auch in mehrere Teile auf-spalten.

Mit dem Eintreten in die Stratosphäre ist ein Gebiet erreicht, in dem — zunächst — anstelle der turbulenten Vertikalbewegungen eine in ihrer vertikalen Schichtung praktisch in Ruhe befindliche Schichtung tritt. Das beweist u. a. die schon in Abb. 95 dargestellte Neigung zu einer be-ginnenden Entmischung. Andererseits zeigt deren Zurückbleiben gegen-über der Erwartung, daß doch auch hier noch ein gewisser schwacher Vertikalaustausch vorhanden sein muß.

Ein wesentliches Merkmal der oberhalb der Tropopause gelegenen Atmosphärengebiete besteht darin, daß durch das kurzwellige Licht der Sonne chemische Prozesse zwischen den atmosphärischen Bestandteilen ausgelöst werden, die Temperatur- und Dichteänderungen u. a. Effekte zur Folge haben.

Das erste Phänomen, dem wir beim Aufstieg von der Tropopause aufwärts begegnen, ist nach einer bis etwa 30 km Höhe herrschenden Isothermie ein Wiederanstieg der Temperatur zu einem in etwa 55 km Höhe liegenden Maximum.

Ihre Erklärung ergibt sich aus dem Vorhandensein einer Ozonschicht in der mittelhohen Stratosphäre und deren Strahlungsabsorption.

2. Das atmosphärische Ozon

Beobachtungen des Sonnenspektrums im Ultraviolett zeigen, daß dieses bei etwa 2900 Å abbricht. Da Sauerstoff und Stickstoff in diesem Gebiet noch durchlässig sind, muß auf das Vorhandensein von *Ozon* geschlossen werden, dessen Hauptabsorption etwa von 3000 Å abwärts liegt. Da in der bodennahen Atmosphäre ausreichende O_3-Beträge fehlen, muß dieses Ozon in höheren Schichten konzentriert sein. Dies wurde dann auch durch entsprechende Untersuchungen bestätigt.

Der Gesamtbetrag des atmosphärischen Ozons ergibt sich im Mittel zu etwa 3 mm*. Er schwankt in charakteristischer Weise im Laufe des Jahres, hängt außerdem von der geographischen Breite ab und zeigt Korrelationen zur Wetterentwicklung.

Die Höhenverteilung ist so, daß die Hauptmenge zwischen etwa 10 und 35 km Höhe liegt mit einem in der Regel zwischen etwa 20 und 25 km Höhe anzutreffenden Schwerpunkt. In Abb. 111 sind einige Höhenver-teilungen wiedergegeben.

---

* Die Angabe ist so zu verstehen, daß die in einer Luftsäule von Atmosphären-höhe enthaltene Gesamt-Ozonmenge, wenn man sie sich unter Normalbedingungen (0°; 760 mm) an die Erdoberfläche gebracht denkt, dort die angegebene Höhe haben würde.

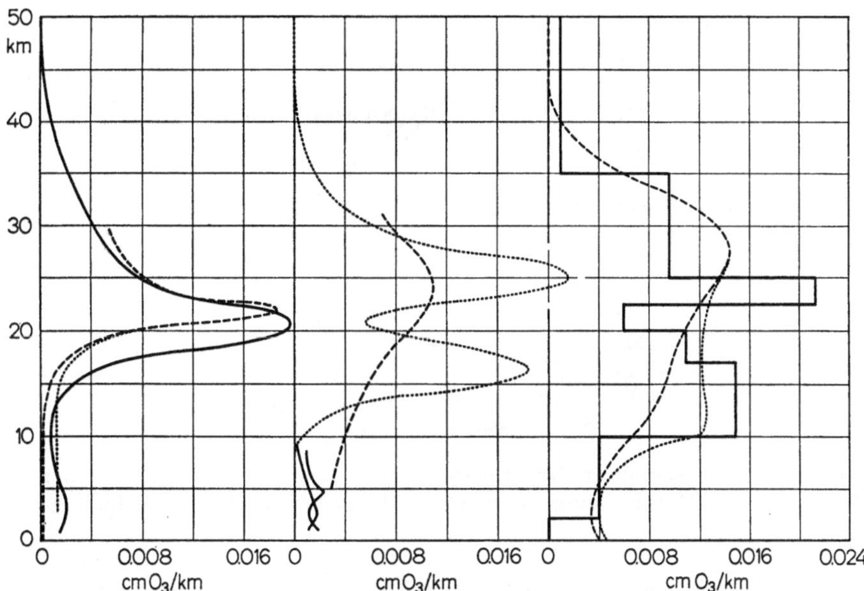

Abb. 111. Höhenverteilungen des atmosphärischen Ozongehaltes für verschiedene Gesamtbeträge und verschiedene Orte. (Nach F. W. P. Götz, s. Compendium of Meteorology, l.c.; dort nähere Einzelheiten zur obigen Abbildung)

Die Bildung des Ozons läßt sich wie folgt verstehen:

Kurzwelliges Ultraviolettlicht mit Wellenlängen unter 2400 Å vermag das Sauerstoffmolekül zu dissoziieren entsprechend der Reaktion.

$$(65) \qquad O_2 + h\nu \rightarrow O + O.$$

Zusammentreffen eines O_2-Moleküls und eines O-Atoms im sog. Dreierstoß — d.h. unter Beteiligung eines beliebigen anderen Moleküls oder Atoms M — führt zur Bildung von O_3 gemäß der Reaktion

$$(66) \qquad O_2 + O + M \rightarrow O_3 + M.$$

Diesem Bildungsprozeß stehen die Vernichtungsprozesse

$$O_3 + O \rightarrow 2 O_2$$
$$(67) \qquad O_3 + O_3 \rightarrow 3 O_2$$
$$O_3 + O_2 \rightarrow O + 2 O_2$$

und der unter Strahlungseinfluß bei Wellenlängen unter 11000 Å verlaufende Prozeß

$$(68) \qquad O_3 + h\nu \rightarrow O_2 + O$$

gegenüber.

Die Reaktion (65) führt in der hohen Atmosphäre schließlich zur völligen Dissoziation des molekularen Sauerstoffs. Die Reaktion (66)

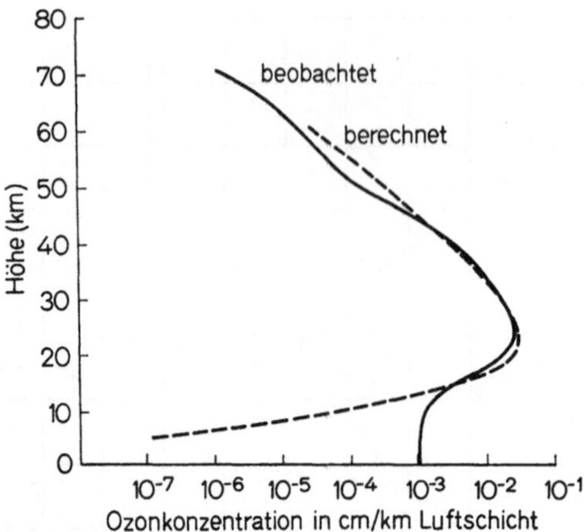

Abb. 112. Höhenverteilung des atmosphärischen Ozongehaltes nach Rechnung (gestrichelt) und Messung (ausgezogen). (Nach Handbuch der Physik, Bd. 48, S. 394)

kann wegen der Notwendigkeit des Dreierstoßes erst bei höherem Druck, also in geringeren Höhen wirksam werden.

Berechnet man unter Berücksichtigung der Reaktionswahrscheinlichkeiten und ihrer Abhängigkeit von Druck und Temperatur und der Absorptionskoeffizienten in den genannten Reaktionen die in der Atmosphäre zu erwartenden Ozonkonzentrationen, so kommt man zu dem in Abb. 112 dargestellten Ergebnis (gestrichelte Kurve).

Die Lage des Maximums und die Abnahme des Ozongehaltes nach größeren Höhen hin werden also durch die Theorie gut wiedergegeben. Nach unten hin bestehen jedoch erhebliche Differenzen zwischen Rechnung und Beobachtung.

Diese Abweichung in den tieferen Schichten ist durch Transportvorgänge zu erklären: Unter der Wirkung der hoch hinauf reichenden Austauschvorgänge wird das Ozon offensichtlich in merklichem Maße nach unten verfrachtet. Dadurch entsteht ein gewisser troposphärischer Ozongehalt. Dieser steht bezüglich seiner Beträge, seiner Höhenverteilung und seiner Variationen in enger Relation zum Wettergeschehen und hat wesentliche Bedeutung als „tracer" für großräumige Austauschstudien.

Die Beobachtungen des Gesamtozongehaltes der Atmosphäre und seiner Variationen deuten auf troposphärisch-stratosphärische Verknüpfungen hin: Während für dieses durch Strahlungswirkung gebildete Element a priori eine unmittelbare Koppelung mit der Sonnenhöhe und dem Sonnenstand sowie ihren tages- und jahresperiodischen Änderungen und eine entsprechende Breitenabhängigkeit zu erwarten wäre, zeigen die Messungen kurzzeitig, langzeitig und meridional erhebliche Unterschiede, die *nicht* durch Änderungen der photochemischen Reaktionen erklärt werden können.

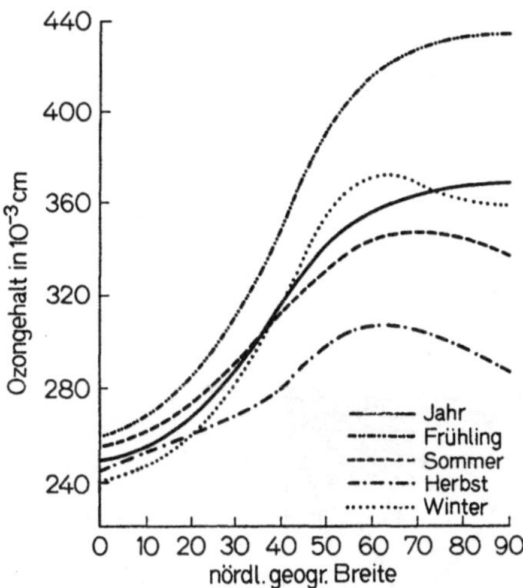

Abb. 113. Meridionalverteilung und jahreszeitliche Schwankung des mittleren Ozongehaltes. (Nach J. LONDON, 1962)

Aus den kurzzeitigen Änderungen von einem Tag zum anderen läßt sich ein Zusammenhang zum troposphärischen Wettergeschehen ableiten. Zwar reichen die Meßerfahrungen noch nicht hin, um ein klares Bild vom Mechanismus dieser Koppelung geben zu können, doch läßt sich eine Regel der Art aufstellen, daß eine kalte Troposphäre, eine niedere Tropopause und eine warme untere Stratosphäre mit hohem Ozongehalt miteinander verknüpft sind und umgekehrt. Dies führt zu der Auffassung, daß Luftmassen verschiedenen Ursprungs ihre offensichtlich bis in den Ozonbereich hinauf reichenden Eigenschaften auch bei längerer Wanderung „mitführen". Auch das 1952 beobachtete sog. „Berliner Phänomen", das in der Zeit vom 21. zum 23. Februar in 30 km Höhe einen Temperaturanstieg von —58° auf —12° zeigte, ist wahrscheinlich mit advektiv bedingten Ozonvariationen in Verbindung zu bringen. Die meridionale Verteilung und ihre jahreszeitliche Veränderung kommen in Abb. 113 zum Ausdruck.

Trotz seines sehr geringen Betrages absorbiert das Ozon praktisch das gesamte zwischen 2000 und 3000 Å gelegene Sonnenlicht. Dies führt zu einer entsprechenden Aufheizung der Atmosphäre, die wegen der mit der Höhe abnehmenden Dichte an der oberen Grenze der Ozonschicht, also in etwa 55—60 km Höhe ihr Maximum hat.

C. Die Mesosphäre

Die Schicht zwischen 60 und 85 km Höhe

Oberhalb der Stratopause nimmt die Temperatur wieder stark mit der Höhe ab. Sie sinkt innerhalb dieses Bereiches auf einen Tiefstwert von etwa —80° bis —100° C ab. Dieser schon früher aus dem Verhalten

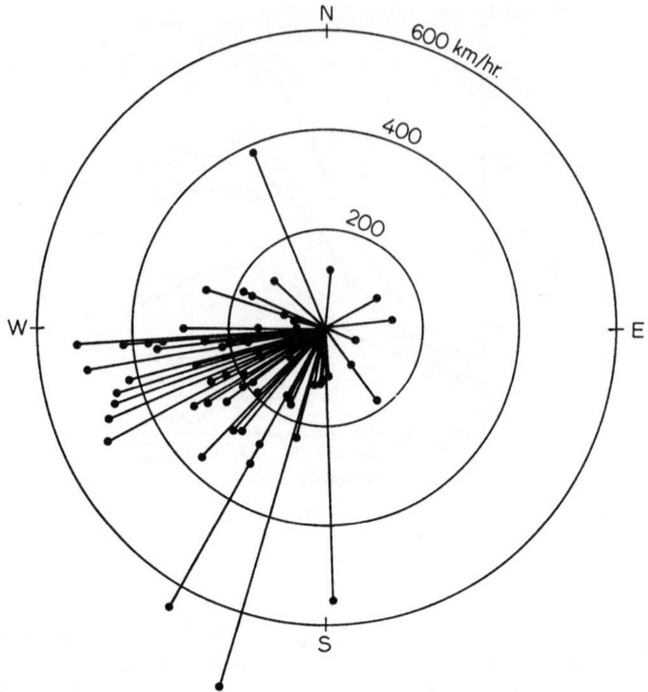

Abb. 114. Windvektoren in 80 km Höhe nach Beobachtungen von leuchtenden Nachtwolken. (Nach E. H. Vestine)

der Schallausbreitung bei Explosionen und aus der Beobachtung von Meteorbahnen abgeleitete Befund ist inzwischen durch direkte Messungen bei Raketenaufstiegen voll bestätigt worden.

Die Ähnlichkeit zwischen dem Temperatur-Höhenverlauf in der Troposphäre und dem in der Mesosphäre legt eine Parallele der Art nahe, daß in beiden Fällen eine am unteren Ende liegende warme Schicht — im einen Fall die „zu warme" Atmosphärenbasis am Boden, im anderen die ozonbedingte warme Stratopause — Vertikalbewegungen veranlassen, die Abkühlung zur Folge haben.

Zwei Erscheinungen fallen in die Mesosphäre bzw. ihre obere Begrenzung, die Mesopause: Die *leuchtenden Nachtwolken* und das sog. *Nachthimmelslicht.*

Die „leuchtenden Nachwolken" — meist silbrig bis bläulichweiß leuchtend in einer Helligkeit, die etwa mit der des aufgehenden Vollmondes zu vergleichen ist — treten verhältnismäßig selten auf. Sie können bis zu Sonnentiefen von 5—13° beobachtet werden. Ihre Höhe ergibt sich durch photogrammetrische Messung zu etwa 80 km. Die Frage, ob es sich dabei um Eisteilchen oder um Staubpartikelchen vulkanischen Ursprungs handelt, ist mit Wahrscheinlichkeit zugunsten der letzteren Annahme zu beantworten, da diese Wolken besonders häufig in dem Jahrzehnt nach dem Krakatau-Ausbruch 1883 beobachtet worden sind.

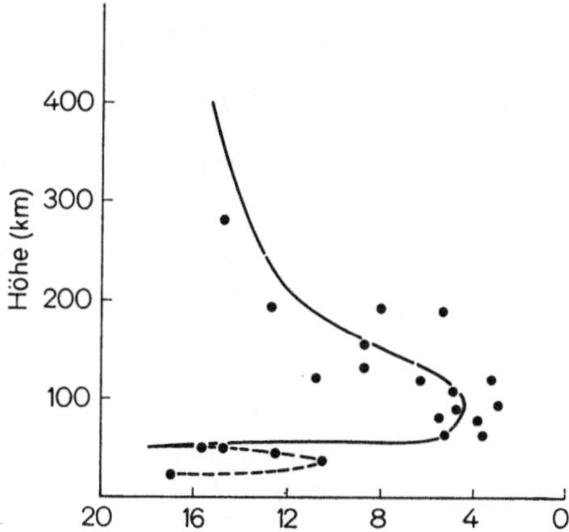

Abb. 115. Höhenbestimmung des Nachthimmelslichtes nach Messungen im kalifornischen Bergland

Die leuchtenden Nachtwolken stellen wichtige Hilfsmittel für die Untersuchung der Wind- und Turbulenzverhältnisse in Mesopausengebieten dar. Abb. 114 zeigt als Beispiel Windvektoren nach Beobachtungen von leuchtenden Nachtwolken.

Vom Nachthimmel geht in mondlosen klaren Nächten eine gewisse Helligkeit aus. Sie besteht zu einem Teil aus Sternenlicht und zum größeren Teil aus echtem „Luftleuchten". Die Gesamthelligkeit entspricht etwa der Beleuchtung durch eine Kerzenflamme in 55 m Entfernung.

Die spektrale Zerlegung mittels lichtstarker Spektrographen zeigt ein Linien- und Bandenspektrum und ein Kontinuum. Das Spektrum zeigt die gleichen Emissionen wie das Polarlicht (s. u.), nur in einer davon abweichenden Intensitätsverteilung. Dies, sowie die Tatsache, daß das Nachthimmelslicht im Gegensatz zum Polarlicht *nicht* breitenabhängig ist, deutet auf verschiedene Anregungsvorgänge für beide Phänomene hin.

Höhenbestimmungen ergeben, daß die Emission etwa in Mesopausenhöhe beginnt, zum Teil aber auch aus wesentlich größerer Höhe stammt. Abb. 115 zeigt als Beispiel eine Höhenbestimmung im kalifornischen Hochland, die etwa 100 km Höhe ergibt.

Das Nachthimmelslicht unterliegt täglichen, jährlichen und mehrjährigen Schwankungen, die Relationen zur Sonnenfleckentätigkeit und zu den Polarlichtern erkennen lassen.

Zu erwähnen sind ferner die sog. „Leuchtstreifen" und die „hellen Nächte" mit u. U. erheblich gesteigerter Helligkeit. Diese Erscheinungen zeigen einerseits einen gewissen Zusammenhang mit Staubeinbrüchen vulkanischer und kosmischer Provenienz und deuten damit auf ähnliche Entstehung hin wie sie zu den leuchtenden Nachtwolken führen; andererseits scheint ein Zusammenhang zu Ionosphärenstörungen zu bestehen.

D. Die Thermosphäre

1. Atmosphäre und Strahlung II

Von etwa 85 km Höhe an aufwärts nimmt die Temperatur wieder
zu und steigt bis zu einigen 1000° in sehr großen Höhen an. In diesem
Bereich, der *Thermosphäre*, kommt die gesamte kurzwellige Strahlung
der Sonne von etwa 2000 Å abwärts bis zu der Röntgenstrahlung zur
Absorption (vgl. Abb. 98). Außerdem tritt hier die solare Korpuskularstrahlung mit den Luftmolekülen und -atomen in Reaktion.

Außer der allgemeinen durch die Absorption von Strahlungsenergie
bedingten Aufheizung dieses Atmosphärenbereiches heben sich vor allen
Dingen drei Erscheinungen besonderer Art ab:

1. *Dissoziation* molekularer Bestandteile. Durch diese Prozesse wird
das Molekulargewicht der Luft und damit nach Gl. (50), der Exponential-
faktor der Druckabnahme mit der Höhe verringert.

2. *Ionisation* der Moleküle und Atome. Die dabei freigesetzten Elektronen besitzen unter den in diesen Höhen bestehenden Vakuumbe-
dingungen große Lebensdauer. Dadurch kann die elektrische Leitfähigkeit in diesem Atmosphärenbereich erhebliche Werte annehmen.

3. *Entmischung* der verschiedenen Luftbestandteile. Da die „Entmischungszeiten" in diesen Höhen rasch kleiner werden (vgl. Tabelle 9),
muß sich mit zunehmender Höhe die Zusammensetzung der Atmosphäre
verändern.

Die Einzelreaktionen unter dem äußeren Strahlungseinfluß sind viel-
fältig. Besonders charakteristisch ist das Verhalten des Sauerstoffes,
der von etwa 85 km Höhe an in zunehmendem Maße zu dissoziieren beginnt und in 110 km Höhe praktisch völlig in den atomaren Zustand
übergegangen ist. Auch Stickstoff unterliegt — allerdings in sehr viel
geringerem Maße — der Dissoziation. Damit werden unmittelbare
Reaktionen zwischen beiden Bestandteilen möglich, die noch durch
Anregung und Ionisation der Moleküle oder Atome begünstigt werden.
Insbesondere scheint der Bildung von NO eine besondere Wahrscheinlichkeit zuzukommen.

Man versucht, die Entstehung der verschiedenen Schichten der
Ionosphäre (s. unten) aus strahlungsbedingten Reaktionen herzuleiten.
Dazu läßt sich nach heutiger Kenntnis folgendes sagen:

Die „normale" *D-Schicht* (unterhalb 90 km Höhe) wird mit der
Ionisation des NO-Moleküls durch die α-Linie der Lyman-Serie (1215,7 Å)
entsprechend der Reaktion

$$(69) \qquad\qquad NO + h\nu \rightarrow NO^+ + e$$

in Verbindung gebracht. Außerdem kann solare Röntgenstrahlung mit
einer Wellenlänge unterhalb 6 Å bis zu 90 km Höhe in die Atmosphäre
eindringen. Verstärkte Strahlung, wie sie vor allem bei hoher Sonnen-

fleckenzahl und bei Sonneneruptionen auftritt, bewirkt dann durch ihre Ionisierung eine anomale D-Schicht-Verstärkung.

Für die *E-Schicht* (Bereich 90—160 km Höhe) werden verschiedene Reaktionen angenommen. Im unteren Teil (bis etwa 100 km Höhe) dürften Röntgenstrahlung von etwa 10 Å und 30—40 Å sowie die durch die β-Linie der Lyman-Serie (1024,7 Å) bewirkte Ionisierung des Sauerstoffmoleküls gemäß

$$(70) \qquad\qquad O_2 + h\nu \rightarrow O_2^+ + e$$

verantwortlich sein, während für die höheren Bereiche auch entsprechende Stickstoffreaktionen unter der Wirkung von Strahlung der Wellenlängen 755—795 Å anzunehmen sind.

Die *F-Region* (über 160 km Höhe) dürfte neben Röntgenstrahlen-Ionisierung vor allem auf die Ionisation des atomaren Sauerstoffes durch Strahlung des Wellenbereiches von 795—910 Å gemäß

$$(71) \qquad\qquad O + h\nu \rightarrow O^+ + e$$

zurückzuführen sein, zum Teil aber auch mit Reaktionen des Stickstoffatoms verknüpft sein.

Für die Ionisierung noch höherer Schichten kann man Ionisationsreaktionen von Röntgenstrahlung mit atomarem Sauerstoff annehmen, zu denen in größeren Höhen solche an Helium und (in ganz großen Höhen) solche an Wasserstoffatomen hinzukommen können*.

Die in den verschiedenen Höhen zu erwartende Elektronenkonzentration und damit die Verteilung der elektrischen Leitfähigkeit ergeben sich aus dem Zusammenspiel von Elektronenbildung und Elektronenvernichtung durch Wiedervereinigung und Anlagerung. Schätzt man dies ab, so kommt man zu dem Ergebnis, daß die erforderlichen Strahlungsintensitäten *wesentlich* größer sein müssen, als sie im Planck-Spektrum einer 6000° heißen Sonne zur Verfügung stehen. Außerdem zeigen alle hochatmosphärischen Strahlungsreaktionen deutliche Zusammenhänge zur Sonnenaktivität — Fleckentätigkeit, Eruptionen u.a. —, während das dem 6000°-Spektrum angehörige sichtbare Licht solche Variationen nicht aufweist. Damit ergibt sich das schon im Zusammenhang mit den erdmagnetischen Erscheinungen erwähnte Dilemma, daß offenbar noch andere Strahlungsquellen auf der Sonne vorhanden sein müssen, die genügend kurzwellige Strahlung aussenden und in ihrer Energie die erwähnten Schwankungen mit der Sonnenaktivität aufweisen.

Die Antwort liefert die Sonnenphysik: Über der *Photosphäre* (Sonnenoberfläche) mit etwa 6000° Temperatur beginnt die *Chromosphäre*, eine Sonnenatmosphäre, die sich bis zu etwa 5000 km Höhe erstreckt. Die

---

* Einzeldarstellungen der Strahlungsreaktionen in der Hochatmosphäre s. z.B. bei J.A. RATCLIFFE (1960), R.A. FLEAGLE and J.A. BUSINGER (1963) und R.A. CRAIG (1965).

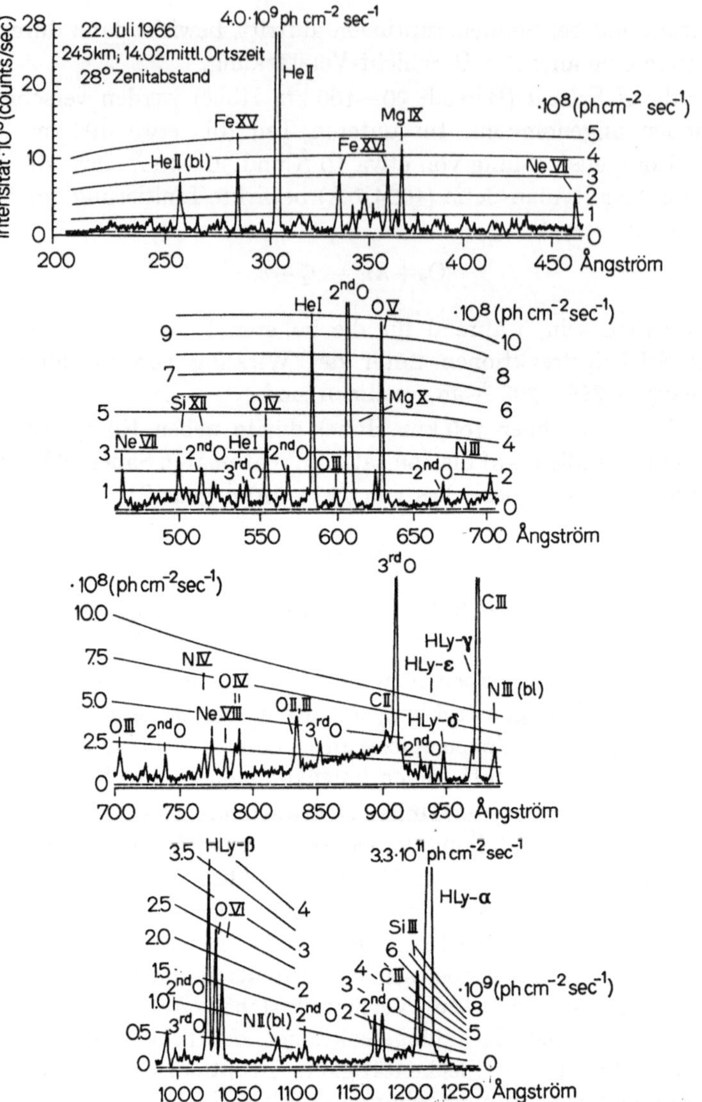

Abb. 115a. Das Sonnenspektrum zwischen 1266 Å und 226 Å nach Aufnahmen in
angaben in „counts per sec" bzw. in den Querlinien in „Photonen (ph) pro Quadrat-
(17. 1. 1967). (Aus

Temperatur dieser Schicht nimmt mit der Höhe zu bis zu etwa 10^6 °K
in ihren oberen Bereichen. An sie schließt die *Sonnenkorona* an, die sich
entsprechend ihrer Lichtaussendung bis zu mehreren Sonnendurch-
messern in den Raum erstreckt. Ihre Temperatur beträgt etwa 1—2 Millionen Grad, kann aber in Störungsgebieten noch merklich höhere Werte
erreichen. Ihre Gestalt ist unregelmäßig und variiert mit der Sonnenaktivität.

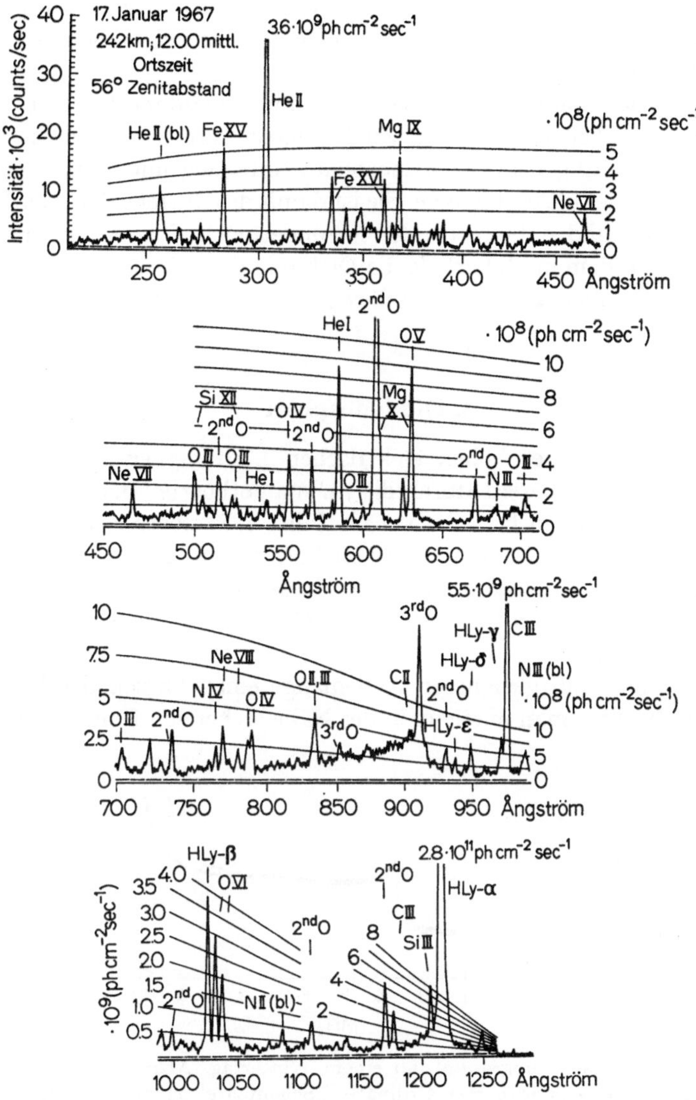

245 und 242 km Höhe mit Identifizierungen der wichtigsten Emissionen. Intensitäts-
zentimeter und Sekunde" Links: Sommertag (22. 7. 1966). Rechts: Wintertag
J. E. Higgins, 1968)

Die Chromosphäre und vor allem die Korona senden ihrer Temperatur
entsprechend das kurzwellige UV-Licht und die Röntgenstrahlung aus,
die die genannten Reaktionen in der Hochatmosphäre auslösen und
steuern.

Abb. 115a zeigt als Beispiel die Auswertungen und Identifizierungen
der stärkeren Emissionen nach zwei in Höhen von 245 und 242 km
gewonnenen Spektralaufnahmen des Sonnenlichtes im extremen Ultra-

violett zwischen 1266 Å und 226 Å. Die Aufnahmen wurden bei Raketen-Hochaufstiegen in White Sands, New Mexico, an einem Sommer- und einem Wintertag gewonnen.

Die von der Sonne kommende Korpuskularstrahlung bewirkt neben ihren schon in Teil II besprochenen Einflüssen auf das erdmagnetische Feld beim Eindringen in die Atmosphäre Anregung und Ionisation der getroffenen Moleküle und Atome. Sie ist damit die Ursache der Polarlichterscheinungen und entsprechender Veränderungen im ionosphärischen Bereich. Außerdem moduliert sie die Dichte in den allerhöchsten Schichten, wie die Beobachtung der Satellitenbremsung ergibt.

2. Die Ionosphäre

Die Existenz einer hohen elektrischen Leitfähigkeit in der hohen Atmosphäre wurde bereits durch die „Dynamotheorie" der erdmagnetischen Variationen von B. STEWART im Jahre 1884 postuliert, dann 1901 von O. HEAVISIDE in England und von E. A. KENNELLY in Amerika aus der Ausbreitung von Radiowellen erschlossen und schließlich 1924 von E. APPLETON u. a. unmittelbar durch Reflexionsbeobachtungen kurzer Wellen bewiesen.

Schickt man auf geeigneter Wellenlänge einen kurzen Sendeimpuls aus, so beobachtet man in einem in der Nähe stehenden Empfänger etwa

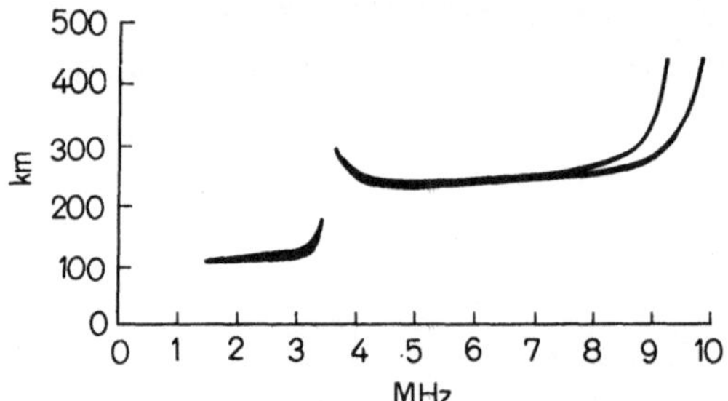

Abb. 116. Typisches „Ionogramm" an einem Wintertag. Abszisse: Frequenz der Testwelle in MHz (Megahertz). Ordinate: „Scheinbare" Höhe der Reflexion

0,7 sec nach dem Eintreffen der direkten Welle einen erneuten Einsatz, der sich u. U. in gleichen Zeitabständen ein- oder mehrmals wiederholt. — Ändert man die Trägerfrequenz des Senders und berücksichtigt beim Empfang jeweils nur den ersten Reflexionsimpuls, so ergibt sich im Normalfall ein „Ionogramm" der in Abb. 116 dargestellten Art.

Von den niederen Frequenzen her hat man zunächst kein oder nur ein geringes Echo. Von etwa 1,5 MHz an setzt das Echo deutlich ein und nimmt mit steigender Frequenz an Intensität zu. Bei etwa 3,5 MHz ändert sich die Zeitdifferenz zwischen direkter Welle und dem Echo auf mehr als den doppelten Betrag, um dann bei etwa 10 MHz ganz aufzuhören. In der Abbildung sind als Ordinaten die aus der Echolaufzeit errechneten Entfernungen („scheinbaren" Höhen) eingetragen. (Über die Spitzen in der Nähe der Sprungstelle und der Stelle, an denen das Echo überhaupt verschwindet, s. unten.)

Die Erklärung der Reflexionen ergibt sich aus der Wellenoptik. Damit bei senkrechtem Einfall einer elektromagnetischen Welle Totalreflexion erfolgen kann, muß der Brechungsexponent im „dünneren Medium" gleich 0 werden. Diese bei den Lichtwellen nicht gegebene Möglichkeit einer Verkleinerung des Brechungsexponenten unter den Wert 1 ergibt sich bei der Ausbreitung längerer elektromagnetischer Wellen in ionisierten Medien.

Der Brechungsexponent n einer Welle der Frequenz f in einem Medium von N Ladungsträgern errechnet sich nach der Beziehung

$$(72) \qquad n^2 = 1 - \left(\frac{1}{\varepsilon_0} \cdot N \cdot \frac{e^2}{m} \right) \cdot \frac{1}{(2 \pi f)^2}$$

$\varepsilon_0 =$ absolute Dielektrizitätskonstante
$e\ =$ Ladung je Teilchen
$m =$ Masse eines Teilchens.

Der Ausdruck rechts wird 1 — und damit der Brechungsexponent gleich 0 — für eine Frequenz

$$(73) \qquad f_0 = \frac{1}{2 \pi} \cdot \sqrt{ \frac{1}{\varepsilon_0} \cdot N \cdot \frac{e^2}{m} }$$

Damit geht Gl. (72) über in den Ausdruck

$$(74) \qquad n^2 = 1 - f_0^2 / f^2 .$$

Die „Grenzfrequenz" f_0, bei der die Reflexionen abbrechen — in Abb. 116 also etwa bei 3,5 MHz und bei etwa 9 MHz — gibt also eine Aussage über die Anzahl freier Elektronen in der reflektierenden Schicht. (Die dort natürlich auch vorhandenen Ionen spielen wegen ihres *sehr* viel kleineren e/m in diesem Zusammenhang keine Rolle.)

Die Spitzen an der Sprungstelle und der Abbruchstelle des Ionogramms lassen sich jetzt dadurch erklären, daß mit der Annäherung an den Zustand $n = 0$ die Ausbreitungsgeschwindigkeit („Gruppengeschwindigkeit") kleiner wird als die Lichtgeschwindigkeit. Die Aufspaltung am rechten Ende des Ionogramms kommt durch „Doppelbrechung" zustande. Sie läßt sich aus dem Mitschwingen der freien Elektronen unter der Einwirkung des erdmagnetischen Feldes erklären und formelmäßig wie folgt darstellen:

Die „Gyrofrequenz" f_H der Kreiselbewegung, die ein Elektron im Erdmagnetfeld (Feldstärke B) als freie Schwingung ausführt, hat den Wert

$$(75) \qquad f_H = \frac{e}{2 \pi m} \cdot B$$

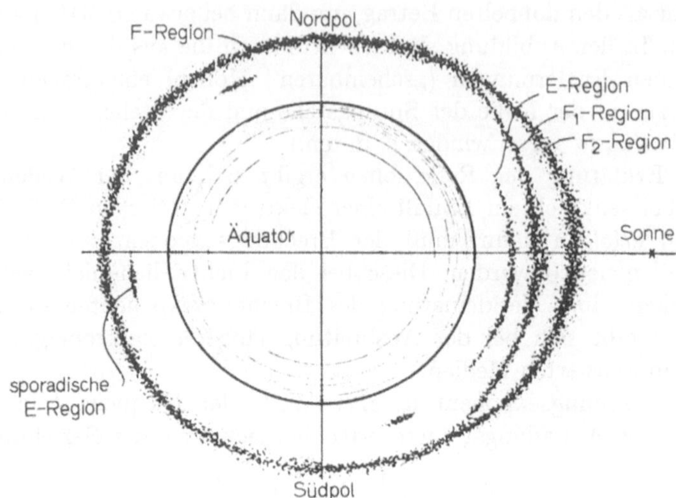

Abb. 117. Schemabild der „normalen" Ionosphärenschichten und ihrer Höhen-
änderungen im Laufe des Tages

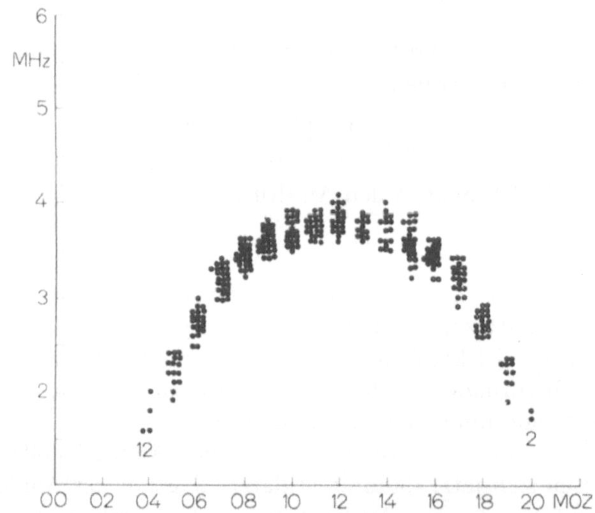

Abb. 118. Grenzfrequenzen der E-Schicht — Reflexionen im Juni 1948 in Freiburg/
Breisgau, nach täglichen Beobachtungen zusammengestellt. (Aus K. RAWER, 1953)

Ihr zufolge tritt an die Stelle von Gl. (74) die „Reflexionsbedingung"

$$(76) \qquad n^2 = 1 - \frac{f_0^2}{f \cdot (f \pm f_H)} .$$

Die wahren Reflexionshöhen lassen sich angenähert aus den Mittelstük-
ken des Ionogramms, exakt nur aus der genauen Kenntnis des Schichten-
aufbaues ableiten.

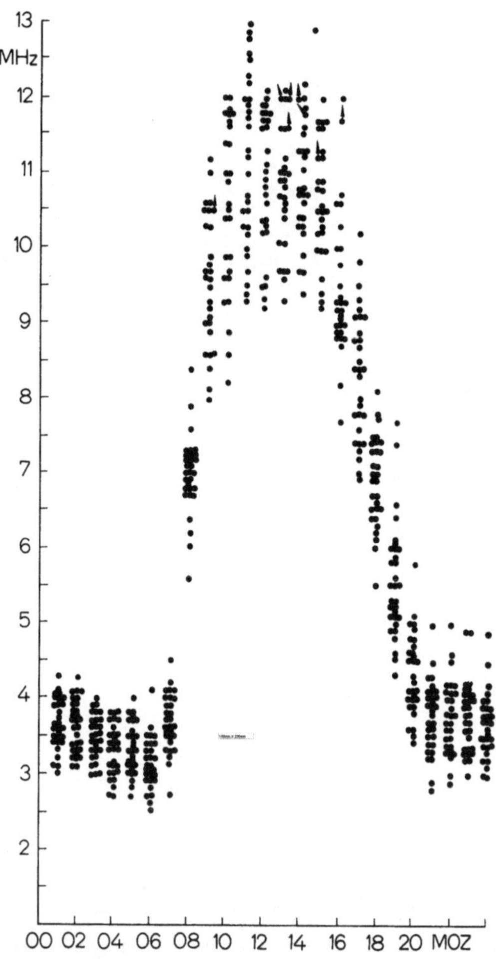

Abb. 119. Das gleiche für die F_2-Schicht im Januar 1948

Im Normalfall liefert die Echolotung bei Nacht 2, bei Tag 3 reflektierende Schichten. Die E-Schicht liegt immer in der gleichen Höhe von etwa 100 km. Die F_2-Schicht verschiebt sich bei Tag zu größeren Höhen, spaltet außerdem in zwei Schichten auf (s. Abb. 117).

Im Laufe des Tages und Jahres zeigen die Echolotungen typische Veränderungen der reflektierenden Schichten an. Die beiden folgenden Abb. 118 und 119 zeigen das normale Verhalten der Grenzfrequenzen der E-Schicht und der F_2-Schicht.

Das Verhalten der E-Schicht schließt danach eng an die Sonnenhöhe an, behält diese Eigenschaft auch im Jahresverlauf bei. Während der Nacht fehlt diese Schicht. — Demgegenüber zeigt die F_2-Schicht unregelmäßigeres Verhalten. Sie reagiert zwar auch deutlich auf den Sonnenstand, bleibt aber auch noch während der Nacht bestehen und zeigt erhebliche jahreszeitliche Unterschiede (vgl. Abb. 120).

10*

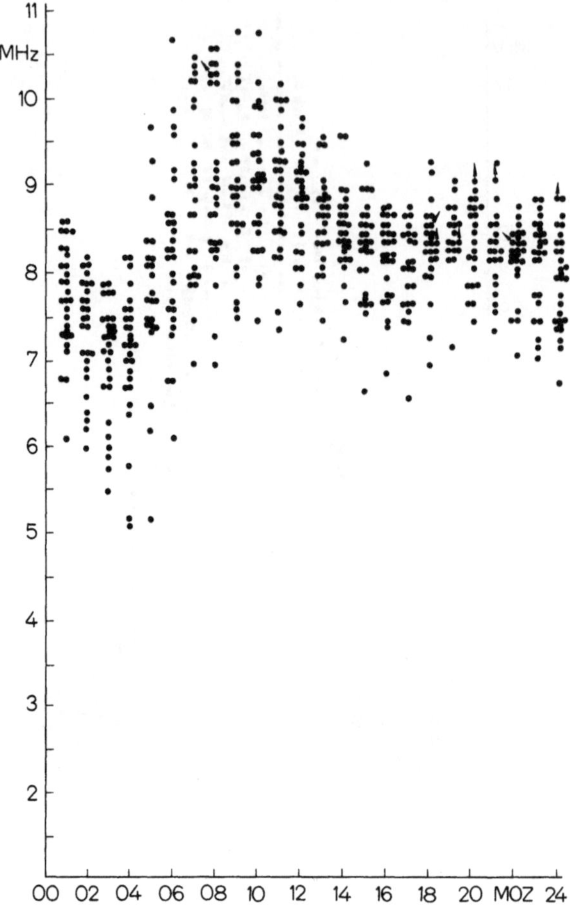

Abb. 120. Gleiche Darstellung für die F_2-Schicht im Juni 1948

Das Echolotungsverfahren liefert Angaben über das Vorhandensein reflektierender Schichten in bestimmten Höhen und über die dort herrschende Elektronendichte. Über den Raum zwischen diesen Schichten ist keine Aussage möglich. Dies konnte erst durch unmittelbare Messungen der Elektronendichte mittels Raketen und Satelliten erreicht werden. Danach läßt sich heute der Aufbau der Ionosphäre etwa entsprechend Abb. 121 darstellen. Die im Echoverfahren ermittelten Schichten sind danach durch Gradientänderungen der Elektronendichte zu erklären.

Die Ionosphäre zeigt neben ihrer vom Sonnenstand her verständlichen Breitenabhängigkeit, ihren tages- und jahreszeitlichen Variationen und Parallelen zur Sonnenfleckenperiode eine Reihe von unregelmäßig auftretenden Störungserscheinungen. Diese stehen im Zusammenhang mit Vorgängen auf der Sonne, die deren Wellen- und Korpuskularstrahlung verändern.

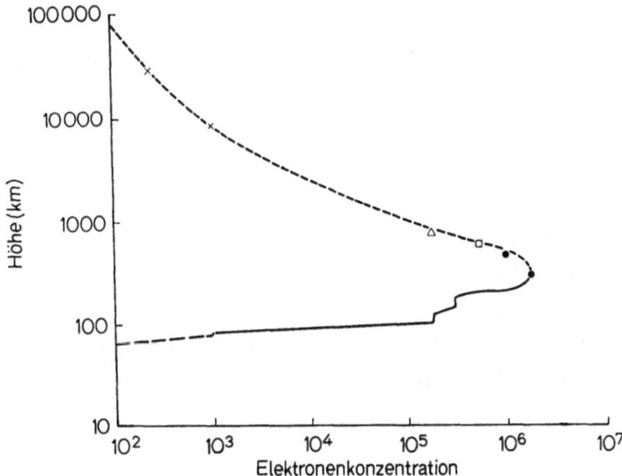

Abb. 121. Höhenaufbau der Ionosphäre (Elektronenzahl pro Kubikzentimeter) nach verschiedenen Meßmethoden. Die Werte gelten für die Mittagsstunden eines Sommertages und für mittlere geographische Breite. (Aus J. A. RATCLIFFE, 1960)

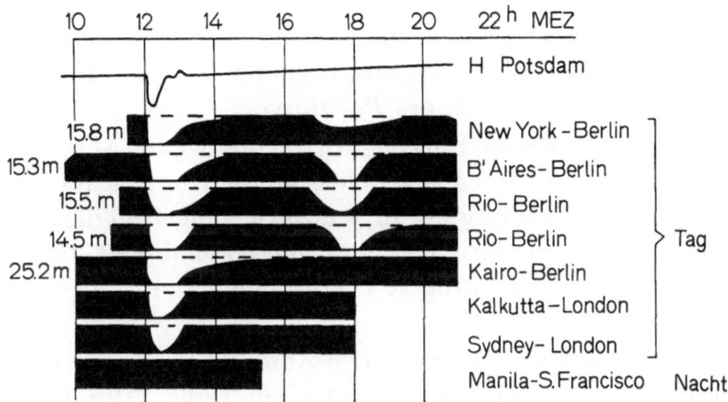

Abb. 122. Funkstörung durch Totalschwund bei einem Mögel-Dellinger-Effekt

Besonders auffallend und in seinen Auswirkungen auf den Funkverkehr besonders einschneidend ist die unter dem Namen „Mögel-Dellinger-Effekt" bekannte Störung. Abb. 122 zeigt die Erscheinung eines solchen Ereignisses:

Im Laufe von Minuten setzt der Kurzwellenempfang auf allen Funklinien auf der sonnenbeschienenen Seite der Erde aus. Der Schwund kann sich über Minuten bis zu Stunden erstrecken.

Gleichzeitig wird während solcher Zeiten eine deutliche Verbesserung der Ausbreitung von Längstwellen (Kilometer-Wellen) beobachtet. Da von diesen bekannt ist, daß sie normalerweise eine Teilreflexion in etwa 80 km Höhe erfahren, deutet diese Reflexionserhöhung beim Mögel-Dellinger-Effekt auf eine Verstärkung der D-Schicht-Ionisierung hin. Dies entspricht der Erklärung der Erscheinung:

Tritt durch solare Prozesse eine besondere Verstärkung der Lymann-α-Linie auf, wie sie im Zusammenhang mit der Sonnenfleckentätigkeit öfters vorkommt, so führt dies zu einer starken Ionisationszunahme im Bereich der sonst nur schwach ausgebildeten D-Schicht unterhalb der E-Region. Da hier die Dichte der Atmosphäre schon merklich größer ist, werden die zum Mitschwingen angeregten Elektronen stärker durch Zusammenstöße gebremst. Die Folge ist eine starke Zunahme der Dämpfung, die rasch bis zur völligen Absorption der Wellenenergie führen kann. Die Auswirkung auf die Funkausbreitung ist so, daß die reflektierenden Schichten verschwunden zu sein scheinen — weil die Wellen nicht bis zu ihr durchdringen.

3. Das Polarlicht *

Die von der Sonne ausgehende Partikelstrahlung besteht aus geladenen Teilchen — vorwiegend Elektronen und Protonen. Ihr Einfall ist infolge ihrer Ablenkbarkeit im erdmagnetischen Feld *nicht* auf die Tagseite der Erde beschränkt. Bei ihrem Eindringen in die Atmosphäre regen sie die Moleküle und Atome zum Leuchten an und erzeugen so die eindrucksvollen Erscheinungen des *Polarlichtes*.

Die geographische Verbreitung der Polarlichter ist aus Abb. 123 zu ersehen. Die Richtwirkung des Magnetfeldes konzentriert sie auf die hohen nördlichen und südlichen Breiten. In beiden Gebieten liegt die Zone ihrer größten Häufigkeit symmetrisch zum Magnetpol und etwa 23° von ihm entfernt. Für geringere und größere Polabstände nimmt ihre Häufigkeit rasch ab.

Die Höhenverteilung entspricht der Abb. 124. Sie zeigt ein scharf ausgeprägtes Maximum in etwa 100—120 km Höhe (Abb. 124, links). Die untere Grenze liegt bei etwa 75 km. Nach größeren Höhen hin ist die Abnahme langsamer.

Die rechte Seite zeigt die Höhenverteilung sonnenbeschienener Polarlichter. Bei diesen sind die Höhen beträchtlich nach oben verschoben. Die größten Höhen sind hier etwa zu 1200 km bestimmt worden.

Die Farbe der Polarlichter ist in hohen Breiten meist weißlich bis grünlich. Bei den weit nach Süden reichenden Polarlichtern herrscht meist intensives Rot vor, das etwa dem Schein eines Großfeuers entspricht — auch häufig mit einem solchen verwechselt wird. Auch violette Färbungen werden beobachtet.

Das besondere Interesse an der Polarlichtforschung ist dadurch begründet, daß diese vor der heutigen Erforschung dieser Regionen der Hochatmosphäre mittels Raketen und Satelliten die einzige Möglichkeit bot, Kenntnisse über die hier herrschenden Verhältnisse zu erhalten.

---

* Siehe dazu u.a. Handbuch der Physik, Bd. 49, 1. Teil, 1966.

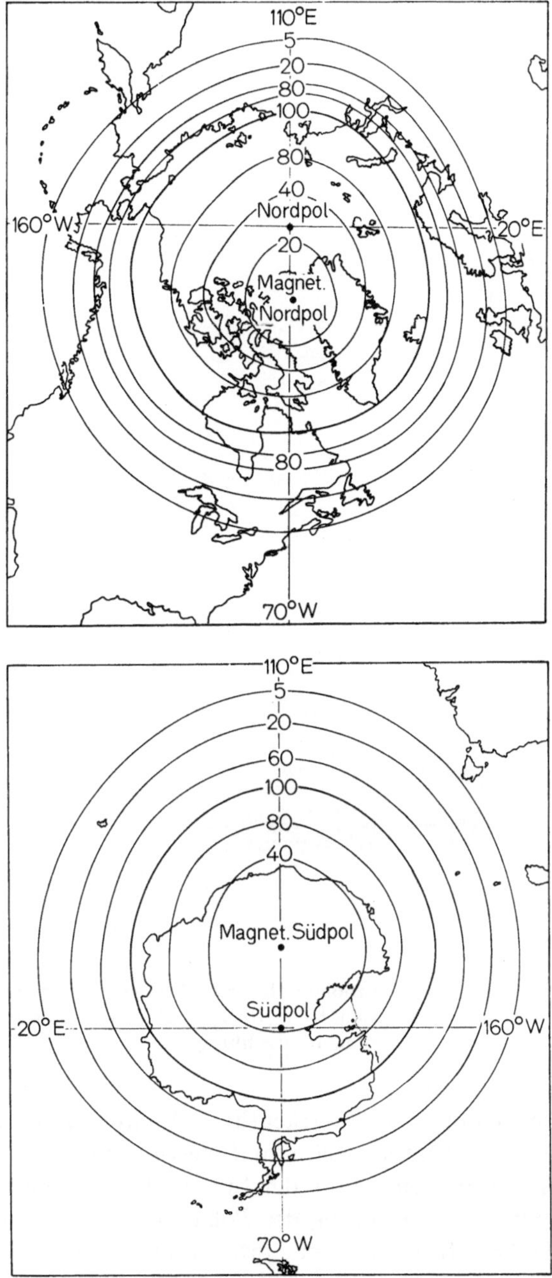

Abb. 123. Häufigkeitsverteilung der Polarlichterscheinungen in nördlichen (oben) und südlichen Breiten (unten). Die Zahlen geben die Häufigkeit in Prozent der Maximalzone an

So ergab sich z. B. aus dem Höhenunterschied zwischen den im Erdschatten liegenden und den unter Sonnenbeleuchtung stehenden Er-

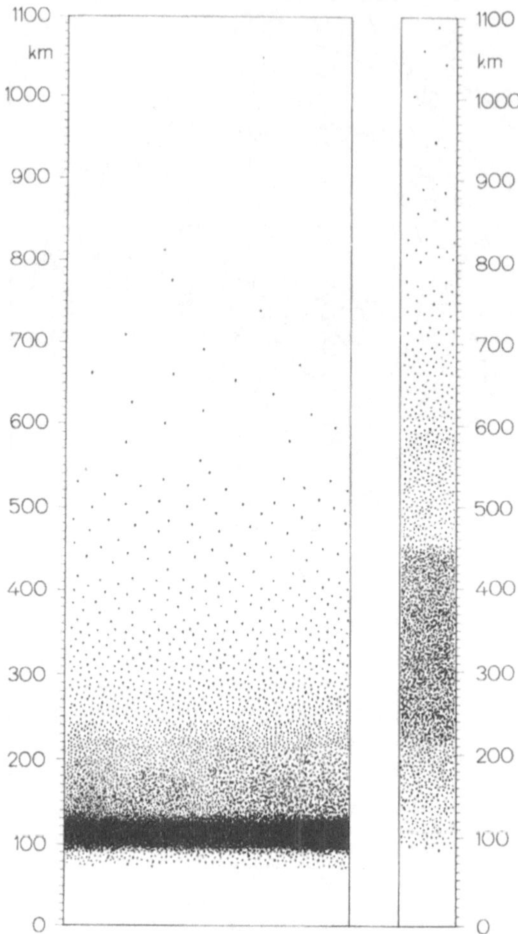

Abb. 124. Häufigkeit der Polarlichthöhen über Süd-Norwegen. (Nach C. Størmer).
Links: Hochatmosphäre im Erdschatten. Rechts: Hochatmosphäre noch unter
Sonnenbestrahlung

scheinungen der Hinweis auf beträchtliche Dichte- und Temperatur-
schwankungen der Hochatmosphäre im Tagesrhythmus.

Über die Gaszusammensetzung der Luft in der Thermosphäre ergab
die spektroskopische Beobachtung des Polarlichtes Auskunft:

Das Nordlichtspektrum zeigt eine große Zahl von Emissionen, unter
denen die beiden Linien bei 6300 Å und bei 5577 Å an Intensität weitaus
dominieren. Beides sind sog. „verbotene" Linien des neutralen Sauerstoff-
atoms, die nur bei den extrem geringen Dichten in der Höhe der Nord-
lichter möglich sind. Die blauen und violetten Töne sind auf die Anregung von Bandenspektren des neutralen und des ionisierten Stickstoff-
moleküls zurückzuführen.

Wasserstoff-Linien treten nicht regelmäßig und nur mit geringer Intensität auf. Sie zeigen in ihrer Wellenlänge eine Violettverschiebung, was auf hohe Geschwindigkeit in Richtung auf den Beobachter hindeutet und zu der Annahme führt, daß es sich dabei um die von außen „einschießenden" Solarteilchen (Protonen) handelt. Die Dopplerverschiebung ergibt Geschwindigkeiten von einigen 1000 km/sec.

Die Polarlichtspektren gestatten ferner unmittelbare Schlüsse auf die Temperatur in diesen Gebieten. Diese lassen sich sowohl aus der Dopplerverbreiterung der Linienemissionen wie auch aus der Gestalt der Bandenemissionen ableiten. Die Ergebnisse deuten bei allen Unterschieden im einzelnen auf eine erhebliche Zunahme der Temperatur mit der Höhe hin.

Wie schon in Teil II (Erdmagnetismus) dargestellt, stehen Polarlicht und Erdmagnetismus in enger Beziehung zueinander. Erdmagnetische Großstörungen und Polarlichter sind als Auswirkung des gleichen Grundphänomens miteinander verbunden.

Wenn auch hier im einzelnen noch manche Frage offen ist, so kann man die Zusammenhänge im ganzen etwa wie folgt sehen:

Die von Sonneneruptionen ausgehenden Korpuskelströme werden bei ihrer Annäherung an die Erde von erdmagnetischen Feld gebremst und je nach dem Vorzeichen der Teilchenladung nach der einen oder anderen Seite hin abgelenkt (vgl. Abb. 72—74 auf S. 84/86). Der so entstehende Ringstrom schwächt die magnetische Horizontalintensität und damit zugleich die Ablenkung der solaren Teilchen in Richtung auf die Erdpole. Dies führt zur Erklärung der Beobachtung, daß die Polarlichter sich um so weiter nach niederen Breiten hin erstrecken, je stärker der gleichzeitige erdmagnetische Sturm ist.

Ein eng mit den Polarlichterscheinungen und ihrer Erklärung zusammenhängendes, aber erst mittels Satelliten und Raumsonden entdecktes Phänomen ist der sog. *Van Allensche Strahlungsgürtel* (s. unten).

4. Die hohen Schichten

Waren die bisher behandelten Kenntnisse über die Atmosphäre bis in die Höhen der unteren Thermosphäre schon vor der Einführung von Raketen und Satelliten weitgehend aus der Beobachtung der atmosphärischen Phänomene vom Boden aus bekannt, so konnten Erkenntnisse in noch größeren Höhen erst durch die genannte Aufstiegs- und Meßtechnik gewonnen werden. Der Start des ersten künstlichen Erdsatelliten am 4. 10. 1957 eröffnete völlig neue Forschungswege.

Ein Satellit vermag auf dreierlei Weise Informationen über den von ihm durchlaufenen Raum zu vermitteln:

1. Zunächst gibt er durch seine Bahn als künstlicher Himmelskörper und durch seine Bremsung Aufschlüsse über die Dichte.

2. Als bewegter Sender gibt er durch seine Trägerwelle Aufschluß über den Ionisationszustand.

3. Schließlich vermittelt er durch die Angaben der ihm mitgegebenen Spezialmeßeinrichtungen entsprechende Aussagen der gewünschten Art.

Die Bremsung eines Satelliten in dem Hochvakuum, das er in der Hochatmosphäre durchläuft, ist zwar außerordentlich gering, aber doch groß genug, um sich im Laufe der Zeit durch eine Beeinflussung der Bahn bemerkbar zu machen. So betrug die Lebensdauer des Sputnik I nur 92 Tage anstatt der ursprünglich erwarteten Lebensdauer von etwa einem Jahr.

Die Bremsung durch den Luftwiderstand stört das Gleichgewicht zwischen Zentripetalkraft und Zentrifugalkraft des Flugkörpers, verringert seinen Bahnabstand von der Erde und damit seine Umlaufzeit P. Im Prinzip läßt sich daraus unter gewissen Voraussetzungen die Dichte ermitteln nach der Beziehung

$$(77) \qquad \frac{dP}{dn} \sim -3\,P\,\frac{F}{M}\cdot\oint \varrho\,(h)\,ds\,.$$

F = mittlerer effektiver Widerstandsquerschnitt des Satelliten
M = Satellitenmasse
n = Umlaufszahl
ϱ = Dichte
h = Höhe

Da die Dichte ϱ mit der Höhe abnimmt, ist die Bremsung im Perigäum (erdnächsten Punkt) der Bahn am stärksten wirksam.

Die folgende Abb. 125 gibt einen Überblick über die aus den ersten Satellitenbeobachtungen abgeleiteten Werte der Luftdichte in diesen Höhen.

Die ausgezogenen Kurvenstücke sind aus Raketenaufstiegen bis zu 200 km Höhe abgeleitet und unter bestimmten Annahmen über die Luftzusammensetzung in größeren Höhen nach der Barometrischen Höhenformel extrapoliert (gestrichelte Linien). Für die untere Kurve ist eine „Skalenhöhe" von 43 km, für die obere eine solche von 95 km angenommen. Die untere Kurve ist in White Sands, N.M. (33° nördliche Breite) an einem Sommertag, die obere in Fort Churchill (58° nördliche Breite) ebenfalls an einem Sommertag gewonnen. Die übrigen Zeichen markieren Satellitenwerte.

Schon aus diesen ersten Vergleichen ergaben sich typische Resultate bezüglich der Dichteverteilung folgender Art:

1. Die Luftdichte nimmt mit der Höhe in diesen Gebieten langsamer ab, als man erwartet hatte.

2. Tag und Nacht unterscheiden sich erheblich voneinander.

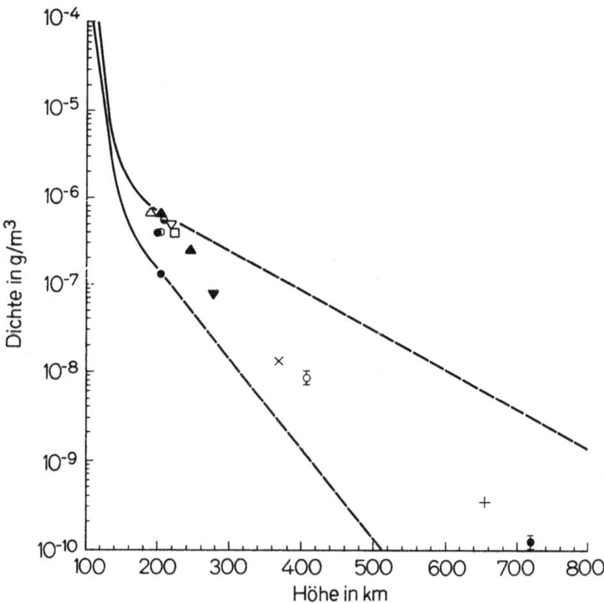

Abb. 125. Dichtebestimmungen in der Hochatmosphäre nach Raketenmessungen und Satellitenbeobachtungen. (Nach J. A. RATCLIFFE, 1960)

3. Die schon in den Raketenergebnissen erkennbare Breitenabhängigkeit der Dichte (s. Abb. 125) zeigt sich auch für die höheren Schichten bestätigt: Die russischen Satelliten, die durchweg höhere Breiten durchlaufen hatten, als die amerikanischen, ergaben höhere Dichten und langsamere Dichteabnahme mit der Höhe.

4. Außerdem bestehen jahreszeitliche Unterschiede.

5. Ein weiteres im Verlaufe der späteren Untersuchungen erkanntes Ergebnis ist eine gleichlaufende Variation von Luftdichte und Sonnenaktivität.

Es liegt im Wesen der Sache, daß Rückschlüsse aus dem experimentellen Befund über das Dichteverhalten auf die Temperatur und die Gaszusammensetzung in diesen Höhen dadurch erschwert sind, daß beide Größen im Ausdruck für die Skalenhöhe miteinander gekoppelt sind [vgl. Gl. (50)]. Infolgedessen sind Angaben zum einen nur bei entsprechenden Annahmen zum anderen möglich — sofern nicht zusätzliche Erfahrungen gewonnen werden können.

Man pflegt heute alle über den Aufbau der Atmosphäre vorliegenden Einzelerfahrungen in sog. „Modell"- oder „Standard-Atmosphären" zusammenzufassen, die den mittleren Verlauf von Druck, Dichte, Temperatur, Molekulargewicht (Gaszusammensetzung), Skalenhöhe u. a. Daten in Abhängigkeit von den genannten Einflüssen anzugeben. Zu nennen sind hier die vom Committee on Space Research (COSPAR)

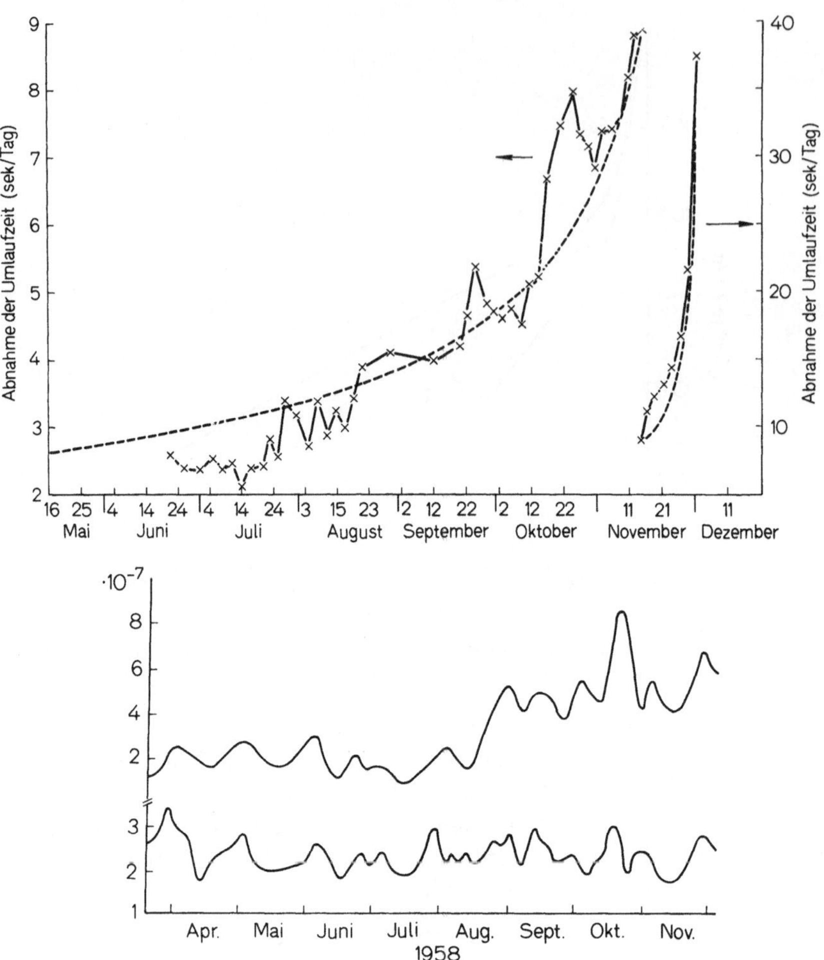

Abb. 126. Abnahme der Umlaufzeiten von Satelliten. Oben: Nach Beobachtungen des Sputnik III (Angabe in sec/Tag). Unten: Nach Beobachtungen des Vanguard I (obere Kurve; Angabe in Tagesbruchteilen pro Tag) in Relation zur 10,7 cm-Strahlung der Sonen (untere Kurve; relative Einheiten)

1961 aufgestellte „CIRA"-Atmosphäre (**COSPAR International Ref**erence **A**tmosphere) und die **US S**tandard **A**tmosphere „USSA" (1962) mit ihrer 1966 erschienenen Ergänzung (s. Literaturnachweis).

Tabelle 11 gibt als Beispiel eine Gegenüberstellung der beiden „Standard-Atmosphären" „CIRA" und „USSA" für den Bereich der mittleren und oberen Thermosphäre.

Neben diesen „Normalwerten" und ihrer Abhängigkeit von Tageszeit, Jahreszeit und geographischer bzw. geomagnetischer Breite sind die unregelmäßigen Schwankungen von besonderem Interesse. Sie kommen in Veränderungen der Umlaufzeit von Satelliten zum Ausdruck (vgl. z.B. Abb. 126).

Es bestehen deutliche Zusammenhänge zur Sonnenfleckentätigkeit — in Abb. 126 durch die Intensität der von der Sonne ausgehenden Radiostrahlung angedeutet — und zur erdmagnetischen Aktivität.

Tabelle 11. *Gegenüberstellung der CIRA- und der USSA-Referenzatmosphäre für den Bereich von 100—600 km Höhe*

öhe n)	Dichte (g cm⁻³)		Skalenhöhe (km)		Temperatur (° K)		Mittleres Molekulargewicht		Schwerebeschleunigung
	CIRA	USSA	CIRA	USSA	CIRA	USSA	CIRA	USSA	(cm sec⁻²)
0	4,78 (−10)	4,97 (−10)	6,43	6,36	212,10	210,02	28,85	28,88	950,52
0	9,49 (−11)	9,83 (−11)	8,10	7,90	265,02	257,00	28,72	28,56	947,59
0	2,44 (−11)	2,44 (−11)	10,55	10,96	342,96	349,49	28,60	28,07	944,66
0	6,95 (−11)	—	17,68	—	569,44	—	28,43	—	941,76
0	3,07 (−12)	—	25,05	—	799,13	—	28,25	—	938,86
0	1,69 (−12)	1,84 (−12)	32,08	29,46	1014,53	892,79	28,09	26,92	935,97
0	1.11 (−12)	1,16 (−12)	36,90	34,17	1155,26	1022,20	27,90	26,66	933,10
0	8,26 (−13)	8,03 (−13)	37,96	37,36	1176,53	1103,40	27,70	26,40	930,24
0	6,59 (−13)	—	38,94	—	1193,17	—	27,47	—	927,40
0	4.73 (−13)	4,34 (−13)	39,95	41,93	1210,51	1205,40	27,25	25,85	924,57
0	3,61 (−13)	—	40,99	—	1226,77	—	27,00	—	921,75
0	1,67 (−13)	1.56 (−13)	44.28	48.73	1273.57	1322.30	26.18	24.70	913.37
0	1.03 (−13)	—	46.65	—	1301,45	—	25,55	—	907,85
0	1,34 (−14)	3,58 (−14)	53,21	58,76	1358,51	1432,10	23,74	22,66	894,27
0	1.23 (−14)	—	60,67	—	1401,28	—	21,80	—	880,98
0	5,09 (−15)	6,49 (−15)	68,79	71,45	1436,16	1487,40	20,00	19,94	867,99
0	2,33 (−15)	—	76,83	—	1465,97	—	18,55	—	855,29
0	1,17 (−15)	1,58 (−15)	83,20	82,44	1474,15	1499,20	17,48	17,94	842,86
0	6,15 (−16)	—	90,46	—	1474,15	—	16,31	—	830,70
0	3,45 (−16)	4,64 (−16)	95,46	90,91	1474,15	1506,10	15,70	16,84	818,00

Die in Klammern stehenden Zahlen $(-x)$ geben an, daß die vorhergehende Zahlenangabe mit 10^{-x} zu multiplizieren ist. — Beispiel: 4,79 (-10) bedeutet $4{,}79 \cdot 10^{-10}$.

E. Die Exosphäre

1. Die höchsten Schichten der Atmosphäre

Bezüglich der höchsten Schichten der Atmosphäre, in denen der Übergang in den interplanetaren Raum erfolgt, sind die Einzelkenntnisse noch verhältnismäßig gering.

Über die Zusammensetzung läßt sich aufgrund von Überlegungen über die Entmischung in einem Gebiet mit Temperaturen von 1500° K vermuten, daß hier die O-Atome mehr und mehr zugunsten von He-Atomen und — in noch größeren Höhen — zugunsten von H-Atomen zurücktreten. So ergibt sich zusammen mit den früher dargestellten Erfahrungen über die Gaszusammensetzung etwa das folgende Bild:

Tabelle 12. *Zusammensetzung der Atmosphäre bis 1500 km Höhe*

Höhe in km	Vorherrschende Gasart	Atome pro cm³	Elektronen pro cm³
1500	Helium und Wasserstoff (?)	ca. $1,5 \cdot 10^5$	
1000	Helium und Sauerstoffatome	$3 \cdot 10^5$	10^5
750	Sauerstoffatome (Helium)	$3 \cdot 10^6$	$2 \cdot 10^5$
500	Sauerstoffatome	$4 \cdot 10^7$	$6 \cdot 10^5$
250	Sauerstoffatome, Stickstoff	$3 \cdot 10^9$	$10 \cdot 10^5$
100	Stickstoff, Sauerstoff, Argon	$4 \cdot 10^{13}$	10^5
0	Stickstoff, Sauerstoff, Argon	$27 \cdot 10^{18}$	

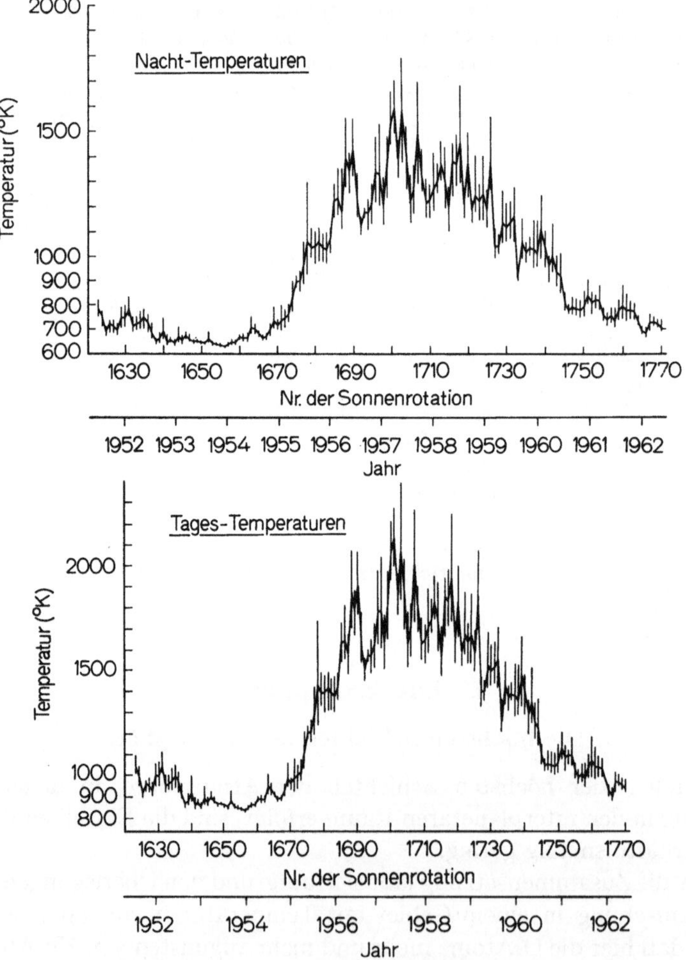

Abb. 126a. Nacht- und Tageswerte der Thermopausen-Temperaturen während der Jahre 1951,5 bis 1962,5 nach M. NICOLET (1964). Die senkrechten Striche geben jeweils den während einer Sonnenrotation (27 Tage) ermittelten Bereich an

Die Temperatur in diesen Höhen zeigt beträchtliche tagesperiodische Variationen mit Amplituden bis zu 1000° K. Ihre Absolutwerte und ihre Schwankungsamplituden stehen in enger Relation zur Sonnenaktivität, wie Abb. 126a erkennen läßt. Dargestellt sind Temperaturen der Thermopause für die Dauer eines vollen Sonnenfleckenzyklus (1951,5 bis 1962,5). Die Werte sind aus Beobachtungen der Radiostrahlung der Sonne abgeleitet.

Stellen wir dem die Verhältnisse gegenüber, die im interplanetaren Raum zu erwarten sind, so läßt sich dazu aus den Beobachtungen der Sonnen-Korona und des Zodiakallichtes ableiten, daß die Erdbahn noch im äußersten Teil der Sonnenatmosphäre verläuft. Die „Dichte" dieser Atmosphäre der Sonne ist im Abstand der Erdbahn zu etwa 100 Atomen pro Kubikzentimeter — überwiegend ionisierten H-Atomen (Protonen) — zu schätzen. Ihre Temperatur ist hier zu etwa 100000 bis 200000° anzunehmen. Demnach stellt die Erde mit ihrer etwa 1000 bis 2000° warmen Hochatmosphäre ein relativ kaltes Gebiet im heißen interplanetaren Plasma dar. Der Übergang vom irdischen zum interplanetaren Raum ist also gekennzeichnet durch ein starkes Ansteigen der Temperatur (Teilchengeschwindigkeit) bei gleichzeitiger Verringerung ihrer Zahl auf etwa 100 Teilchen pro Kubikzentimeter. Die Erdentfernung, in der dies der Fall ist, dürfte mehrere Erdradien betragen und außerdem von der geomagnetischen Breite abhängen.

Der Grenzbereich zwischen Exosphäre und interplanetarem Raum fällt wahrscheinlich mit dem Beginn der Magnetosphäre zusammen, in dem der Kraftlinienverlauf des erdmagnetischen Feldes (vgl. Abb. 35) unter der Einwirkung des solaren Windes einseitig verzerrt wird (siehe Abb. 42). Für niedere Breiten liegt diese Grenze in etwa 8 bis 10 Erdradien Entfernung, also in etwa 60000 km Höhe. Man darf annehmen, daß innerhalb dieses Bereiches die zum irdischen Bereich gehörige Materie mit der Erde rotiert.

2. Erscheinungen im Grenzbereich der Atmosphäre

Einige im Frühjahr 1958 gestartete Satelliten, die die Intensität der kosmischen Strahlung in großen Höhen messen sollten, brachten das Ergebnis, daß von etwa 400 km an die Strahlung mit der Höhe merklich an Intensität zunahm und oberhalb von 1000 km Höhe der Erwartungswert für die kosmische Strahlung um mehr als das 1000fache übertraf.

Die Erforschung mittels Satelliten und Raumsonden zeigte, daß die Erde von einem Gebiet ungewöhnlich hoher Strahlungsintensität umgeben ist, das symmetrisch zur Achse des Erdmagneten angeordnet ist. In einem durch diese Achse gelegten Querschnitt ergibt sich das in Abb. 127 dargestellte Bild eines mondsichelförmigen Strahlungsbereiches, der von zwei magnetischen Kraftlinien begrenzt ist. Innerhalb

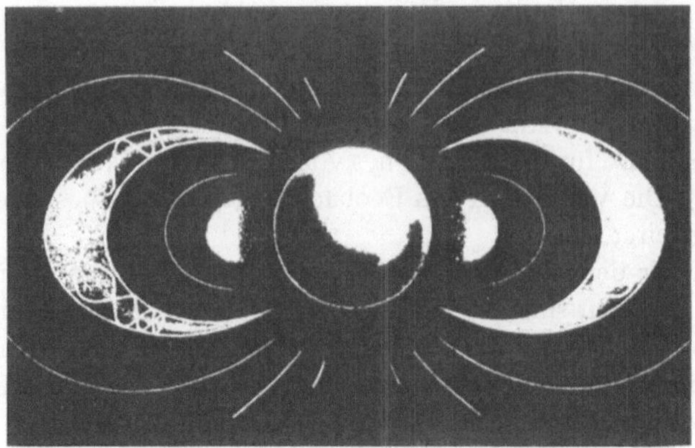

Abb. 127. Querschnitt durch den Van-Allen-Gürtel

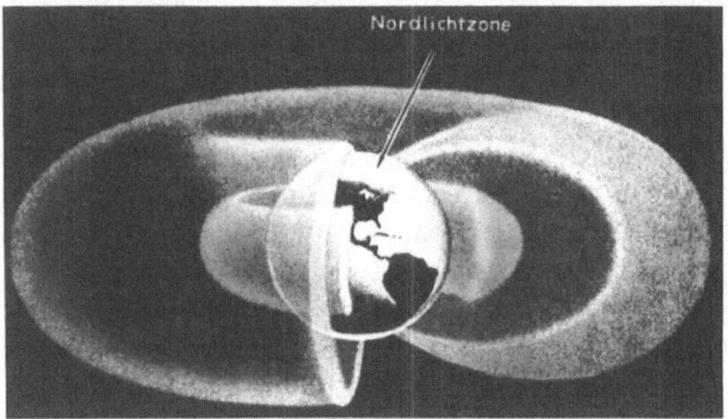

Abb. 128. Die Erde mit ihren Strahlungsgürteln

dieses äußeren Gürtels wurde in niederen Breiten und in geringerer Höhe ein zweiter ähnlicher Gürtel erhöhter Strahlung festgestellt. Für das Gesamtgebilde ergibt sich danach die in Abb. 128 dargestellte Form.

Die Erklärung für das Phänomen ergibt sich aus der Einwirkung des erdmagnetischen Feldes auf die solaren Korpuskeln:

Trifft ein geladenes Teilchen auf ein Magnetfeld, so wird es aus seiner Richtung abgelenkt bis sich aus dem Zusammenwirken von Teilchengeschwindigkeit, Ladung und magnetischer Feldstärke eine Spiralbewegung um eine magnetische Kraftlinie ausbildet. Mit der Annäherung an den betreffenden Magnetpol wird die Spirale immer enger, bis es zur Reflexion und zum Rücklauf des Teilchens kommt (vgl. Abb. 74 auf S. 86).

Der solare Korpuskelstrom wird also bei seiner Annäherung an das Erdfeld gewissermaßen in einer magnetischen Flasche eingefangen und pendelt in ihr zwischen den beiden Reflexionspunkten im Norden und

Süden hin und her. Da die Teilchen sehr hohe Geschwindigkeiten haben — sie können Geschwindigkeiten von 10000 km/sec erreichen — sind sie zur Ionisation befähigt. Die Dosisleistung der Strahlung erreicht bis zu 50 Röntgen pro Stunde im äußeren Gürtel und bis zu 10 Röntgen pro Stunde im inneren Gürtel.

Aus der Theorie der Bewegung geladener Teilchen im erdmagnetischen Feld läßt sich weiter ableiten, daß außer dem Hin- und Herpendeln eine seitliche Triftbewegung um die magnetische Achse erfolgt. Ein Umlauf um die Erde beansprucht etwa eine halbe Stunde. Dadurch entsteht die in Abb. 128 dargestellte Form des Strahlungsgürtels.

Die „Lebensdauer" der in die „magnetischen Flaschen" bzw. „Schalen" eingefangenen Teilchen wird durch Zusammenstöße mit Luftmolekülen bzw. -atomen begrenzt. Sie kann zwischen Stunden und Jahren schwanken. Beim amerikanischen „Argus-Experiment" (Atomexplosion im Van Allen-Gebiet) wurde ein künstlicher Strahlungsgürtel gebildet, der während einiger Wochen durch Raketen und Satelliten nachgewiesen werden konnte und ein künstliches Polarlicht zur Folge hatte.

Bei starken Variationen der erdmagnetischen Feldstärke beginnen die Strahlungsgürtel „leck" zu werden: Die eingeschlossenen Teilchen können dann in tiefere Schichten der Atmosphäre vordringen und dort zur Polarlichtanregung und Ionisation beitragen.

Über die Herkunft der Teilchen in den beiden Strahlungsgürteln ist zu vermuten, daß der äußere Gürtel aus solaren Partikeln besteht, während für den inneren Gürtel Protonen irdischen Ursprungs anzunehmen sind. Diese dürften den bei der Kernzertrümmerung durch kosmische Strahlung rückgestreuten Neutronen — den sog. „Albedo-Neutronen" — entstammen, die in der Exosphäre in Elektronen und Protonen zerfallen.

Teil V

Ergänzungen

In Ergänzung zu der in den vorigen Teilen gegebenen allgemeinen
Übersicht sind noch einige spezielle geophysikalische Forschungsgebiete
zu behandeln, die sich aus der allgemeinen geophysikalischen Problematik
entwickelt haben. Wir greifen die wichtigsten heraus und stellen im
weiteren kurz die Grundlagen und Probleme der folgenden Arbeits-
gebiete dar:

A. Radioaktivität von Boden, Wasser und Luft.

B. Atmosphärische Elektrizität.

C. Atmosphärische Spurenstoffe.

Im Abschnitt D werden dann die in der Geophysik gebräuchlichen
Meßgeräte und Meßmethoden kurz skizziert.

A. Die Radioaktivität im Rahmen der Geophysik

Die Radioaktivität von Boden, Wasser und Luft ist ein klassisches
Forschungsgebiet der Geophysik, aus dessen Ergebnissen diese von jeher
reichen Nutzen zieht.

Nach der Entdeckung der Radioaktivität durch H. Becquerel und
M. Curie wird schon bald die Allgegenwart radioaktiver Substanzen in
allen geophysikalischen Bereichen erkannt. Dies führt rasch zum
systematischen Einbau radioaktiver Untersuchungen und Erfahrungen
in die geophysikalische Arbeit und bietet für zahlreiche Einzelprobleme
neue, erfolgreiche Lösungen. Da vor einigen Jahren eine speziell diesen
Problemen gewidmete Monographie erschienen ist (H. Israël und A.
Krebs, 1962), kann die Darstellung hier auf eine kurze Behandlung der
Grundzüge beschränkt werden.

1. Die radioaktiven Elemente

Die Gesamtheit der radioaktiven Elemente läßt sich in die drei
folgenden Gruppen einteilen:

Gruppe I.   Die radioaktiven Urelemente und ihre Folgesubstanzen.

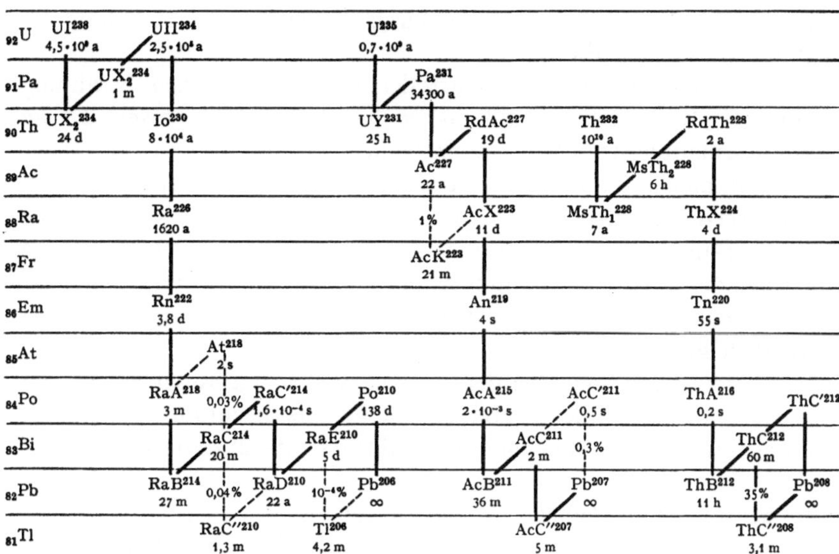

Abb. 129. Übersicht über die drei natürlich-radioaktiven Zerfallsreihen

Gruppe II. Die durch die kosmische Strahlung gebildeten radioaktiven Elemente.

Gruppe III. Die künstlich erzeugten radioaktiven Elemente.

Zur ersten Gruppen zählen die Elemente, deren mittlere Lebensdauer in der Größenordnung des Alters der Erde liegt oder dieses übertrifft. Sie sind ohne Frage *vor* der Erdentstehung gebildet worden und nur wegen ihrer großen Lebensdauer heute noch vorhanden. Eine Neubildung erfolgt nicht mehr.

Hier sind zunächst die am Anfang der drei radioaktiven Zerfallsreihen stehenden Elemente Uran^{238}, Uran^{235} und Thorium^{232} zu nennen. Abb. 129 zeigt die Zerfallsreihen, die sich von ihnen herleiten.

Heute sind außer den beiden Uranen und dem Thorium noch 14 weitere Urelemente mit außerordentlich hohen Halbwertszeiten bekannt. Unter ihnen kommt den beiden Elementen Kalium und Rubidium besondere geophysikalische Bedeutung zu wegen ihrer weiten Verbreitung und ihrer relativen Häufigkeit:

So muß der Gehalt an radioaktivem K^{40} in den Gesteinen bei der Betrachtung der Wärmebilanz im Erdinneren berücksichtigt werden. Außerdem stellt er die Quelle des atmosphärischen Argongehaltes dar. Ferner bieten sich bei Altersbestimmungen *sehr* alter Objekte — so z. B. bei Meteoriten — der Kalium- und der Rubidium-Zerfall als „Reagenzien" an.

Die übrigen Elemente dieser Gruppe sind wegen ihrer Seltenheit geophysikalisch nur von geringerem Interesse. Nur Re^{187} ist (bei der Altersbestimmung von Meteoriten) neuerdings herangezogen worden.

Die zweite Gruppe umfaßt die durch die kosmische Strahlung erzeugten radioaktiven Elemente.

Die sehr energiereichen Primärteilchen der kosmischen Strahlung — etwa 91,5% Protonen, 7,8% α-Teilchen und 0,7% schwere Kerne bis zur Kernladungszahl 30 — lösen beim Eintreten in die Atmosphäre beim Zusammenstoß mit atmosphärischen Gaspartikeln Kernreaktionen aus und setzen Nukleonen frei, die ihrerseits mit weiteren Kernen in Wechselwirkung treten. Mit zunehmender Eindringtiefe entsteht eine Nukleonenkaskade, deren Protonen und Neutronen für die Entstehung neuer radioaktiver Kerne in der Atmosphäre (und Lithosphäre) verantwortlich sind.

Die Erzeugung erfolgt bei den meisten von ihnen durch Spallation, einen Kernprozeß, bei dem durch sehr hohe Energiezufuhr der Kern so hoch angeregt wird, daß er mehrere Nukleonen gleichzeitig nach außen abgibt.

In der folgenden Tabelle 13 sind die heute bekannten Spallationsprodukte der drei atmosphärischen Gase Stickstoff, Sauerstoff und Argon mit ihren Halbwertszeiten und Produktionsraten zusammengestellt.

In der Lithosphäre können durch die kosmische Strahlung Spallationen an anderen Atomkernen ausgelöst werden. Allerdings ist die Intensität der Nukleonenkomponente der kosmischen Strahlung in Seehöhe schon so gering, daß es bisher nicht gelungen ist, solche Reaktionen in diesem Niveau nachzuweisen. Wohl aber sind Einwirkungen der kosmischen Strahlung auf Gesteine im Hochgebirge festgestellt worden.

Ein besonders interessantes Studienobjekt sind die Meteoriten, die vor dem Eindringen in die Erdatmosphäre einer sehr intensiven Bestrahlung ausgesetzt sind. Bis jetzt sind über 20 durch Spallation im Meteoritenmaterial gebildete radioaktive Kerne bekannt.

Auch in Satelliten-Trümmerstücken lassen sich Spallationsprodukte nachweisen. Ihre Entstehung ist ebenfalls auf die Wirkung der kosmischen Strahlung zurückzuführen.

Tabelle 13. *Erzeugung radioaktiver Elemente durch die kosmische Strahlung in der Atmosphäre. Die Produktionsrate gilt für eine Luftsäule von Atmosphärenhöhe und 1 cm² Querschnitt*

Element	Halbwertszeit	Jährliche Produktion in Atomen pro cm²	Element	Halbwertszeit	Jährliche Produktion in Atomen pro cm²
H^3	12,3 a	etwa 10^7	P^{32}	14 d	etwa $2 \cdot 10^4$
C^{14}	5760 a	etwa $6 \cdot 10^7$	P^{33}	25 d	etwa $2 \cdot 10^4$
Be^7	53 d	etwa 10^6	S^{35}	87 d	etwa $4 \cdot 10^4$
Be^{10}	$2,5 \cdot 10^6$ a	etwa $2 \cdot 10^6$	Cl^{36}	$3 \cdot 10^5$ a	etwa $5 \cdot 10^3$
Na^{22}	2,6 a	etwa 10^3	Cl^{39}	55 m	etwa $7 \cdot 10^3$
Si^{32}	710 a	etwa $5 \cdot 10^3$			

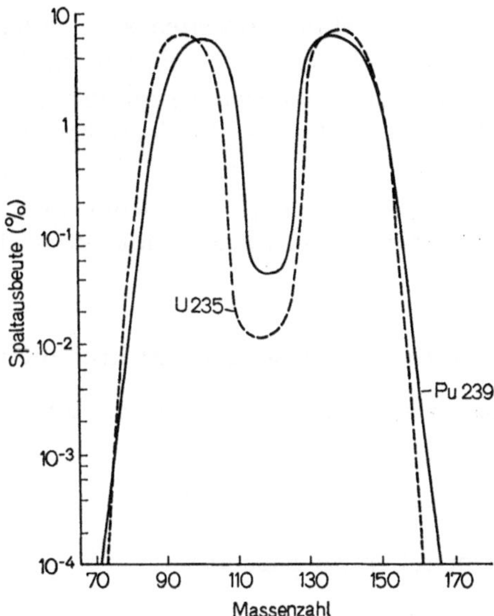

Abb. 130. Spaltausbeute (Angabe in Prozent der gespaltenen Atome) bei der Spaltung von Plutonium²³⁹ (ausgezogene Kurve) und Uran²³⁵ (gestrichelte Kurve)

Besondere Bedeutung haben in dieser Gruppe von Elementen der radioaktive Kohlenstoff (C^{14}) und das Wasserstoffisotop mit dem Atomgewicht 3, das „Tritium" (H^3), gewonnen.

Bei der Beschießung von Stickstoff mit Neutronen sind je nach der Energie der Teilchen die beiden folgenden Prozesse möglich:

$$(78) \qquad \begin{aligned} N^{14} + n &= C^{14} + p \\ N^{14} + n &= C^{12} + H^3. \end{aligned}$$

Beide Elemente sind instabil und zerfallen entsprechend dem Schema:

$$(79) \qquad \begin{aligned} C^{14} &\to N^{14} + e^- \\ H^3 &\to He^3 + e^- \end{aligned}$$

mit den Halbwertszeiten von 5760 a (C^{14}) bzw. 12,3 a (H^3).

Zu den beiden besprochenen Gruppen natürlich-radioaktiver Elemente tritt seit Anfang der 50er Jahre die künstliche Radioaktivität in Gestalt der instabilen Isotope, die bei der Uran- und Plutonium-Spaltung entstehen und durch Kernwaffenversuche in Luft, Wasser und Boden gelangen.

Abb. 130 zeigt die bekannte Häufigkeitsverteilung dieser Spaltprodukte auf die Elemente verschiedener Massenzahl. Die so erzeugten Isotope gehen in der Regel nach einigen Zwischenumwandlungen in stabile Elemente über. Die Halbwertszeiten sind außerordentlich verschieden. Sie reichen von Sekundenbruchteilen bis zu Millionen Jahren.

Mengenmäßig betrachtet überwiegen die zur ersten Gruppe gehörigen radioaktiven Substanzen in allen geophysikalischen Bereichen die der beiden anderen Gruppen normalerweise um Zehnerpotenzen. Nur in der näheren Umgebung einer Atomexplosion kann sich das Verhältnis künstlicher Radioaktivität zu natürlicher Radioaktivität zeitweilig umkehren.

2. Zerfall und Umwandlung; Einheiten

Grundbeziehung des radioaktiven Zerfalls ist die Differentialgleichung

$$(80) \qquad \frac{dN}{dt} = -\lambda N$$

$N =$ Atomzahl der betreffenden Substanz
$t =$ Zeit
$\lambda =$ Zerfallskonstante

mit den Lösungen

$$(81) \qquad N = N_0 \cdot e^{-\lambda t}$$

für den Zerfall und

$$(82) \qquad N' = N'_\infty \cdot (1 - e^{-\lambda t})$$

für den Anstieg aus einer Mutter-Substanz. N_0 ist der Anfangswert der zerfallenden, N'_∞ der Endwert der sich bildenden Substanz.

Die Umwandlung von n auf einander folgenden Gliedern einer Zerfallsreihe wird durch das Gleichungssystem

$$(83) \qquad \frac{dN_i}{dt} = \lambda_{i-1} \cdot N_{i-1} - \lambda_i \cdot N_i$$

$(i = 1, 2, 3, \ldots)$

beschrieben, aus dem sich die Gleichgewichtsbedingung für die Glieder der Reihe

$$(84) \qquad \lambda_i N_i = \text{konst.}$$

ableitet.

Gl. (84) gibt die Grundlage für das *Strahlungsmaß* des *Curie*: Nach internationaler Vereinbarung (Brüssel, 1951) bezeichnet 1 Curie einer beliebigen radioaktiven Substanz der Zerfallskonstante λ diejenige Menge dieser Substanz, in der pro Sekunde $3{,}700 \cdot 10^{10}$ Zerfallsakte erfolgen.

Die zugehörige Atomzahl N_c der betreffenden Substanz errechnet sich aus Gl. (80) zu $3{,}700 \cdot \dfrac{1}{\lambda} \cdot 10^{10}$.

Für Übergang vom Gewichtsmaß (Angabe in g) zum Strahlungsmaß (Angabe in c) und umgekehrt gelten die Umrechnungsbeziehungen

$$1 \text{ g entspricht } \frac{L}{A} \frac{\lambda}{Z} \text{ c}$$

(85)

$$1 \text{ c entspricht } \frac{A}{L} \frac{Z}{\lambda} \text{ g}.$$

$L = $ Loschmidtsche Zahl $= 60{,}2 \cdot 10^{22}$

$A = $ Atomgewicht

$Z = 3{,}700 \cdot 10^{10}$

$\lambda = $ Zerfallskonstante

3. Vorkommen, Verteilung, Häufigkeit

Über Vorkommen, Verteilung und Häufigkeit der radioaktiven Stoffe in der Natur ist zunächst allgemein zu sagen, daß die drei Aktivitätsarten in verschiedenen geophysikalischen Bereichen beheimatet sind und sich dementsprechend verteilen:

Die langlebigen Urelemente sind ausschließlich in Gesteinen, Mineralien und Meteoriten anzutreffen. Die Elemente der beiden anderen Gruppen stammen ihrer Entstehung entsprechend überwiegend aus dem atmosphärischen Bereich und finden von hier Eingang in Wasser und Boden. — Wir finden deshalb in tiefen Gesteinsschichten und im Erdinneren ausschließlich Elemente der Gruppe I. In der Atmosphäre kommen neben Tochtersubstanzen dieser Gruppe von den Emanationen abwärts die Elemente der beiden anderen Gruppen in örtlich und zeitlich variablen Häufigkeiten vor.

Die langlebigen Urelemente finden sich in der Lithosphäre in einer Reihe von chemischen Verbindungen als Mineralien. Außerdem sind sie in allen Gesteinen in feinster Verteilung enthalten (vgl. z.B. K. RANKAMA und TH. G. SAHAMA, 1950; und H. FAUL, 1954).

Die beiden Urane (U^{238} und U^{235}) sind dabei stets im Verhältnis von etwa 138:1 gemischt. Uran und Thorium kommen in der Regel gleichzeitig vor. In den Mineralien besteht kein bestimmtes Verhältnis zwischen beiden Elementen; in den Gesteinsaktivitäten ist dagegen eine gewisse Relation zwischen beiden erkennbar.

Die bekanntesten radioaktiven Mineralien sind die Pechblende (Hauptbestandteil U_3O_8) mit einem Urangehalt von 50—80% und einem Thoriumgehalt bis zu 10%, Thorit und Thorianit mit 9—10% Uran und 45—65% Thorium, sowie Monazit mit 0—0,5% Uran und bis zu 25% Thorium.

Der Gehalt der Gesteine hängt von ihrer Art und der Zusammensetzung ab: Urgesteine haben höheren Uran- und Thorium-Gehalt als Sedimentgesteine. Außerdem besteht eine klare Parallele zum SiO_2-Gehalt: „Saure" (granitartige) Gesteine enthalten merklich mehr radio-

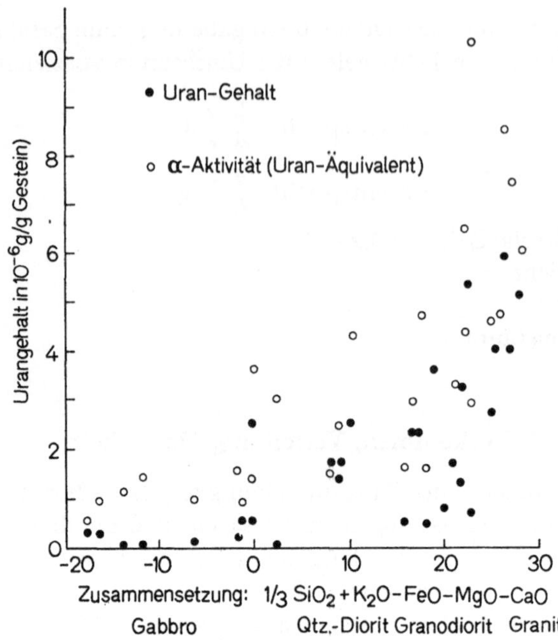

Abb. 131. Urangehalt und Gesteinszusammensetzung. (Aus H. FAUL, loc. cit.)

aktive Substanz als „basische" (basaltartige) Gesteine. Abb. 131 zeigt
den Zusammenhang nach einer Serie von Gesteinsuntersuchungen in
Süd-Kalifornien. Abszisse ist die Gesteinszusammensetzung. Sie umfaßt
bezüglich des SiO$_2$-Gehaltes den Bereich von Gabbro mit weniger als
40% SiO$_2$ (links) bis zum Granit mit mehr als 75% SiO$_2$ (rechts). Trotz
der Streuung der Einzelergebnisse ist ein klarer Anstieg des Uran-
Gehaltes von links nach rechts zu erkennen.

Detaillierte Untersuchungen zeigen, daß die radioaktive Substanz
im Gestein sehr ungleichmäßig verteilt ist. Ein wesentlicher Teil (50 bis
70%) ist in sog. „accessorischen" Mineralien enthalten. Bei diesen
handelt es sich um kleine und kleinste Einschlüsse von Zirkon (ZiSiO$_4$
mit ca. 10% Urangehalt), Monaziten, Allaniten u.ä. Verbindungen
hohen Uran- und Thoriumgehaltes.

Die Lebensgeschichte der langlebigen Urelemente U[238], U[235] und
Th[232] führt — jeweils über eine Reihe von Zwischenprodukten — zu den
inaktiven Blei-Isotopen Pb[206], Pb[207] und Pb[208]. Im Erdinneren spielen
sich diese Umwandlungsprozesse in der Regel im kompakten Gestein am
gleichen Ort ab. In der Erdkruste dagegen können durch geologisch-
vulkanologische Vorgänge oder durch Wasser- und Gasbewegungen
Verlagerungen stattfinden, durch die die radioaktiven Substanzen entweder als ganze Familien mit ihren Trägergesteinen oder als Familien-
teile bzw. als Einzelsubstanzen verfrachtet werden. Dies erfolgt vor allem
im Zuge der Verwitterung und Sedimentbildung.

Ohne auf die zahlreichen mit der Verwitterung verknüpften Einzelprozesse — mechanische und chemische Veränderungen, Separierungen infolge von Löslichkeitsunterschieden und Transportvorgängen, Adsorptionserscheinungen u. a. m. — näher einzugehen, muß erwartet werden, daß durch ihr Zusammenwirken eine Verringerung der Gesamtaktivität erfolgt, wie es auch der experimentelle Befund bestätigt. Auch hier spielt die Gesteinsart eine Rolle: Tone sind in der Regel um ein mehrfaches aktiver als Sandsteine und Sande. Die geringste Aktivität zeigen Kalkgestein und Dolomit.

Zusammenfassend lassen sich etwa die folgenden Mittelwerte für die verschiedenen Gesteinsaktivitäten angeben:

Tabelle 14. *Mittlerer Gehalt verschiedener Gesteinsarten an radioaktiver Muttersubstanz*

Gesteinsart	Urangehalt in ppm	Radiumgehalt in ppm	Thoriumgehalt in ppm
Saure Erstarrungsgesteine	4,0	$1,7 \cdot 10^{-6}$	13,0
Zwischenformen	2,0	$0,9 \cdot 10^{-6}$	10,0
Basische Erstarrungsgesteine	0,8	$0,6 \cdot 10^{-6}$	3,9
Ultrabasische Gesteine	0,03		
Erdmantelgesteine (Eklogit, Chondrit, Peridotit)	0,006—0,04		
Steinmeteoriten	0,001—0,005		
Eisenmeteoriten	0,003		
Sedimentgesteine	etwa 1,0	etwa $0,7 \cdot 10^{-6}$	etwa 5

Tabelle 15. *Anhaltswerte für die Gesteinsaktivität*

Uran-238	$3 \cdot 10^{-6}$ g/g
Uran-235	$2 \cdot 10^{-8}$ g/g
Thorium-232	$1 \cdot 10^{-5}$ g/g
Radium-226	$1 \cdot 10^{-12}$ g/g

ppm (parts per million) $= 10^{-6}$ g Substanz pro g Gestein

Beim Verwitterungsprozeß und bei Wasserzirkulation im Gestein dringen gewisse Mengen der Ursubstanzen und ihrer Zerfallsprodukte in die Hydrosphäre ein. Die Löslichkeit der U- und Th-Verbindungen, in denen diese Elemente in vierwertiger Form vorliegen, ist sehr gering. Uran kann jedoch im Gegensatz zum Thorium in sechswertige Form übergehen, dessen Verbindungen leichter löslich sind. Infolgedessen tritt eine Differenzierung von Uran- und Thorium-Isotopen ein*. Man kann unter Berücksichtigung dessen folgende „radiochemische Bilanz"

---

* Dies erklärt z. B. den Befund, daß der Radium-Gehalt im Ozean wesentlich geringer ist, als er nach dem Uran-Gehalt zu erwarten wäre (s. Tabelle 16), da zwischen beiden Elementen das Zwischenprodukt Ionium — ein Thorium-Isotop (Thorium-230) — steht.

der Radioaktivitätsbewegung der fließenden Gewässer und Ozeane aufstellen (s. Tabelle 16 und Abb. 132):

Tabelle 16. *Mittelwerte von Uran, Ionium (Thorium-230), Thorium (gesamt) und Radium in Fluß- und im Ozeanwasser sowie „Zugang" zum Ozeanboden.* (Nach F. F. Koczy; s. H. Faul, 1954)

	Gehalt im Ozean in g/cm³	Gehalt in Flußwasser in g/cm³	Zufuhr zum Ozeanboden in g/m² und Jahr
Uran	$1,3 \cdot 10^{-9}$	$1,0 \cdot 10^{-9}$	$0,8 \cdot 10^{-4}$
Ionium (Thorium-230)	$5 \cdot 10^{-15}$	$1,5 \cdot 10^{-14}$	$1,8 \cdot 10^{-9}$
Radium	$0,6$ bis $1 \cdot 10^{-16}$	$0,7 \cdot 10^{-16}$	$40 \cdot 10^{-12}$
Thorium, total	$5 \cdot 10^{-12}$	$2 \cdot 10^{-11}$	$1,8 \cdot 10^{-6}$

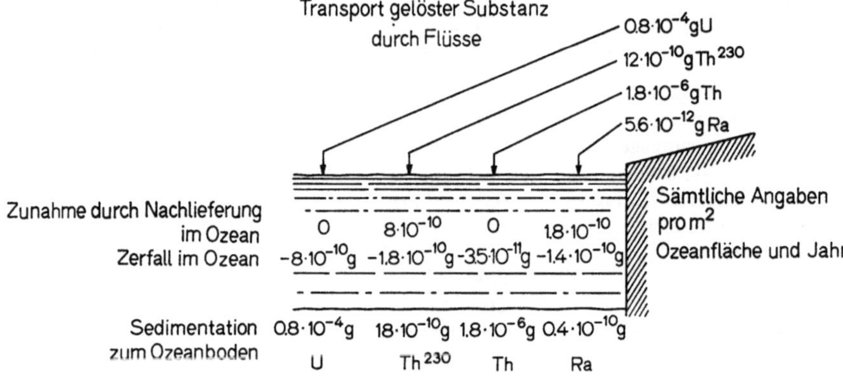

Abb. 132. Transport und Sedimentation von Uran, Ionium (Thorium²³⁰), Thorium (gesamt) und Radium nach F. F. Koczy (s. H. Faul, loc. cit.)

Quellwasser enthält stets mehr Radon in Lösung, als seinem Radium-Gehalt entspricht. Den in Tabelle 16 angegebenen Mittelwert des Radiumgehaltes in fließenden Gewässern von $0,7 \cdot 10^{-16}$ g/cm³ steht im Mittel ein Radon-Gehalt von etwa 1 Eman (10^{-13} c/cm³) gegenüber. In den „Radium-Quellen" kommen Radon-Konzentrationen vor, die um den Faktor 10^2 bis 10^4 höher liegen (vgl. Tabelle 17). Die Anreicherung beruht auf der hohen Löslichkeit des Radons im Wasser. Bei der Wanderung durch Gesteinsspalten nimmt das Wasser die von den Muttersubstanzen im Gestein abgegebene Emanation auf und reichert sie bei genügend langer Wanderung bis zu den genannten hohen Werten an*.

Erdöl-Begleitwässer besitzen in der Regel verhältnismäßig hohen Radium- und Thorium-Gehalt (Werte bis fast $8 \cdot 10^{-13}$ g Ra/cm³ und bis $30 \cdot 10^{-8}$ g Th/cm³ sind bekannt).

---

* Gelegentlich wird — wie z.B. in Badgastein — eine Auskleidung der Quellgänge im Gestein mit uranhaltigem Material („Uran-Glimmer"; „Reisacherit") gefunden.

Tabelle 17. *Aktivität einiger „Radiumquellen"*

Quellenort	Radongehalt[a] in Eman	Radiumgehalt in 10^{-10} g/Liter
Oberschlema	bis 9200	
Brambach	bis 7500	
Joachimstal	bis 7500	
Badgastein	bis 1000	bis 1,5
Teplitz	bis 335	
Karlsbad	bis 115	bis 1,0
Münster am Stein	87	
Kreuznach	73	

[a] 1 Eman definiert eine Konzentration von 10^{-10} c/Liter.

Über die Radioaktivität im tiefen Erdinneren können nur indirekte Aussagen gemacht werden:

Die radioaktiven Elemente entwickeln beim Zerfall Wärme. Es muß also ein Zusammenhang bestehen zwischen der Wärmebilanz des Erdinneren und der Verteilung der radioaktiven Urelemente in der Erde.

Aus dem mittleren Gehalt der oberflächennahen Gesteine an Uran, Thorium und Kalium ergibt sich eine mittlere Wärmeproduktion von etwa $20 \cdot 10^{-6}$ cal/g und Jahr für Granit und von etwa $1/4$ dieses Wertes für Basalt.

Diese Wärmeerzeugung müßte bei der mittleren jährlichen Wärmeabgabe von etwa $50{-}60$ cal/cm² der Erdoberfläche zu einer ständigen Aufheizung der Erde führen, wenn der Aktivitätsgehalt auch im tiefen Erdinneren der gleiche wäre. Dies zwingt zu der Annahme, daß der Aktivitätsgehalt der Tiefengesteine wesentlich geringer sein muß — eine Annahme, die durch den um den Faktor 100 bis 500 geringeren Radioaktivitätsgehalt der Meteoriten gestützt wird.

Die Aktivierung der Atmosphäre erfolgt — soweit es die Uran-, Thorium- und Aktinium-Familien betrifft — dadurch, daß die gasförmigen Emanationen Rn, Tn und An aus dem Boden „exhaliert" und durch Wind und Austausch in der Atmosphäre verteilt werden.

Durch Anwendung der Diffusionsgesetze unter Berücksichtigung des Zerfalls der Emanationen kann man in einfacher Weise den Zusammenhang zwischen Bodenaktivität, Exhalation und atmosphärischer Radioaktivität qualitativ und quantitativ beschreiben (s. z.B. H. ISRAËL und A. KREBS, 1962). Gehen wir z.B. von einem Boden vom spezifischen Gewicht 2 (etwa $2/3$ Festsubstanz und $1/3$ „Bodenluft") aus und nehmen die in Tabelle 15 genannten mittleren Aktivitäten als gegeben an, so kommt man zu den in Tabelle 18 zusammengestellten Werten:*

---

* Radon-219 („Aktinon") wird wegen seiner sehr viel geringeren Menge und wegen seines raschen Zerfalls meist vernachlässigt. Es ist zudem in der Atmosphäre nicht direkt meßbar, sondern nur in seinen Folgeprodukten nachgewiesen.

Tabelle 18. *Bodenaktivität, Exhalation und atmosphärische Radioaktivität*

	Uran-238-Reihe	Uran-235-Reihe	Thorium-reihe
Muttersubstanz pro cm³ Boden	$6 \cdot 10^{-6}$ g U^{238}	$4 \cdot 10^{-8}$ g U^{235}	$2 \cdot 10^{-5}$ g Th
Emanations-Gleichgewichts-menge in Atomen pro cm³ Boden	$3{,}54 \cdot 10^{4}$	$2 \cdot 10^{-3}$	5,6
In der Bodenluft von[a] 1 cm³ Boden enthalten	$3{,}54 \cdot 10^{3}$	$2 \cdot 10^{-4}$	0,56
Exhalation pro cm² und sec in Atomen	1,14	$1 \cdot 10^{-5}$	$1{,}42 \cdot 10^{-2}$
Gesamtbetrag in einer Luftsäule von 1 cm² Quer-schnitt der Atmosphäre in Atomen	$5{,}45 \cdot 10^{5}$	$1 \cdot 10^{-4}$	1

[a] Unter der Annahme eines „Emanierungsvermögens" von 10 % (gemessen sind Werte zwischen etwa 5 und 18 %).

Aus diesen Angaben lassen sich für den Rn- und Tn-Gehalt der Atmosphäre in Bodennähe die folgenden Werte ableiten

$$(86) \qquad \begin{aligned} \text{Rn-Gehalt:} &\quad 1{,}58 \cdot 10^{-16} \text{ c/cm}^3, \\ \text{Tn-Gehalt:} &\quad 1{,}74 \cdot 10^{-16} \text{ c/cm}^3. \end{aligned}$$

Sie entsprechen etwa den durch Messung gefundenen Mittelwerten.

Im einzelnen wird die Verteilung der Emanationen und der aus ihnen entstehenden Folgesubstanzen in der Atmosphäre entscheidend durch meteorologische Einflüsse gesteuert. Als Beispiel zeigt Abb. 133 den Einfluß der Windrichtung auf den Rn-Gehalt.

Die einzelnen Windrosen zeigen den Einfluß der Verteilung von Land und See (die Meeresoberfläche emaniert nicht bzw. sehr viel schwächer!) und lassen außerdem regionale Exhalationsunterschiede erkennen.

Austausch und Zerfall führen zu bestimmten Höhenverteilungen.

Für die Gruppe II (durch die kosmische Strahlung gebildete Elemente) liegen die Quellen entsprechend der Höhenverteilung der Strahlung vor allem in der unteren Stratosphäre. Von hier gelangen diese Produkte durch Austausch in die tiefere Atmosphäre und durch die Ausscheidungsprozesse schließlich zum Boden.

Besondere Bedeutung kommt bei diesen Elementen dem radioaktiven Kohlenstoff C^{14} und dem Tritium H^3 zu.

Der radioaktive Kohlenstoff. Das in der Atmosphäre erzeugte C^{14} wird relativ schnell zu $C^{14}O_2$ oxydiert und in dieser Form horizontal gleichmäßig über die Atmosphäre verteilt. Seine Aufenthaltsdauer in der Atmosphäre ist so groß, daß die Breitenabhängigkeit der kosmischen Strahlung praktisch verwischt wird.

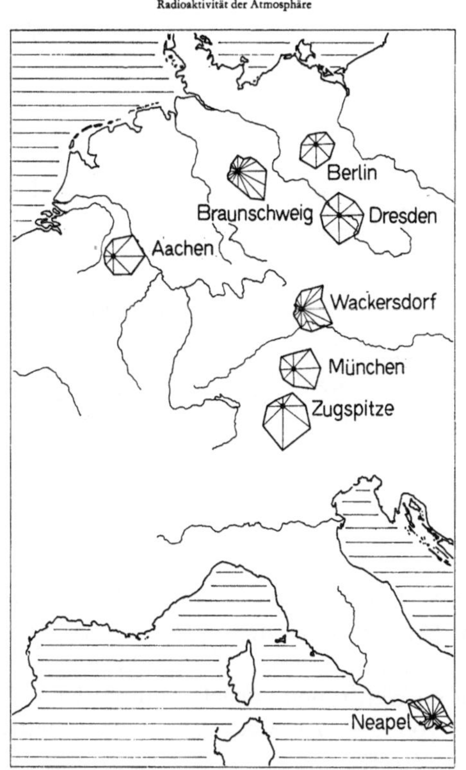

Abb. 133. Windrosen des atmosphärischen Radongehaltes und seiner kurzlebigen Zerfallsprodukte für acht europäische Stationen. [Aus H. Israël, Radioaktivität der Atmosphäre. Experientia, Suppl. **13**, 21—28 (1967)]

Aus der Atmosphäre gelangt C^{14} durch die Assimilation in die Pflanzenwelt und von da mit der Nahrung in die Körper von Mensch und Tier. Atmung und Verwesung führen es zum Teil wieder in die Atmosphäre, zum Teil in den Humus des Bodens und in das Grundwasser. Der Hauptteil des entstehenden $C^{14}O_2$ wird dem Meer zugeführt.

Man darf erwarten, daß sich im Laufe der Zeit ein Gleichgewicht zwischen Erzeugung und Zerfall des C^{14} im irdischen Bereich eingestellt hat. Dies ist auch experimentell bestätigt (linker Teil der Abb. 134). In neuerer Zeit sind jedoch Abweichungen aufgetreten, die anthropogener Natur sind:

Etwa seit der Mitte des 19. Jahrhunderts sinkt der C^{14}-Gehalt merklich ab (Abb. 134). Der Grund ist darin zu sehen, daß im Zuge der Industrie-Entwicklung durch die Verbrennung von Kohle und Erdöl, die wegen ihres Alters beide keine nennenswerte C^{14}-Aktivität mehr besitzen, der Atmosphäre in zunehmendem Maße C^{14}-freies CO_2 zugeführt wird.

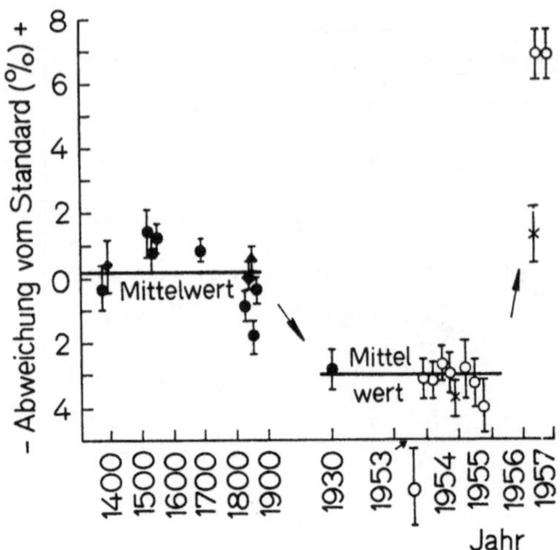

Abb. 134. Die zeitliche Änderung des C^{14}-Gehaltes nach K. O. Münich u. J. C. Vogel [Naturwissenschaften **14**, 327 (1958)]

Dieser Abnahme steht eine im letzten Jahrzehnt beobachtete Zunahme gegenüber (Abb. 134, rechts), die auf die Erzeugung von C^{14} durch die bei Kernwaffen-Explosionen — insbesondere bei Wasserstoffbomben — erzeugten Neutronen zurückzuführen ist.

Das Verhältnis von C^{14} zu C^{12} beträgt — bzw. betrug bis vor etwa 100 Jahren — $1{,}24 \cdot 10^{-12}$.

Tritium. Über den Tritium-Gehalt der Atmosphäre liegen aus der Zeit vor den Atombombenversuchen nur vereinzelte Bestimmungen vor: In Hamburg wurden 1949 3800 TU, in Buffalo, USA, 1952 16000 TU gemessen. (Bezogen auf den Gehalt der Atmosphäre an freiem Wasserstoff. 1 TU — „Tritiumunit" — entspricht einem Atom H^3 auf 10^{18} Atome Wasserstoff.)

Messungen aus den Jahren 1955—1958 in Heidelberg zeigen einen Anstieg des atmosphärischen Tritium bis zu 10^5 TU. Auch im Tritium-Gehalt der Niederschläge ist — bei sehr viel geringerem Gesamtgehalt derselben — eine ähnliche Steigerung gemessen.

Die künstliche Radioaktivität (Gruppe III) geht von den Punktquellen der Explosionsorte aus. Ihre Verfrachtung in der Atmosphäre und ihre Wiederausscheidung in Gestalt des „Fallout" werden durch eine Reihe von Faktoren gesteuert, unter denen der Austausch in horizontaler und vertikaler Richtung und das Niederschlagsgeschehen an erster Stelle stehen. Für die Verweilzeit der Stoffe ist es entscheidend, ob sie bei der Explosion in der Troposphäre verbleiben oder ob sie vom „Atompilz" bis in die Stratosphäre hinaufgetragen werden. Die Erfahrung hat gezeigt, daß im ersten Fall eine Wiederausscheidung in maximal etwa 30 Tagen erfolgt, während die in die Stratosphäre gelangten Spaltprodukte hier Verweilzeiten bis zu mehreren Jahren besitzen können.

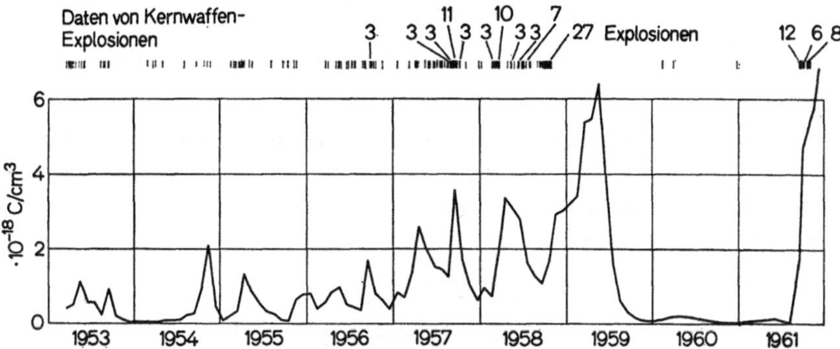

Abb. 135. Die Konzentration der langlebigen Spaltprodukte in der Atmosphäre 1953—1961 (nach Messungen von G. SCHUMANN in Heidelberg). Angaben in „summarischen Aktivitätswerten"

Außerdem zeigt sich ein deutlicher Breitenunterschied: „Infektionen" in mittleren und hohen Breiten werden wesentlich rascher wieder nach unten ausgeschieden als solche, die aus Explosionen in niederen Breiten stammen.

Die horizontale Verfrachtung der Spaltprodukte steht in engem Zusammenhang mit der allgemeinen atmosphärischen Zirkulation. Dies hat z.B. zur Folge, daß der Transport über den Äquator hinweg unerwartet gering ist.

Abb. 135 zeigt die Zunahme der Kernspaltungsprodukte von 1953 bis 1961 nach Messungen in Heidelberg. Man erkennt deutlich den Rückgang während des Versuchsstops von 1959—1961. Die heutigen Werte liegen seit 1967 wieder entsprechend niedrig.

4. Anwendungen radioaktiver Untersuchungen in der Geophysik

Die Verbreitung der verschiedenen Arten radioaktiver Elemente in Lithosphäre, Hydrosphäre und Atmosphäre gestattet vielseitige Anwendungsmöglichkeiten radioaktiver Untersuchungen im Rahmen der geophysikalischen Arbeit:

Im kompakten Gestein spielt die beim radioaktiven Zerfall freiwerdende Energie als Wärmeproduzent eine maßgebende Rolle.

Der Verlauf des Zerfalls gestattet die Altersbestimmung und Datierung von Gesteinen, geologischen Epochen und Meteoriten.

Besonderes Interesse beanspruchen die Wanderungen dieser Substanzen unter der Wirkung von Wasser- und Luftbewegungen im Boden, in der Hydrosphäre und in der Atmosphäre.

Schließlich — und nicht zuletzt — ist das biologische Interesse an diesen Substanzen zu nennen, das sich naheliegenderweise besonders auf die künstlich-radioaktiven Spaltprodukte in Boden, Wasser und Luft bezieht. Vgl. hierzu u.a. B. RAJEWSKY (1956, 1957).

a) Altersbestimmung und Datierung

Die radioaktive Altersbestimmung bedient sich verschiedener Meßprinzipien:

1. Sind eine radioaktive zerfallende Substanz 1 und eine stabile Endsubstanz 2 in meßbarer Menge vorhanden, so läßt sich das Alter des betreffenden Minerals oder Gesteins nach folgendem Schema ermitteln: Es gelten die Beziehungen:

$$N_1 = N_1^0 \cdot e^{-\lambda t}$$
$$N_2 = N_1^0 - N_1 = N_1^0 \cdot (1 - e^{-\lambda t})$$
$$(87) \qquad N_2/N_1 = e^{\lambda t} - 1$$
$$t = \frac{\ln (N_2/N_1 + 1)}{\lambda} .$$

Je nach den Gegebenheiten benutzt man die in Tabelle 19 angegebenen Kombinationen (die Halbwertszeit λ gilt jeweils für das instabile Element 1). Die Zwischenprodukte der drei Zerfallsreihen können hierbei vernachlässigt werden, da sie ohne Ausnahme *sehr* viel kurzlebiger sind als das Ausgangselement.

Tabelle 19. *Zu Altersbestimmungen benutzte Kombinationen*

Element 1 (instabil)	Element 2 (stabil)	Halbwertszeit λ in 10^9 a
U-238	Pb-206	4,51
U-235	Pb-207	0,71
Th-232	Pb-208	14,1
K-40	A-40	1,3
Rb-87	Sr-87	50
Re-187	Os-187	4000

2. Ein anderes Verfahren benutzt die Anreicherung einer beim α-Zerfall entstehenden Begleitsubstanz (Helium!) oder die chemische Veränderung der Materie durch die α-Strahlung (Pleochroitische Höfe).

3. Ist die Ausgangsproduktion N_0 des betreffenden Nuklids bekannt, so folgt das Alter unmittelbar aus der noch vorhandenen Menge N_t nach der Zerfallsgleichung.

$$N_t = N_0 \cdot e^{-\lambda t}$$
$$(88) \qquad t = \frac{\ln (N_0/N_t)}{\lambda} .$$

Diese Möglichkeit z.B. ist bei der Verwendung von C^{14} zu Datierungszwecken gegeben: Die Aufnahme von C^{14} durch die Biosphäre ist an den Lebensvorgang gebunden, endigt also mit dem Tod des betreffenden

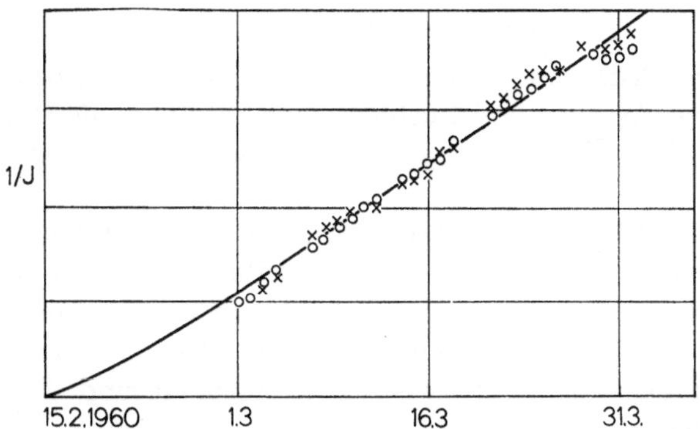

Abb. 136. Beispiel für die Datierung eines Spaltprodukt-Gemisches. Dargestellt ist das Abklingen der Aktivität im Niederschlag vom 1. 3. 1960 (Kreise) und vom 2. 3. 1960 (Kreuze). Die Datierung führt auf den 15. 2. 1960, an dem ein Atomwaffen-Testversuch in der Sahara stattgefunden hatte. ($n = 0,1$ gesetzt)

Lebewesens. Der heute an biologischen Relikten — Knochen, Holz — gemessene C^{14}-Gehalt gibt also ein direktes Maß für ihr Alter. — Nach dem gleichen Prinzip lassen sich unter Zuhilfenahme des kürzerlebigen Tritiums z.B. Grundwasserbewegungen zeitlich verfolgen. Aus dem RaD-Gehalt von Gletschereis kann auf dessen Alter und Bewegung geschlossen werden. [W. Ambach u. H. Eisner, Acta Physica Austriaca **27**, 271—274 (1968).]

4. Ist die Produktionsrate eines Nuklids — z.B. durch kosmische Strahlung — übersehbar, so läßt sich aus der Anreicherung des betreffenden Nuklids unter Berücksichtigung seines Wiederzerfalles die Bestrahlungsdauer ermitteln. — Dies kann — insbesondere in Anwendung auf Meteoriten-Untersuchungen — sowohl über die Konstanz der kosmischen Strahlung wie auch bei Annahme einer solchen Konstanz über genügend lange Zeiträume über das sog. „Strahlungsalter" kosmischer Materie Aufschluß geben.

5. Bei Gemischen von Spaltprodukten ergibt sich ein „summarisches" Zerfallsgesetz, nach dem sich — zumindest für die auf die Explosion folgenden ersten Monate — die Gesamtstrahlungsintensität J_t des Gemisches angenähert in der Form

$$(89) \qquad J_t = J_0 \cdot t^{-(1+n)} \qquad (n = 0,0 \text{ bis } 0,2)$$

darstellen läßt. Dies bietet die Möglichkeit zur Datierung: Trägt man $1/J_t$ in Abhängigkeit von t auf, so ergibt sich eine Gerade, deren Schnittpunkt mit der t-Achse den Entstehungszeitpunkt des Gemisches bestimmt. Abb. 136 zeigt als Beispiel das Verhalten der Spaltproduktaktivität 2—6 Wochen nach der Explosion.

b) *Radioaktive Substanzen als „tracer"*

Besondere Bedeutung kommt den Transporten radioaktiver Substanzen bei der Wasser- und Luftbewegung zu, da sie als Markierungen der bewegten Medien deren Wege und Geschwindigkeiten zu analysieren gestatten.

So bietet sich z.B. in der Ozeanographie eine wichtige Anwendung beim Studium der Wege, Geschwindigkeiten und Vermischung verschiedener Wassermassen sowie bei der Untersuchung von Diffusionsprozessen im Ozean und in den Sedimenten der Ozeanböden. Ebenso läßt sich der CO_2-Austausch zwischen Atmosphäre und Ozean im einzelnen verfolgen.

Die Verwendung von Tritium-Untersuchungen für Grundwasserstudien wurde schon erwähnt. Andere hydrologische Probleme, die auf diesem Wege angegangen werden, sind die Vermischung in Seen und Flüssen, Bewegungen des Flußbettes, Fragen der Verdunstung, des Austausches zwischen Wasser und Luft u.a.m.

Besonders vielseitig ist die Anwendung der „tracer-Technik" im atmosphärischen Bereich.

Da der Boden eine Flächenquelle für die Aktivierung mit Emanationen und ihren Folgeprodukten darstellt, kann man für orientierende Betrachtungen über dem Festland den windbedingten Horizontaltransport vernachlässigen und sich auf die vertikale Verteilung durch die Scheindiffusion des Vertikalaustausches beschränken.

Grundlagen für die mathematische Behandlung bieten die Diffusionsgleichungen. Danach gilt für ein beliebiges Glied der Zerfallsreihe

$$(90) \qquad \frac{\partial N_i}{\partial t} = \frac{\partial}{\partial z}\left(K \cdot \frac{\partial N_i}{\partial z}\right) - \lambda_i\, N_i + \lambda_{i-1}\, N_{i-1}$$

$N_i\ $ = Atomzahl pro Volumeneinheit
$z\ $ = Höhe
$t\ $ = Zeit
$K\ $ = Scheindiffusionskoeffizient
$\lambda_i\ $ = Zerfallskonstante
λ_{i-1} = Zerfallskonstante der vorhergehenden Substanz

mit den Grenzbedingungen für die Höhe 0:

$$(91) \qquad\qquad \begin{aligned} N_1^0 &\neq 0, \\ N_i^0 &= 0. \end{aligned}$$

(N_i^0 bedeutet: Emation in der Höhe 0)

Der Index 1 bezeichnet die betreffende Emanation; die Indizes 2, 3, ... i bezeichnen die Folgeprodukte.

Es ist danach grundsätzlich möglich, die Höhenfunktion $K(z)$ des atmosphärischen Scheindiffusionskoeffizienten und seiner zeitlichen

Variationen aus Radioaktivitätsmessungen herzuleiten. Näheres dazu über Theorie und Experiment s. bei H. Israël u. Mitarb., 1965, 1967, 1968).

Die Folgeprodukte der Emanationen werden — ebenso wie *alle* nicht gasförmigen radioaktiven Elemente — in der Atmosphäre an die dort stets vorhandenen Schwebeteilchen (Aerosole) angelagert und gelangen so in den Aerosolkreislauf. Dies hat zur Folge, daß ihre Lebensgeschichte unmittelbar mit der der Aerosole verknüpft wird.

Die Aerosole gelangen durch freien Fall und durch die Einbeziehung in den Niederschlagsmechanismus zur Erde zurück und bringen damit den noch nicht abgeklungenen Teil der Radioaktivität wieder zum Boden zurück. Damit schließt sich der radioaktive Kreislauf: Die aus dem Boden an die Atmosphäre abgegebene Radioaktivität gelangt in Gestalt von Folge- oder Endprodukten der Emanationen in gleicher Menge wieder zum Boden zurück.

Die Verknüpfung von Radioaktivitätsverteilung und Aerosolkreislauf gibt Möglichkeiten zur genaueren Untersuchung eben dieses Kreislaufes. Vergleicht man nämlich die nach Gl. (90) berechenbaren Erwartungswerte der Radioaktivitätsverteilung mit dem wirklichen Befund, so ergeben sich Abweichungen. Diese sind um so größer, je größer die Lebensdauer des betrachteten Elementes ist.

So sind z.B. bei der Gruppe Rn — RaA — RaB — RaC keine nennenswerten Abweichungen festzustellen, während die Konzentrationen der langlebigen Folgeprodukte RaD — RaE — RaF in ihrer Konzentration erheblich hinter den Erwartungswerten zurückbleiben. Diese Elemente können eben wegen der Wiederausscheidung ihren Gleichgewichtswert nicht erreichen. Sie zeigen also eine scheinbar sehr viel größere Zerfallskonstante, aus der man die „Verweilzeit" der Aerosole in der Atmosphäre ableiten kann.

Aus bisher vorliegenden Untersuchungen dieser Art ist zu entnehmen, daß die Verweilzeit von Aerosolen in der Troposphäre in der Größenordnung von einigen Tagen in den unteren Schichten bis zu etwa einem Monat in der oberen Troposphäre liegt. Für stratosphärische Aerosole sind danach Verweilzeiten von 6 Monaten und mehr wahrscheinlich.

Bei der durch die kosmische Strahlung erzeugten Radioaktivität liegen die Verhältnisse ähnlich, nur haben wir hier eine Flächenquelle in der Höhe, von der sich die betreffenden Elemente nach unten ausbreiten. Diese Stoffe eignen sich besonders zu Studien über die allgemeine Zirkulation der Atmosphäre, da ihre Produktionsrate und -höhe gut bekannt sind. Insbesondere bietet der C^{14}-Gehalt mit seinen durch Verbrennung C^{14}-armer Materialien (Kohle, Öl) einerseits und durch Neubildung bei Atombombenversuchen andererseits bedingten Variationen die Möglichkeit zum Studium des Austausches zwischen nördlicher und südlicher Atmosphäre. — Tritium gibt die Möglichkeit zum Studium der globalen Zirkulation von Wasserdampf.

12*

Die künstliche Radioaktivität tritt als Punktquelle in verschiedenen Höhen auf und kann als „tracer" für horizontale Luftversetzungen (Trajektorien) und Probleme der Großzirkulation dienen.

B. Atmosphärische Elektrizität

1. Übersicht, Grundtatsachen *

Die Atmosphäre ist der Schauplatz eines vielgestaltigen elektrischen Geschehens, das sich von molekularen Prozessen im Bereich der Gasionen bis zu den gigantischen Entladungsvorgängen im Gewitter erstreckt.

Die allgemeine experimentelle Erfahrung besagt dazu folgendes:

In der Atmosphäre ist stets und überall ein elektrisches Feld vorhanden. Es ist normalerweise radial orientiert und so gerichtet, daß der Feldvektor vertikal nach unten weist.

Sein mittlerer Betrag liegt in Bodennähe bei etwa 100 Volt/m.

Mit zunehmender Höhe nimmt die Feldstärke im Mittel etwa entsprechend Gl. (92) rasch ab.

$$(92) \qquad \begin{aligned} E_h = {}&81{,}8 \cdot \exp(-4{,}52 \cdot h) + 38{,}6 \cdot \exp(-0{,}375 \cdot h) \\ &+ 10{,}27 \cdot \exp(-0{,}121 \cdot h) \text{ V/m} \qquad (h \text{ in km}) \end{aligned}$$

Die luftelektrische Feldstärke ist ein außerordentlich variables atmosphärisches Element. Sie schwankt in weiten Grenzen und kann zeitweilig auch ihre Richtung umkehren. Die Variationen haben zum Teil periodischen Charakter, treten aber in überwiegendem Maße aperiodisch auf mit Schwankungszeiten, die von Bruchteilen von Sekunden bis zu Jahren und länger reichen können.

Sucht man für diese Variabilität des luftelektrischen Feldes Parallelen in anderen atmosphärischen Erscheinungen, so erkennt man zunächst einen engen Zusammenhang zu den meteorologischen Ereignissen. Die stärksten elektrischen Wirkungen gehen dabei von all den Wettererscheinungen aus, die mit der Bildung und Bewegung von Niederschlag verknüpft sind.

Da man andererseits Grund zu der Anschauung hat, daß das atmosphärisch-elektrische Geschehen auch ein globales Phänomen darstellt, muß man nach einer Abgrenzung und Separierung der beiden Erscheinungskomplexe eines global gleichartigen Verhaltens und eines durch lokale Wettereinflüsse modifizierten Geschehens suchen.

Die Zweiteilung in eine global orientierte und eine meteorologisch orientierte Luftelektrizität drückt der gesamten Arbeit auf diesem Gebiet bis heute ihren Stempel auf. Die Abgrenzung ist durchaus berechtigt

---

* Eine ausführliche Darstellung dieses Gebietes ist in der Monographie „Atmosphärische Elektrizität" (H. Israël, 1957, 1961, 1969) gegeben. Siehe auch J.A. Chalmers (1968).

und sinnvoll, in ihrer praktischen Handhabung aber wesentlich komplizierter, als es auf den ersten Blick erscheint.

Ein weiteres elektrisches Charakteristikum atmosphärischer Luft ist ihre — ebenfalls stets und überall vorhandene — elektrische Leitfähigkeit. Sie ist getragen von den „Luftionen", die durch die Ionisationswirkung der radioaktiven Strahlungen, der kosmischen Strahlung und — in der Hochatmosphäre — der kurzwelligen Ultraviolettstrahlung der Sonne ständig gebildet werden. Im Zusammenwirken dieser Ionisation und dem Wiedervereinigungsbestreben der gebildeten Ionen ergibt sich ein Gehalt an Ladungsträgern beider Vorzeichen, der sich nach der Beziehung

$$(93) \qquad \frac{dn^{\pm}}{dt} = q - \alpha \cdot n^{+} \cdot n^{-}$$

q = Anzahl der pro Kubikzentimeter und Sekunde gebildeten Ladungsträger positiver oder negativer Ladung

α = Wiedervereinigungskoeffizient

$n^{\pm}$ = Zahl der positiven oder negativen Ladungsträger pro Kubikzentimeter

für den Gleichgewichtsfall ($dn/dt = 0$) bei Annahme gleicher Anzahl positiver und negativer Ladungsträger zu

$$(94) \qquad n_{\infty} = \sqrt{q/\alpha}$$

berechnet.

Haben die positiven und negativen Ladungsträger die Beweglichkeiten k^{+} und k^{-} — Geschwindigkeiten in einem Feld von 1 Volt/cm — so ergibt sich die Leitfähigkeit Λ der Luft zu

$$(95) \qquad \begin{aligned} \Lambda &= \varepsilon \cdot n^{+} \cdot k^{+} + \varepsilon \cdot n^{-} \cdot k^{-} \\ &= \quad \lambda^{+} \quad + \quad \lambda^{-} \end{aligned}$$

ε = Elementarladung

Elektrische Felder sind von Ladungen getragen; die elektrischen Kraftlinien beginnen und endigen auf solchen. Die stets vorhandene Leitfähigkeit der Luft hat nun unter der Wirkung des Feldes einen Ladungstransport zur Folge, der die das Feld tragende Ladungsverteilung auszugleichen, also das Feld abzubauen, sucht. Besteht das Feld trotzdem weiter — wie es in der Atmosphäre der Fall ist — so muß ein Prozeß wirksam sein, der dem Ausgleichsbestreben entgegen wirkt.

Damit ist das sog. *Luftelektrische Grundproblem* formuliert: *Wie wird die Existenz des atmosphärischen Feldes aufrechterhalten?*

2. Das luftelektrische Grundproblem

Mit der Formulierung dieser Frage nach der Aufrechterhaltung des elektrischen Feldes in der Atmosphäre ist zugleich der *stationäre Charakter des ganzen luftelektrischen Geschehens* ausgesprochen. Dies gibt auch

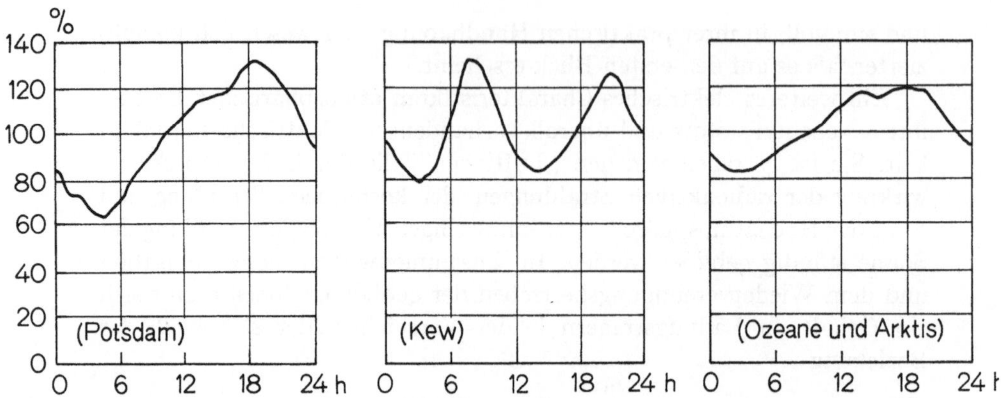

Abb. 137. Typen des täglichen Feldverlaufes am Boden. Links: Typ 1, einfach-
periodischer Festlandtyp (Potsdam Dez./Juli). Mitte: Typ 2, doppel-periodischer
Festlandtyp (Kew, Juni/Juli). Rechts: Typ 3: Weltzeittyp (Ozeane/Arktis)

sofort eine einleuchtende Erklärung für die außerordentliche Variabilität
der atmosphärisch-elektrischen Verhältnisse; denn das Zusammenspiel
zweier in umgekehrter Richtung verlaufender Vorgänge ist gegenüber
Änderungen in der einen oder anderen Phase des großen Kreisprozesses
sehr empfindlich.

Auf der Suche nach dem Aufrechterhaltungsprozeß hilft die bei
fehlenden sichtbaren Wettereinflüssen (Beschränkung auf „Schönwetter-
Zeiten“) vorhandene tagesperiodische Variabilität des luftelektrischen
Feldes.

Aus der Mittelung längerer bei „schönem“ Wetter in Bodennähe
gewonnener Meßreihen ergeben sich drei Typen von Tagesgängen (vgl.
Abb. 137):

1. Einfach-periodischer Festland-Typ

Die Feldstärke durchläuft im Laufe des Tages eine einmalige Schwingung mit einem Minimum gegen 4 Uhr Ortszeit und einem Maximum am
Spätnachmittag. Die Schwankungsamplitute beträgt im allgemeinen
etwa 60% des Mittelwertes und mehr.

2. Doppelperiodischer Festland-Typ

Die Feldstärke führt eine Doppelschwingung aus mit Minimalwerten
gegen 4 und 14 Uhr und Maximalwerten gegen 9 und 21 Uhr Ortszeit.
Die Schwankungsamplitude liegt ebenfalls in der Größenordnung von
etwa 60%. Im Gegensatz zum Morgen-Minimum, das während des
ganzen Jahres auf dem gleichen Zeitpunkt von etwa 4 Uhr Ortszeit
fällt, wandern die beiden Maxima gleichsinnig mit dem Sonnenauf- und
-untergang, während das Mittagsminimum unregelmäßig hin und her
pendelt.

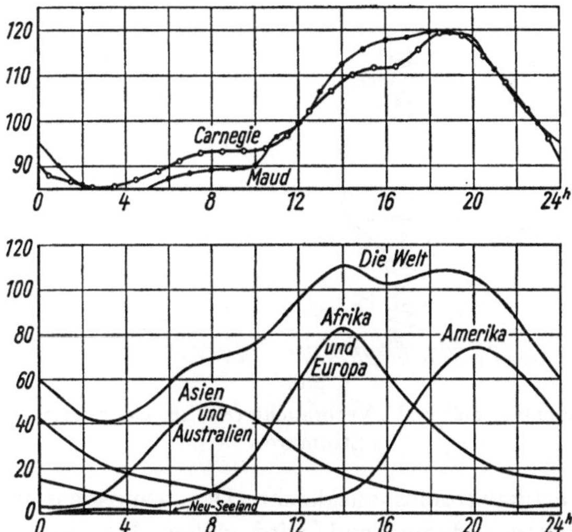

Abb. 138. Oben: Weltzeitlicher Tagesgang des atmosphärischen Potentialgefälles nach arktischen und ozeanischen Messungen. Unten: Tagesgang der „Gewitterwartung" für die einzelnen Kontinente und (Hüllkurve) das gesamte Festland nach F. J. W. Whipple und F. J. Scrase. Aufgetragen ist die Größe der zum betreffenden Zeitpunkt von Gewittern bedeckten Fläche in $10^4 \, km^2$ geordnet nach GMT

3. Weltzeit-Typ

Der Tagesgang ist einfach periodisch; die Extreme liegen gegen 4 Uhr (Minimum) und 16—18 Uhr (Maximum) mittlerer Greenwich-Zeit, treten also *auf der ganzen Erde gleichzeitig auf*. Die Amplitude beträgt etwa 40% des Mittelwertes.

Die beiden „ortszeitlich" gebundenen Typen 1 und 2 werden im allgemeinen *nur* an Festlandstationen beobachtet, während der „Weltzeit-Typ" nur auf hoher See und in den Polargebieten gefunden wird.

Aus diesem Befund läßt sich ablesen, daß offenbar an Landstationen andere Einflüsse vorherrschen, als über den Ozeanen und den Polargebieten. Dies hat zu der Vorstellung geführt, daß in den letztgenannten Gebieten der Grundprozeß zum Vorschein kommt, der das ganze Geschehen trägt und steuert. Diesem überlagern sich dann die an Land stärker wirksamen an den Sonnenstand gebundenen ortszeitlichen Einflüsse als Modulationen.

Das entscheidende Beweisstück für diese Vorstellung ist die schon vor einigen Jahrzehnten aufgefundene Korrelation zwischen der Tagesvariation des Feldes über den Ozeanen und der der Gesamtgewittertätigkeit auf der Erde (vgl. Abb. 138).

In dem durch die Erdoberfläche und die Ionosphäre gebildeten Kondensator erzeugt die globale Gewittertätigkeit einen von der Erdoberfläche zur Ionosphäre gerichteten Strom von rund 1600—2000 A, der sich in der gewitterfreien Atmosphäre in Gestalt des normalen luft-

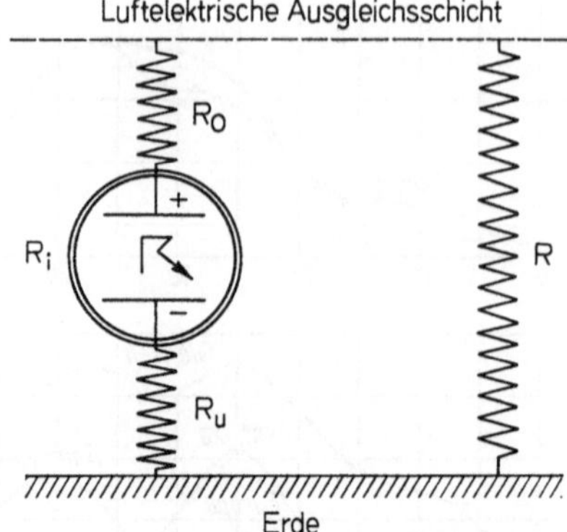

Abb. 139. „Generatorteil" und „Verbraucherteil" im globalen luftelektrischen
Stromkreis

elektrischen Vertikalstromes ausgleicht. Den atmosphärischen Wider-
standsverhältnissen entsprechend wird dabei dem globalen Kugel-
kondensator im Mittel eine Spannungsdifferenz von rund 250 kV auf-
geprägt, die sich als Träger des atmosphärisch-elektrischen Feldes mani-
festiert.

Weitere Beweisstücke für diesen *weltweiten luftelektrischen Stromkreis* sind vorhanden in Gestalt von Untersuchungen über die Stromrichtung und Stromergiebigkeit in Gewittern, durch Bilanzbetrachtungen
des globalen Stromumsatzes, durch Spherics-Messungen, durch luft-
elektrisch-aerologische Arbeiten u. a.

Wir können dies im Schemabild der Abb. 139 zusammenfassen, wenn
wir unter dem Gewittersymbol links die Gesamtheit der irdischen Gewittertätigkeit und im Widerstand R rechts die gewitterfreie Atmosphäre
verstehen. Anders dargestellt können wir in diesem Stromkreis einen
„Generatorteil" (links) und einen *Verbraucherteil* (rechts) unterscheiden
und erkennen darin die natürliche Zweiteilung der luftelektrischen
Forschungsarbeit in die beiden heute vorhandenen Hauptinteressen-
gruppen der *Gewitterforschung* und der *Erforschung* des *elektrischen Geschehens in der gewitterfreien Atmosphäre*.

Der unmittelbare Wirkungsbereich eines einzelnen Gewitters beschränkt sich auf ein verhältnismäßig enges Gebiet von etwa einigen
100 km², so daß bei Annahme einer mittleren Anzahl von 2000 ständig
gleichzeitig tätigen Gewittern auf der Erde der Generatorbereich weniger
als 1 % der Erdoberfläche bedeckt. Über 99 % der Erdoberfläche gehören
zum Verbraucherteil. Er umfaßt 29 % Land- und 71 % Wasseroberfläche.

3. Der „Verbraucherteil"

Um die Vorgänge im „Verbraucherteil" zu verstehen, trennen wir
nach Landstationen und See- bzw. Polarstationen. Außerdem sind „ungestörte Zeiten" — d. h. solche ohne sichtbare Wettereinflüsse, wie sie

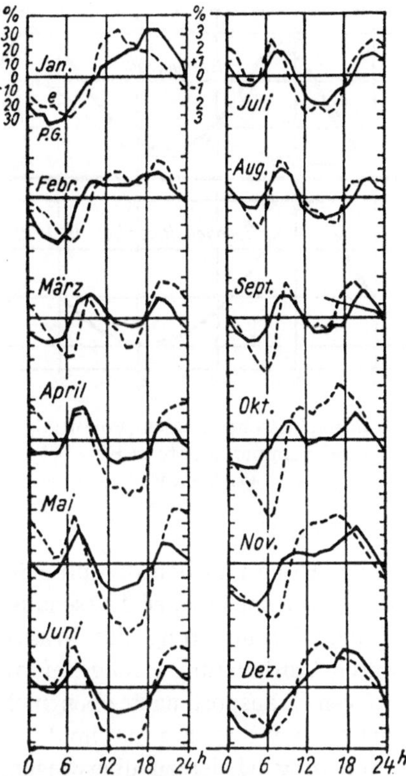

Abb. 140. Tägliche Gänge des luftelektrischen Feldes (ausgezogene Kurven) und
des Wasserdampfgehaltes (Dampfdruckes) (gestrichelte Kurven) für die einzelnen
Monate des Jahres in Potsdam nach langjährigen Mitteln

bei Bewölkung und Hydrometeoren aller Art zu erwarten sind — und
„gestörte Zeiten" gesondert zu betrachten.

Für „ungestörte Verhältnisse" über Land liefern die folgenden Abbildungen den Schlüssel zum Verständnis:

Abb. 140 zeigt eine Gegenüberstellung der Tagesgänge des luftelektrischen Feldes (unter Beschränkung auf „ungestörte Meßzeiten") und des
Wasserdampfgehaltes für die einzelnen Monate des Jahres an einer Land-
station (Potsdam). In beiden Elementen zeigt sich eine gleichartige
Veränderung von einer einfachen 24 Std-Schwingung im Winter zu
einer Doppelperiode im Sommer.

Für das Verhalten des Wasserdampfgehaltes ist die Deutung bekannt: Nachts und am frühen Morgen folgt der Wasserdampfgehalt im
wesentlichen der Temperatur. Mit der nach Sonnenaufgang rasch zunehmenden Erwärmung nimmt auch die Verdunstung zu; gleichzeitig
aber setzen Konvektionsströmungen ein, die eine Durchmischung in
vertikaler Richtung und damit eine Umlagerung zwischen den dampf-

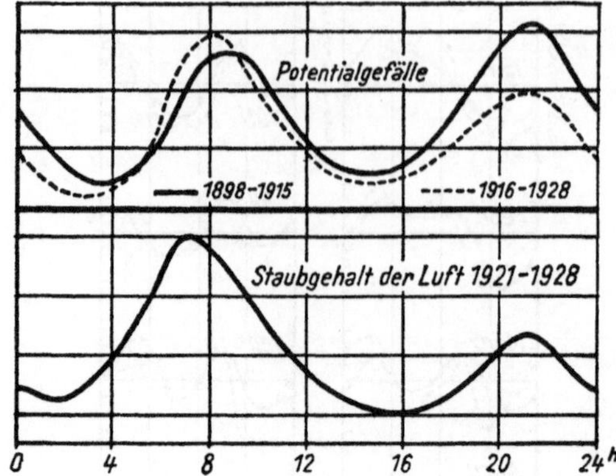

Abb. 141. Tagesgang des luftelektrischen Feldes (Potentialgefälles) und des Staubgehaltes der Luft während der Sommermonate in Kew bei London. (Nach F. J. W. WHIPPLE)

ärmeren Schichten in der Höhe und den dampfreicheren in Bodennähe hervorrufen („vertikaler atmosphärischer Massenaustausch"). Dadurch kommt es bald zu einer Verminderung des Wasserdampfgehaltes in Bodennähe, da die durch Verdunstung nachgelieferte Menge den rasch zunehmenden konvektiven Transport nach oben nicht mehr zu decken vermag. Erst wenn die Konvektion ihre maximale Größe überschritten hat, beginnt die Verdunstung wieder zu überwiegen, d.h. der Dampfdruck steigt zum Abend hin wieder an, bis bei sinkender Temperatur wieder Sättigung in den alleruntersten Schichten eintritt und Kondensation (Tau, Reif, Nebel) für weitere Verminderung sorgt.

Das Verhalten des luftelektrischen Feldes läßt sich in ähnlicher Weise vom täglichen Gang des Austausches her erklären: Abb. 141 zeigt die enge Parallele zwischen dem Tagesgang des Feldes und dem Suspensionsgehalt der Luft. Diese Schwebeteilchen, die ihre Existenz natürlichen und zivilisatorischen Einflüssen verdanken, werden in gleicher Weise wie der Wasserdampf durch Austauschwirkung vom Boden in die Atmosphäre transportiert. Im Zusammenwirken von bodennaher Produktion und Vertikaltransport entsteht auch bei ihnen eine „Depression" des Gehaltes in den Mittagsstunden, die sich wegen ihres Einflusses auf die Leitfähigkeit der Luft in entsprechender Weise im Verhalten des luftelektrischen Feldes ausprägt.

Über See und in den Polargebieten ist der Gehalt der Luft an Schwebestoffen bei klarem ungestörtem Wetter *wesentlich* geringer als über Land. Außerdem bleibt wegen des völlig anders verlaufenden täglichen Wärmeumsatzes die Amplitude des täglichen Ganges der Lufttemperatur und damit die des Vertikalaustausches hier sehr gering. Infolgedessen tritt die luftelektrisch wirksame Austauschwirkung hier so weit zurück, daß die globalen Gestaltungseinflüsse dominieren können.

Bei „gestörtem Wetter" werden die Verhältnisse außerordentlich unübersichtlich. Ein generelles Verhalten läßt sich hier nicht angeben,
vielmehr muß die Betrachtung auf Einzeleffekte — Gewitter, Niederschlag, Wolken, Nebel usw. — beschränkt werden.

Man kann versuchen, die verschiedenen Wettereinflüsse im Verbraucherteil als das Zusammenwirken von variablen „Schaltelementen"
(Widerständen) und Generatoren geringerer Reichweite anzusehen.

4. Der „Generatorteil"

Das Gewitter stellt einen Generator dar, der einen Strom von etwa
$0,5-1$ A erzeugt. Seine Richtung ist so, daß er der Erdoberfläche
Ladung negativen Vorzeichens zuführt. Im elektrotechnischen Ersatzschaltbild läßt er sich folgendermaßen charakterisieren (Abb. 142):

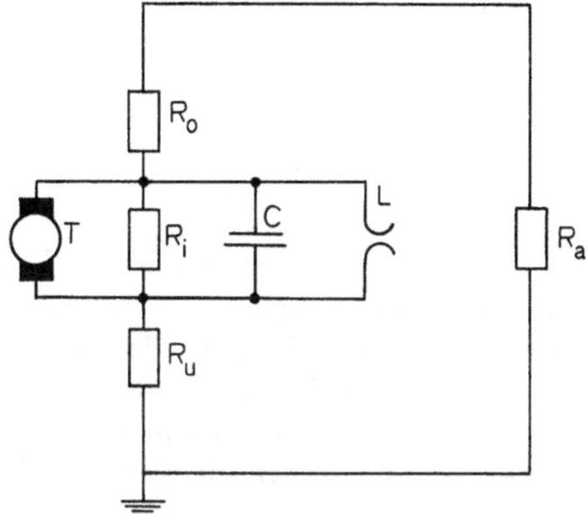

Abb. 142. Ersatzschaltbild des Gewittergenerators

Ein in seinem Inneren wirkender Prozeß der Ladungserzeugung und
-trennung (dargestellt durch das Symbol T in der Abbildung) erzeugt
und unterhält zwei Raumladungsgebiete mit positiver Ladung im
oberen und negativer Ladung im unteren Wolkenbereich. Da die Atmosphäre eine gewisse Leitfähigkeit besitzt, sind diese beiden „Pole" sowohl
untereinander als auch mit der Erdoberfläche und der hochleitfähigen
Hochatmosphäre (Ionosphäre) durch elektrische Widerstände verbunden
(in der Abbildung durch R_i, R_u und R_o gekennzeichnet). Andererseits
sind die Erdoberfläche und die Ionosphäre durch den Gesamtwiderstand
R_a der gewitterfreien Atmosphäre miteinander verbunden.

Das Ersatzschaltbild gestattet in einfacher Weise die Definition und
Anwendung der Begriffe „Nutzstrom", „Verluststrom", „Ergiebigkeit"
und „Wirkungsgrad" der Gewittermaschine. Unter Berücksichtigung
der Gewitterdimensionen und der Höhenabhängigkeit der atmosphäri-

schen Leitfähigkeit kommt man so für ein Gewitter zu den in Tabelle 20 zusammengestellten mittleren Werten.

Tabelle 20. *Zahlenwerte für ein „mittleres" Gewitter*

Annahmen:		
	Radius:	4 km
	Querschnitt:	50 km²
	Pole:	Positiver Pol in 7 km Höhe
		Negativer Pol in 3 km Höhe

Widerstandswerte:	
	$R_u = 8 \cdot 10^8$ Ohm
	$R_i = 2 \cdot 10^8$ Ohm
	$R_o = 5 \cdot 10^8$ Ohm
	$R_a = 145$ Ohm

Ströme:	
	„Nutzstrom" etwa 1 A J_N
	„Verluststrom" etwa 6,5 A J_V

Wirkungsgrad:	
	$100 \cdot J_N/(J_N + J_V) = 13{,}4\,\%$

Nutzleistung:	
	$13 \cdot 10^5$ kW

Schätzt man weiter die im thermodynamischen Vorgang eines Gewitters zum Umsatz kommenden Energie ab — man kann dies z.B. angenähert aus der Niederschlagsmenge ableiten, die vorher vom Boden bis in Höhen von einigen Kilometern gebracht worden sein muß — so ergibt sich, daß der im thermodynamischen Teil enthaltene Energieumsatz bei weitem den auf den elektrischen Umsatz entfallenden Anteil übertrifft [*].

Im Vordergrund der Gewitterforschung steht die Frage, wie es zu der Ladungsentstehung und -separierung in den Wolken kommt.

Es ist eine der Grunderfahrungen der Elektrophysik der Atmosphäre, daß Ladungstrennungen und Ladungsanhäufungen großen Stils in der Troposphäre *nur* im Zusammenhang mit der Bildung und Bewegung von Niederschlag in den Quellwolken möglich sind.

Da die Trennung der Ladungen im Aufwind erfolgt, muß der Elektrisierungsprozeß im Gewitter so geartet sein, daß die entstehenden Ladungen sich ihrem Vorzeichen entsprechend auf Ladungsträgern verschiedener Größe ansammeln.

Einen weiteren Hinweis gibt der Ladungsaufbau einer Gewitterwolke im Zusammenhang mit ihren Temperaturverhältnissen (vgl. Abb. 143).

Da der Trennungsbereich zwischen den beiden Hauptladungsgebieten in den Bereich der geringen Frosttemperaturen fällt, muß auch

---

[*] Zum Vergleich sei erwähnt, daß der Gesamtenergieumsatz eines Gewitters etwa der in einer Atombombe mittlerer Größe freiwerdenden Energie entspricht.

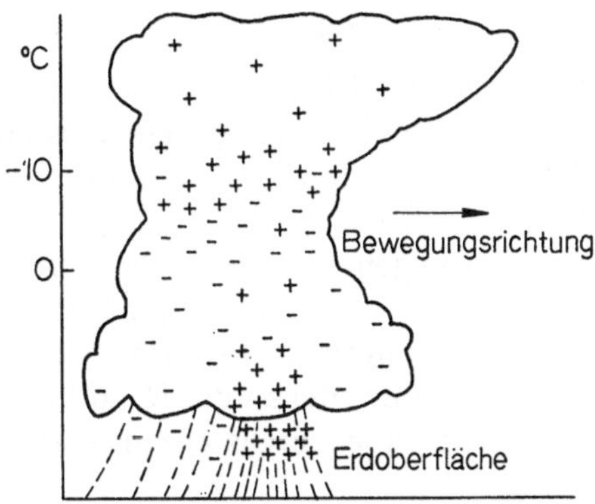

Abb. 143. Ladungsaufbau einer Gewitterwolke

der Prozeß der Ladungsbildung in diesem Temperaturbereich gesucht werden. Außerdem muß die Ladungstrennung so verlaufen, daß *stets* die Polarität der Ladungsverteilung gewahrt bleibt.

Schließlich muß sich jeder Prozeß an der oben gegebenen Bedingung der Stromergiebigkeit orientieren.

Es sind im Laufe der Zeit eine große Zahl von Möglichkeiten der Gewitterelektrisierung vorgeschlagen worden, die sich etwa in das in Tabelle 21 angegebene Schema ordnen lassen:

Tabelle 21. *Grundeffekte der Gewitterelektrisierung*

Grundlage	Einzelwirkungen
Influenzeffekte	Begegnung von Teilchen verschiedener Art und Größe unter Feldeinwirkung
Oberflächen-Veränderungen	Zerreißen von flüssigen und festen Oberflächen mit elektrischen Doppelschichten
Eis-Eis-Impact	Kontakt- und Reibungswirkungen bei der Begegnung von Eisteilchen verschiedener Größe, Oberflächenbeschaffenheit und Temperatur
Phasen-Umwandlungs-effekte	Phasenpotentiale; Ionenseparierung; Vergraupeln; Schmelzen

Der Ladungsausgleich erfolgt in der Hauptsache durch den Gewitter-Vertikalstrom gemäß Abb. 142, zu einem geringeren Teil auch durch die Blitzentladungen innerhalb der Wolken und von diesen zur Erde.

Die Blitzforschung gilt sowohl den Einzelheiten des Entladungsphänomens selbst — Entstehung, Ablauf, Ladungstransport, Spektrum u. a. — als auch den von diesen Entladungen ausgehenden elektromagnetischen Impulsen („spherics"), die zur Gewitterpeilung und -lokalisierung und zu Ionosphärenuntersuchungen herangezogen werden.

5. Probleme

Mit der im vorigen gegebenen Übersicht scheint auf den ersten Blick das Gesamtbild der Luftelektrizität in sich geschlossen und in seinen Grundzügen geklärt. Dies ist jedoch bei näherem Zusehen *nicht* der Fall:

Zunächst ist zu sagen, daß das Basismaterial, aus dem es sich ableitet — die Carnegie-Messungen — nicht sehr umfangreich ist: Die bekannte Weltzeitkurve des ozeanischen Potentialgefälles beruht auf insgesamt 138 Tagesgangmessungen im Atlantik und Pazifik. Wenn auch keinerlei Grund zu einem Zweifel an der Realität des weltzeitlichen Ganges besteht, so kann er doch jedenfalls *nur* als statistisches Ergebnis gewertet werden.

Hinzu kommt, daß der daraus abgeleitete Zusammenhang mit der Weltzeitkurve der Gewitter nur einseitig durch die Beobachtung gestützt ist, da der Korrelationspartner — eben die Gewittertätigkeit und ihre Variation im Laufe des Tages — nicht gemessen, sondern geschätzt ist!

Damit fehlt dem ganzen Bild auch heute noch das letzte schlüssige Beweisstück.

Um hier weiter zu kommen, sind zwei Probleme zu lösen:

a) Es müssen Wege zur erfolgreichen Separierung der beiden eng miteinander verzahnten Einflußbereiche der global wirksamen Steuerung und der lokal bedingten Modulation derselben erschlossen werden.

b) Der Korrelationspartner in Gestalt der Weltgewittertätigkeit muß sowohl in seiner Gesamtheit wie auch in seinen täglichen, interdiurnen und jahreszeitlichen Variationen *direkt* meßbar werden.

Ohne auf Einzelheiten eingehen zu können, sei nur kurz angedeutet, daß zur Lösung der erstgenannten Aufgabe die synoptische Arbeitsweise streng gleichzeitiger Beobachtungen des bodennahen Feldes und der Vertikalstromdichte in enger Verbindung mit aerologisch-luftelektrischen Messungen Erfolg verspricht. Dabei kann nach neuesten Erfahrungen die Isolierung des Globalanteils *nur* durch Untersuchungen über den Ozeanen in Landferne und in den Polargebieten erreicht werden.

Das zweite Problem erfordert ebenfalls neue Wege, die durch genügend dichte Beobachtungsnetze zur Blitzzählung mittels spherics-Registrierungen, Beobachtungen der Resonanzfrequenzen des Systems Erdoberfläche-Ionosphäre und Überwachung mittels künstlicher Erdsatelliten realisierbar erscheinen.

C. Atmosphärische Spurenstoffe

Ein wichtiger geophysikalischer Forschungszweig beschäftigt sich mit den gasförmigen, flüssigen und festen Zusatzbestandteilen der atmosphärischen Luft. Diese interessieren den Geophysiker und Meteorologen, der aus ihrem Vorhandensein und ihren Veränderungen mit Ort und Zeit Aufschlüsse über die Luftbewegung und den Austausch in horizontaler und vertikaler Richtung ableitet. Für den Klimatologen sind sie Teilfaktoren für bioklimatische und biometeorologische Betrachtungen. Außerdem ist die Erforschung dieser Spurenstoffe heute, wo die Reinheit der Luft sich infolge der steigenden Bevölkerungsdichte und der damit verbundenen Vermehrung von Industrie und Verkehr ständig verschlechtert, von einer nicht zu unterschätzenden praktischen Bedeutung.

1. Spurengase

Wie schon in Teil IV dargestellt, besteht trockene atmosphärische Luft zu 99,96 Vol.-% aus Stickstoff, Sauerstoff und Argon. In den restlichen $0,4^0/_{00}$ des Volumens finden sich eine große Zahl sog. „Spurengase". Tabelle 22 gibt eine Übersicht mit Angabe ihrer mittleren Häufigkeit, ausgedrückt in Gewicht pro Kubikmeter Luft und (in der letzten Kolonne) in Kubikzentimeter je Kubikmeter Luft unter Normalbedingungen.

Tabelle 22. *Spurengase in der Atmosphäre*

Gasart		Konzentration; in 1 m³ sind enthalten	
		γ (10⁻⁶ g)	cm³
Helium	(He)	920	5
Neon	(Ne)	16000	17,5
Krypton	(Kr)	4100	1,1
Xenon	(Xe)	500	0,09
Wasserstoff	(H₂)	36—90	0,4—1,0
Ozon	(O₃)	0—100	0—0,05
Kohlensäure	(CO₂)	4—8 · 10⁵	200—400
Kohlenoxyd	(CO)	10—200	0,008—0,16
Methan	(CH₄)	850—1100	1,2—1,5
Formaldehyd	(CH₂O)	0—16	0—0,012
Stickoxyde	(N₂O)	500—1200	0,25—0,6
	(NO₂)	0—6	0—0,003
Ammoniak	(NH₃)	0—15	0—0,019
Schwefeldioxyd	(SO₂)	0—50	0—0,018
Schwefelwasserstoff	(H₂S)	3—30	0,002—0,02
Chlor	(Cl₂)	0—5	0—0,0016
Jod	(J₂)	0,05—0,5	4—40 · 10⁻⁶

Man erkennt zwei Arten von Gasen: Die Edelgase, die der Luft in stets gleichbleibendem Anteil beigemischt sind, sowie eine größere Anzahl von Gasen, die in wechselndem Gehalt gefunden werden. Bei diesen letzteren geben die Zahlen Gleichgewichtswerte an, die sich im Zusammenspiel zweier gegeneinander gerichteter Vorgänge einstellen: Die

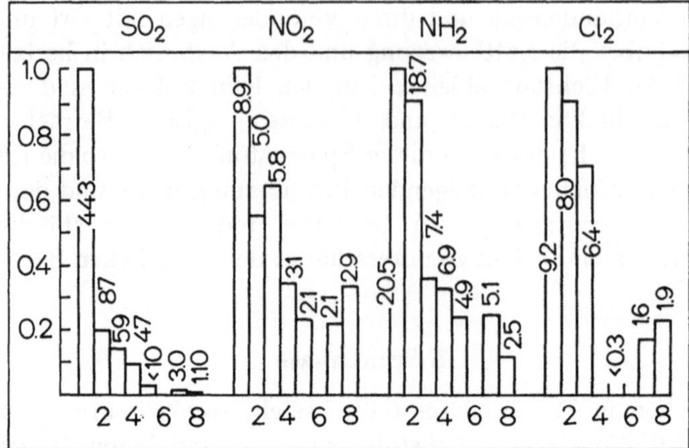

Abb. 144. Die Konzentration von SO_2, NO_2, NH_3 und Cl_2 in der bodennahen Luft in Abhängigkeit vom Meßort. (Nach CHR. JUNGE, 1963). Es bedeuten: *1* Frankfurt am Main, Winter (Nov.—März); *2* Frankfurt am Main, Sommer (April—Okt.); *3* Kleiner Feldberg/Taunus (Nov.—Jan.); *4* Zugspitze (Aug.); *5* St. Moritz (Aug.); *6* Round Hill; *7* Florida; *8* Hawaii. Höchstwerte (Frankfurt a.M. — Winter) jeweils gleich 1,0 gesetzt. Die eingetragenen Zahlen geben die Absolutwerte in 10^{-6} g/m³ Luft an

betreffenden Gase werden durch bestimmte Prozesse in die Atmosphäre eingebracht und unterliegen dann hier anderen Einflüssen, durch die sie wieder ausgeschieden werden.

Man kennt heute bei den meisten der genannten Spurengase diese Kreislaufprozesse, ihre Quellen, ihre Senken und ihren zeitlichen Ablauf. Das bekannteste Beispiel ist das Kohlendioxyd, das durch Verbrennen organischer Materie am Boden in die Atmosphäre gelangt, sich hier weiträumig über Land und See verteilt und schließlich im Pflanzenstoffwechsel wieder abgebaut wird.

Die Quellen und Senken der Spurengase liegen meist an der Erdoberfläche; nur bei einigen liegen die Verhältnisse anders, so z.B. bei Helium und Wasserstoff, bei denen die Quellen am Boden oder in der Atmosphäre liegen, während die Senken hier durch das Entweichen in den Weltraum gegeben sind. Bei Ozon erfolgt umgekehrt die Bildung in höheren Schichten von etwa 20—25 km Höhe, die Vernichtung in Bodennähe bzw. am Boden.

Die durch chemische Prozesse in Bodennähe entstehenden Spurengase zeigen eine ungleichmäßige Quellenverteilung (vgl. Abb. 144), aus der deutlich der Einfluß der Besiedlungsdichte zu erkennen ist.

2. Schwebstoffe

Außer den Spurengasen enthält die Atmosphäre Beimengungen in Gestalt von Schwebeteilchen verschiedener Menge, Größe und Natur.

Sie fallen infolge ihrer geringen Größe so langsam, daß sie praktisch als schwebend anzusehen sind (vgl. Tabelle 23).

Tabelle 23. *Fallgeschwindigkeit von kugelförmigen Teilchen der Dichte 1 in Luft von Normalbedingungen*

Teilchen-durchmesser in 10^{-4} cm	Fallgeschwindigkeit	
	gemessen	berechnet
5000	909 cm/sec	
1000	403 cm/sec	
100	27 cm/sec	32 cm/sec
10		0,32 cm/sec
1		13,4 cm/Std
0,1		0,35 cm/St
0,02		0,055 cm/St

Die Schwebestoffe in der Atmosphäre verdanken ihre Existenz einer Vielfalt von Vorgängen, die einen Austausch von Materie zwischen der Erdoberfläche und der Lufthülle zur Folge haben. Ein wesentlicher Teil entstammt natürlich Verbrennungsvorgängen aller Art, unter denen sich die Einflüsse von Besiedlung, Industrie und Verkehr stark hervorheben. Andererseits gehören die Aufwirbelung von mineralischer oder organischer Materie durch den Wind oder das Aufsteigen von Spritzwassertröpfchen aus der Bandung und den Schaumkronen der Wellen ebenfalls zu den Aerosolquellen. Auch läßt sich eine kosmische Komponente nachweisen. Wir finden demgemäß Schwebstoffe *überall* in der Atmosphäre, auch über den Ozeanen und den Polargebieten.

Gewichtsmäßig betrachtet ist der Schwebstoffgehalt der Luft im allgemeinen verhältnismäßig gering. Nach ausgedehnten amerikanischen Untersuchungen läßt sich für Stadt- und Landluft in den USA die in der Tabelle 24 angegebene Häufigkeitsverteilung der Aerosolgewichte ableiten.

Tabelle 24. *Häufigkeit von Aerosolgewichten in γ pro m^3 Luft.*(Aus ,,Air Pollution", Bd. 2, S. 25)[a]

Mikro-gramm/m³	Stadtluft	Landluft
unter 20	0,1 %	22 %
20— 40	2 %	40 %
40— 70	12 %	28 %
70—100	16 %	7 %
100—200	43 %	2,8 %
200—300	17 %	0,2 %
300—400	6 %	
über 400	3,9 %	

[a] A. C. Stern.

Man unterscheidet die Aerosole nach ihrer Größe bzw. Beobachtbarkeit in zwei Hauptgruppen:

Die größeren Teilchen, die der direkten mikroskopischen Beobachtung zugänglich sind, werden gemeinhin als Staub bezeichnet. Dieser umfaßt die Partikelchen, die durch Gravitation und Zentrifugalwirkung abgeschieden werden können. Die Teilchengrößen reichen etwa bis zu Dimensionen von einigen Zehntel μ hinunter. Anzahl und Gestalt dieser Teilchen können — sofern sie größer sind als etwa 1 μ — in der Regel relativ leicht auf optischem Wege bestimmt werden. Ihre stoffliche Natur kann dabei häufig aus ihrer Gestalt erkannt oder durch chemische Mikroanalyse ermittelt werden.

Die kleineren Teilchen werden meist unter der Sammelbezeichnung der *Kondensationskerne* zusammengefaßt. Der Name rührt daher, daß sie als Ansatzstellen für die Kondensation des Wasserdampfes in der Atmosphäre dienen. Die größeren von ihnen sind noch indirekt optisch im sog. Ultramikroskop beobachtbar, bei dem allerdings nicht mehr das Bild der Teilchen, sondern nur noch das an ihnen gestreute Licht zur Beobachtung kommt. Man erkennt dabei nur das Vorhandensein von Teilchen, nicht mehr ihre Form. Teilchen von weniger als etwa 0,1 μ Durchmesser sind in der Regel auch ultramikroskopisch nicht mehr sichtbar. Sie müssen, um beobachtet werden zu können, zunächst durch Kondensation in sichtbare Tröpfchen verwandelt werden. Falls die Partikelchen eine elektrische Ladung tragen, also Ionencharakter haben, was bei einem Teil von ihnen sicher der Fall ist, können sie auch in einem elektrischen Feld aufgesammelt und — bei bekannter Ladung des Einzelteilchens — gezählt werden.

Über die Form der Teilchen dieses Größenbereiches läßt sich nichts mehr, über ihre stoffliche Natur nur noch wenig aussagen.

Die Abb. 145 gibt eine aus verschiedenartigsten Messungen abgeleitete Übersichtsdarstellung mit den üblichen Bezeichnungen und den mittleren Häufigkeiten der verschiedenen Teilchengrößen. Besonders interessant ist hier der Steilabfall der Häufigkeitskurve im rechten Teil der Figur. Er besagt, daß die Häufigkeit etwa umgekehrt proportional zur dritten Potenz des Teilchenradius, d.h. also umgekehrt proportional zu ihrem Voluminhalt abnimmt. Das bedeutet, daß wir uns hier offenbar im Bereich der Koagulation befinden. Die Aerosole unterliegen im Laufe ihrer Lebensgeschichte gewissen Veränderungen: Der in der Abb. 145 dargestellte Befund zeigt die Tendenz zur Vergrößerung der Teilchen durch Koagulation unter entsprechender Verminderung ihrer Anzahl. Weitere Veränderungen erfolgen durch chemische Prozesse — Reaktionen mit Spurengasen — und Wärmewirkungen.

Ebenso wie bei den Spurengasen besteht auch bei den Aerosolen ein Kreislauf. Hier wirken zahlreiche Vorgänge zusammen, die das Aerosol bilden, bewegen, verändern und wieder ausscheiden. Die Abb. 146 vermittelt einen schematischen Überblick über diese Prozesse.

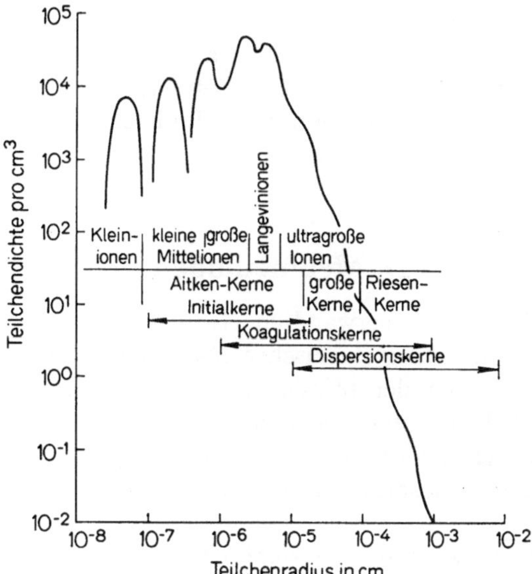

Abb. 145. Übersicht über das natürliche Aerosol. (Aus: Handbuch der Bäder- und Klimaheilkunde, Hrsg. W. AMELUNG u. A. EVERS, 1962, S. 554)

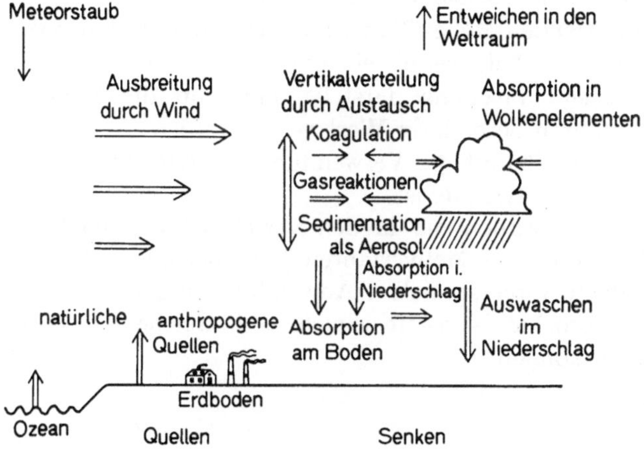

Abb. 146. Schematische Übersicht über die Spurenstoff-Verteilung in der Atmosphäre. (Nach H. W. GEORGII, 1965)

Im Bild sind links unten die verschiedenen Quellen natürlichen und anthropogenen Ursprungs angedeutet. Der Vollständigkeit halber ist links oben noch das Eindringen von Meteorstaub mit hinzugenommen. Der mittlere Teil zeigt die verschiedenen Transportmöglichkeiten durch Luftbewegung und Austausch sowie die Veränderung durch Koagulation und chemische Reaktionen. Der rechte Teil deutet die Wiederausscheidungsvorgänge an, unter denen sich die Einbettung in die Wolken-

und Niederschlagselemente und die Ausregung als besonders wirksam erweisen. Ein Entweichen in den Weltraum (rechts oben angedeutet) kommt natürlich nur für Spurengase in Betracht.

Über den zeitlichen Ablauf ergibt die Radioaktivitätsmessung Auskunft (s. Abschnitt A dieses Teiles).

D. Meßmethoden

Die in der Geophysik verwandten Meßmethoden gehören — abgesehen von der Anwendung chemischer Materialanalysen — ohne Ausnahme in den Rahmen der physikalischen Meßverfahren und bieten keine grundsätzlichen Unterschiede zu diesen. Beobachtungsmethoden, die der physikalischen Grundlage entbehren, wie z.B. Wünschelrutenversuche, „Erdstrahlungsmessungen" u.ä., gehören nicht in den Rahmen der Geophysik.

Unterschiede zwischen der physikalischen und der geophysikalischen Meßweise bestehen lediglich darin, daß die Anwendbarkeit und der Genauigkeitsanspruch verschieden sein können. Ein besonderer Akzent ist im geophysikalischen Bereich dadurch gesetzt, daß fast immer der Anspruch auf verhältnismäßig einfach durchzuführende Dauerregistrierung der betreffenden Meßgröße besteht. Da außerdem in vielen Fällen die „synoptische Arbeitsweise" ein entscheidend wichtiges Hilfsmittel geophysikalischer Forschung darstellt, muß auf die Vergleichbarkeit einzelner Verfahren besonderer Wert gelegt werden — soweit nicht aus diesem Grund überhaupt die Verwendung einheitlicher Meßgeräte und Meßanordnungen notwendig ist.

Im folgenden werden die in den verschiedenen geophysikalischen Teildisziplinen üblichen Meßverfahren kurz bezüglich ihrer physikalischen Prinzipien, ihrer speziellen Anwendung und ihres Genauigkeitsanspruches besprochen — soweit sie nicht als hinreichend bekannt vorausgesetzt werden können.

1. Schweremessung

Absolutmessungen der Schwerebeschleunigung g (Dimension cm·sec^{-2}, Maßeinheit „gal") werden durch Pendelbeobachtung gewonnen entsprechend der Grundbeziehung

$$(96) \qquad T = 2\pi\,\sqrt{L/g},$$

$T =$ Schwingungsdauer
$L =$ Pendellänge

Soll der Wert von g auf ± 1 mgal („Milligal" $= 10^{-3}$ gal) bestimmbar sein, so muß die Pendellänge auf $\pm 10^{-3}$ mm, die Schwingungsdauer auf

$\pm 5 \cdot 10^{-7}$ sec genau gemessen werden. Um dies zu erreichen, sind sehr weitgehende Korrektionen und Reduktionen notwendig, die höchste Anforderungen an die Meßtechnik stellen: Zu erwähnen sind neben der Forderung für die Bestimmung der Pendellänge bei der Messung von T die Ausgestaltung des Pendels als Reversionspendel, die Reduktion der Schwingungen auf unendlich kleine Amplituden, die Berücksichtigung von elastischen Veränderungen im Pendel, das Mitschwingen des Pendelstativs, Einflüsse der Lagerung, Temperatureffekte u. a. m. Absolutmessungen der Schwere gehören deshalb zu den schwierigsten experimentellen Aufgaben überhaupt und können nur an einigen wenigen Spezialinstituten durchgeführt werden.

Für die in der Gravimetrie erforderlichen Geländemessungen kommen nur *Relativmessungen* in Frage. Diese beruhen auf der Verwendung transportabler Geräte, deren Meßanzeige an „Absolutstationen" angeschlossen wird. Dies geschieht z. B. bei „Relativpendelgeräten" durch Vergleich der am Meßort gewonnenen Periode T mit ihrer am Anschlußort gemessenen Periode T_0. Es gilt dann die „Reduktion"

$$(97) \qquad\qquad \frac{g}{g_0} = \frac{T^2}{T_0^2}.$$

Geräte dieser Art vermitteln auch den Anschluß verschiedener Absolutstationen aneinander. — Der Anspruch an die Genauigkeit der Zeitmessung ist entsprechend hoch. Die Pendellängenmessung entfällt. Einzelheiten s. z. B. bei H. HAALCK (1953).

Ein anderes viel verwandtes Meßprinzip für Geländemessungen ist das *Gravimeterprinzip*, bei dem die Gleichgewichtslage einer federnd aufgehängten Masse bestimmt wird. Bei Messungen dieser Art tritt an Stelle der Zeitmessung eine entsprechend exakte Längenmessung (Verlagerung des Testkörpers). Es lassen sich Genauigkeiten von ± 1 mgal und besser erreichen. Beschreibung der zahlreichen Einzelkonstruktionen und der Eichverfahren s. ebenfalls bei H. HAALCK (1953).

Zur Bestimmung von horizontalen Schweregradienten (Abweichungen der Lotrichtung vom astronomischen Zenit) dient die „Drehwaage". In ihrer ursprünglichen Form besteht diese aus zwei gleichen Gewichten an einem horizontal drehbaren Waagebalken (Drehwaage „1. Art"). Anordnung der beiden Gewichte in verschiedener Höhe (Drehwaage „2. Art" nach EÖTVÖS) erweitert die Anwendung, da sie allgemein die Untersuchung räumlicher Verschiedenheiten im Schwerefeld, insbesondere die Bestimmung der Krümmungsverhältnisse der Niveauflächen gestattet. Zur Theorie und Meßweise s. u. a. H. HAALCK (1953) und M. TOPERCZER (1960).

Messungen auf See sind grundsätzlich möglich durch gleichzeitige Luftdruckmessung mittels Quecksilberbarometers und Siedepunktsbestimmung. Da der erstgenannte Wert von g abhängig ist, der zweite dagegen nicht, kann auf diese Weise g ermittelt werden. Die Genauigkeit ist gering (etwa ± 30 bis 50 mgal). Bessere Werte liefern das „Gasfedergravimeter" von H. HAALCK (s. l. c.) und Pendelmessungen in einem genügend tief getauchten Unterseeboot. Einzelheiten über modernste Meßverfahren über See und in der Atmosphäre s. bei L. J. B. LA COSTE (1967).

Kurzzeitige Änderungen der Schwerkraft, wie sie z. B. durch die Gezeitenwirkung von Sonne und Mond hervorgerufen werden (Größenordnung etwa 0,1 mgal und weniger), lassen sich mit dem besonders empfindlichen „*Bifilargravimeter*" (Genauigkeit etwa $\pm 10^{-2}$ mgal) bestimmen. — Änderungen der Lotrichtungen, die bei den Gezeiten einige Hundertstel Bogensekunden betragen können, können mittels des „*Zöllner-Pendels*" ermittelt werden.

2. Seismische Messungen

Seismische Untersuchungen haben die Aufgabe, elastische Schwingungen bezüglich ihres zeitlichen Einsatzes und ihrer Eigenschaften (Art, Wellenlänge und -form) zu bestimmen. Dies wird erreicht durch Verwendung von Pendeln verschiedenster Art unter Ausnutzung ihrer Trägheit.

Abb. 147 zeigt das Meßprinzip. Ein Pendel, dessen Aufhängungspunkt durch die Schwingung in Bewegung gesetzt wird, beharrt zunächst in

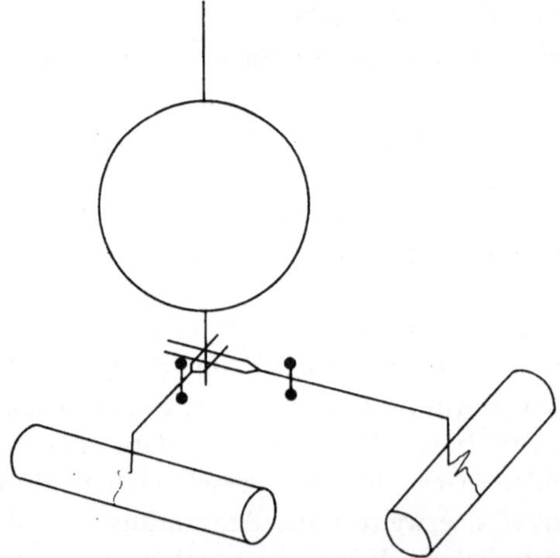

Abb. 147. Schema eines seismischen Pendels mit Komponentenzerlegung der Aufzeichnung

Ruhe und zeigt dadurch den Einsatz der Schwingungsbewegung an. Durch eine Führung nach Art des Gabelmechanismus erfolgt eine Zerlegung in zwei senkrecht zueinander orientierte Komponenten — meist in Nord-Süd- und Ost-West-Komponente.

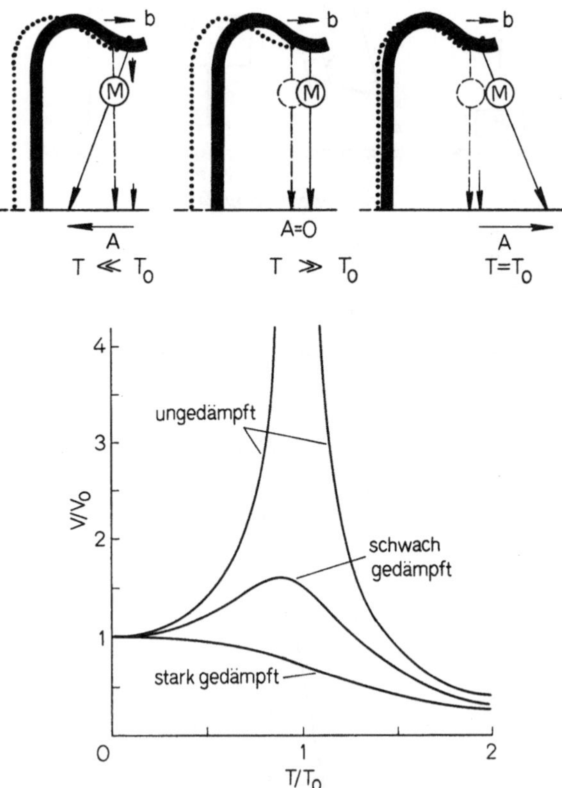

Abb. 148. Oben: Zur Wirkungsweise von Seismographen: T_0 Eigenperiode des Pendels; M Masse des Seismographen; b Bodenbewegung; T Periode der Bodenbewegung; A registrierter Ausschlag. Unten: Vergrößerung V/V_0 und Dämpfung

Abb. 148 zeigt oben den Zusammenhang zwischen der Eigenperiode T_0 des Pendels und der Periode T der Bodenbewegung. Durch entsprechende Wahl der Dämpfung läßt sich eine über einen gewissen Periodenbereich einigermaßen gleiche „Vergrößerung" erzielen (Abb. 148, unten).

In Abb. 149 sind die verschiedenen Prinzipien der Pendelanordnung schematisch dargestellt. Durch die Anordnung des „Horizontalpendels", das in Abb. 150 nochmal gesondert dargestellt ist, wird eine Vergrößerung der wirksamen Pendellänge L_r und damit der Eigenperiode T_0 erreicht: Es gelten die Beziehungen

$$(98) \qquad\qquad L_r = d/\sin\alpha$$

und

$$(99) \qquad\qquad T_0 = 2\pi\sqrt{\frac{d}{g\sin\alpha}}.$$

Beim „umgekehrten Pendel" wird die Eigenperiode durch die Federn bestimmt, die das Pendel in seine Ruhelage zurückführen.

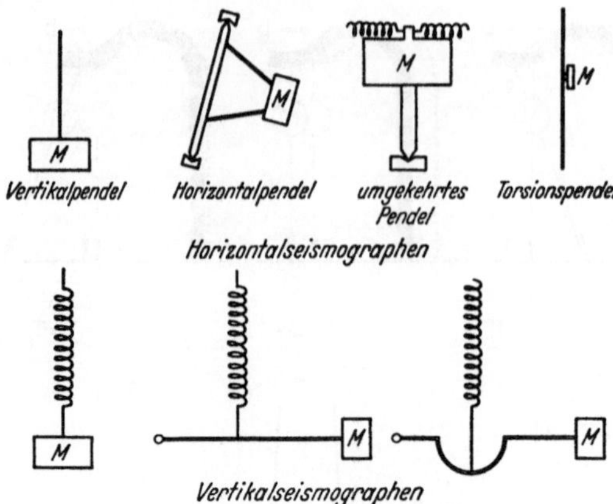

Abb. 149. Seismographentypen

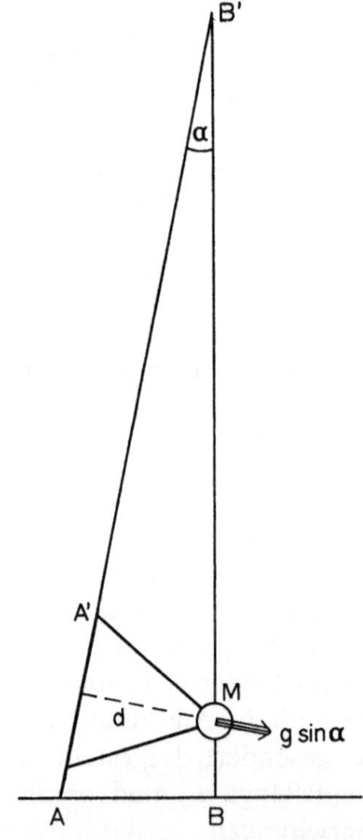

Abb. 150. Prinzip des Horizontalpendels. A, A' Aufhängungspunkte; M Pendelmasse; d Abstand des Massenmittelpunktes von der Achse; α Winkel zwischen Aufhängungsachse und Lotrichtung; g Schwerebeschleunigung

Zur Theorie der Seismographen und zu konstruktiven Einzelheiten der verschiedenen Typen s. u.a. K. JUNG (1953), J. COULOMB (1956) und M. TOPERCZER (1960).

3. Erdmagnetische Messungen

Entsprechend der meßtechnischen Grundaufgabe, Betrag und Richtung des erdmagnetischen Feldvektors zu bestimmen, ist die Messung seiner drei Komponenten — H, D, I oder X, Y, Z — erforderlich.

Die *Deklination D* wird durch den Vergleich der geographischen und der von einem Kompaß bzw. einem in seinem Schwerpunkt aufgehängten Magnetstab angezeigten magnetischen Nordrichtung bestimmt.

Die *Inklination J* läßt sich am „Inklinatorium" — einer in ihrem Schwerpunkt um eine horizontale Achse drehbare Magnetnadel — ablesen oder (wesentlich genauer!) mit dem „Erdinduktor" bestimmen: Dieser besteht aus einer um einen ihrer Durchmesser drehbaren Spule, die durch geeignete Montage in jeder beliebigen Lage im Raum in Rotation versetzt werden kann. Zur Bestimmung des bei der Drehung auftretenden Induktionsstromes ist sie mit einem Galvanometer verbunden. Ihre Lage wird solange verändert, bis bei der Rotation kein Induktionsstrom mehr entsteht. In diesem Fall gibt die Lage der Drehachse die Inklinationsrichtung an.

Zur Absolutmessung der *Horizontalintensität H* dient vielfach auch heute noch das von C. F. GAUSS entwickelte Verfahren der Koppelung von einer Schwingungs- und einer Ablenkungsmessung:

Nach Gl. (32) wirkt auf einen um eine vertikale Achse drehbaren Magneten ein Drehmoment der Größe

$$(100) \qquad P = M \cdot H \cdot \sin \alpha$$

ein, wo M das magnetische Moment des Magneten und H die Horizontalintensität bedeuten; α ist der Winkel, den der Magnet mit dem magnetischen Meridian einschließt. Wird der Magnet aus seiner Ruhelage abgelenkt, so führt er Schwingungen um seine Ruhelage ($\alpha = 0$) aus; diese erfolgen mit der Periode

$$(101) \qquad T = 2\sqrt{I/M \cdot H},$$

wo T das (berechenbare) Trägheitsmoment des Magneten bedeutet.

Benutzt man dann den gleichen Magneten, um einen anderen, ebenfalls um eine vertikale Achse drehbaren Magneten abzulenken, so liefert dies eine Angabe über den Quotienten M/H.

Aus der Kombination beider Versuche lassen sich dann M und H explizite ableiten.

Eine wesentliche Verkürzung der Meßzeit zur H-Bestimmung ergibt sich bei Verwendung von stromdurchflossenen Spulen. Wird z.B. beim „Spulen-Magnetometer" nach SCHUSTER-SCHMIDT der an einem vertikalen Faden im Inneren einer Spule aufgehängte Magnet durch Drehen der Spule soweit abgelenkt, daß er senkrecht zum magnetischen Meridian steht, so gibt bei bekanntem Spulenfeld der zwischen dem Magneten und der Spulenachse bestehende Winkel ein unmittelbares Maß für H.

Als Ablenkungsspulen werden sog. „Helmholtz-Spulen" verwandt *.

In ähnlicher Weise läßt sich eine Anordnung zur Absolutmessung der *Vertikalintensität Z* treffen, bei der im Spuleninneren die Z-Komponente des erdmagnetischen Vektors durch den Spulenstrom kompensiert wird.

Ein anderes Prinzip der H-Bestimmung benutzt das magnetische Moment von Atomen: Werden z.B. in Wasser die Wasserstoffatome zu einem gewissen Prozentsatz durch ein starkes äußeres Magnetfeld in eine Orientierung gezwungen, in der sie mit ihrer magnetischen Achse senkrecht zum erdmagnetischen Feld stehen, so ergibt sich für diese Atome beim Abschalten des Hilfsfeldes die Tendenz zur Umorientierung, die zu einer Präzessionsbewegung Anlaß gibt, deren Frequenz von der Stärke des erdmagnetischen Feldes abhängt. Die Frequenz liegt in der Größenordnung von 2 kHz („Protonen-Magnetometer").

Zur Messung und Registrierung kurzzeitiger Veränderungen dienen die „Variometer":

Das *D-Variometer* besteht aus einem an einem vertikalen Faden im Schwerpunkt aufgehängten Magneten, dessen Lage mittels Lichtzeigers photographisch aufgezeichnet wird.

Für die *variometrische Messung von H und Z* dienen in der Regel Anordnungen, bei denen ein Magnet von zwei Kräften — der zu messenden magnetischen Kraftkomponente und einer konstanten Kraftwirkung mechanischer oder elektrischer Art — in einer von seiner normalen Lage abweichenden Stellung gehalten wird. Änderungen der magnetischen Kraftkomponente bedingen dann Lageänderungen, die photographisch aufgezeichnet werden.

Bei der „Feldwaage" nach ADOLF SCHMIDT ist ein Magnet um eine horizontale *nicht* durch seinen Schwerpunkt gehende Achse drehbar so aufgehängt, daß er sich vertikal oder horizontal stellt. Ein senkrecht zum magnetischen Meridian orientierter horizontaler Magnet wirkt als *Z-Variometer*, während ein in der Ebene des magnetischen Meridians drehbarer vertikal stehender Magnet als *H-Variometer* wirkt.

Eine Direktmessung bzw. -aufzeichnung der zeitlichen Differentialquotienten dH/dt, dX/dt, dY/dt bzw. dZ/dt läßt sich aus der Bestimmung der Induktionswirkung in entsprechend orientierten Spulensystemen gewinnen. Verwendung von hochpermeablem Material — z.B. My-Metall — als Spulenkern gestattet entsprechende der Permeabilität proportionale Verstärkung der Meßeffekte.

---

* „Helmholtz-Spulen" bestehen aus zwei koaxialen Ringspulen mit je einer oder mehreren Windungen im Abstand des Spulendurchmessers a. Es läßt sich rechnerisch zeigen, daß im Inneren eines solchen Systems die achsenparallele Feldkomponente F_x und die dazu senkrechte Komponente F_y mit einer Genauigkeit von $1:10^5$ innerhalb der Grenzen $x = \pm 0{,}11\,a$ und $y = \pm 0{,}14\,a$ (gerechnet vom Mittelpunkt des Systems aus) als gleichförmig angesehen werden können.

Die bisher skizzierten Verfahren sind unter erschwerten Meßbedingungen — auf Schiffen, im Flugzeug oder in Raumsonden — nur bedingt oder garnicht verwendbar.

Eine ältere Anordnung, die auf Schiffen und auch im Flugzeug verwandt werden kann, die allerdings keine sehr hohe Meßgenauigkeit gestattet, ist der sog. „Doppelkompaß" nach BIDLINGSMAIER, bei dem zwei übereinander montierte und um die gleiche vertikale Achse drehbare Kompaßrosen mit einander entgegengesetzter Orientierung unter der Wirkung der Horizontalintensität eine Spreizung der Magnete gegeneinander erfahren, aus der die Richtung des magnetischen Meridians und der Betrag von H abgelesen werden können.

Wesentlich höhere Genauigkeit wird mit dem vor allem im Flugzeug verwandten „Flux-Gate-Magnetometer" erreicht: Das Meßprinzip beruht darauf, daß in zwei einander parallelen aber durch die Stromrichtung in den sie umgebenden Spulen umgekehrt zueinander magnetisierten Spulenkernen durch Überlagerung mit dem äußeren erdmagnetischen Feld eine verschiedene Magnetisierung zustandekommt, die messend erfaßt werden kann.

Andere Meßprinzipien machen sich die Beeinflussung von Elektronenbahnen durch ein äußeres Magnetfeld zunutze: So kann man in einer Vakuumröhre mit geradem Glühdraht in der Achse einer zylindrischen Anode bei Parallelstellung der Kathode mit der Richtung des magnetischen Feldes bzw. einer seiner Komponenten die Ablenkung der radialen Elektronenbahnen beobachten und zur Messung benutzen („Magnetron"). Auch der Hall-Effekt läßt sich zur Messung heranziehen.

Sehr hohe Empfindlichkeit bei gleichzeitig sehr hoher zeitlicher Auflösung gestattet die Anwendung der Resonanz-Fluoreszenz* in „optisch gepumpten" Systemen (Gaszellen mit Helium- oder Rubidiumdampf-Füllung): Die Messung beruht auf der Absorption einer HF-Welle durch Anregung einer der Zeemann-Aufspaltung entsprechenden Frequenz („Larmor-Frequenz"). Die Messung, die sich auch als Registrierung ausgestalten läßt, kann die Totalintensität bis auf Hundertstel γ genau liefern.**

4. Ozeanographische Messungen

Die ozeanographische Arbeitsweise besteht in der Hauptsache in der Kombination zahlreicher Einzelverfahren zur Bestimmung der Wassereigenschaften (Temperatur, Salzgehaltsanalyse, Dichte, Strömung u. a.) in Abhängigkeit von der Tiefe und ihrer Zusammenfassung zu möglichst

---

* Siehe z. B. L. ENGELHARD: Resonanzfluoreszenz-Magnetometer. Kleinheubacher Berichte Nr. **10**, 245—251, 1965.

** Ausführliche Behandlung der einzelnen Meßverfahren s. bei G. FANSELAU, Bd. II, 1960. Siehe auch „Annals of the International Geophysical Year", Vol. IV, Part IV and V, Pergamon Press 1957 (120 S.).

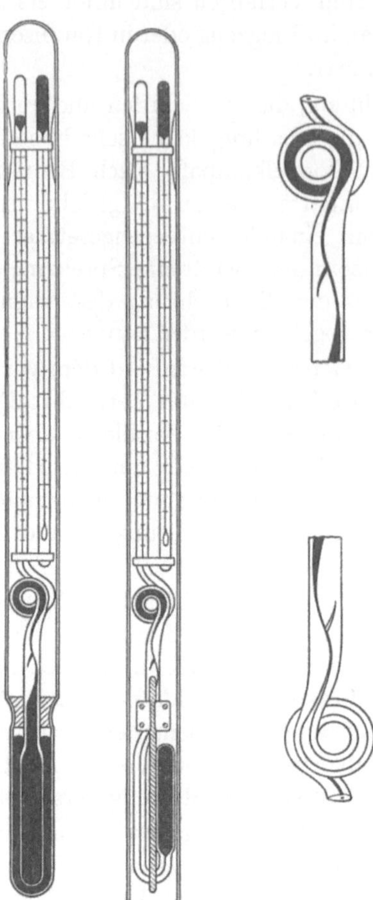

Abb. 151. Typen von Kippthermometern für den ozeanographischen Gebrauch.
Rechts: Kapillaren mit Verengung zum Abreißen des Fadens. (Aus H. U. SVERDRUP,
1957)

dicht mit Messungen besetzen Meßprofilen. Die Vielseitigkeit der Einzel-
aufgaben erfordert speziell eingerichtete Forschungsschiffe.

Besonders zu nennen ist die Temperaturmessung mittels des „Kipp-
Thermometers" (vgl. Abb. 151).

Ein in die gewünschte Wassertiefe versenktes Thermometer wird dort
umgekippt und der Quecksilberfaden in einem verengten Kapillarenteil
zum Abreißen gebracht. Aus der Länge des abgetrennten Fadens ergibt
sich — unter Berücksichtigung gewisser Korrekturen — die Temperatur
in der Tiefe der Kippstelle. Es läßt sich eine Genauigkeit von $\pm 0,01°$ C
erreichen.

Für die Bestimmung der Dichte wird eine Genauigkeit von $\pm 10^{-5}$,
für den Salzgehalt und seine Analyse eine Angabe auf 10^{-5} g pro Gramm
Wasser angestrebt und erreicht.

Bei Seegangs- und Wellenstudien bieten stereophotogrammetrische Aufnahmen ein wesentliches Hilfsmittel. — Gezeitenuntersuchungen und -berechnungen beruhen im Prinzip auf der statistischen Analyse der Pegelbeobachtungen.

Weitere Einzelheiten s. in den Spezialkapiteln in Bd. 48 des Handbuches der Physik, 1957.

5. Meßmethoden im atmosphärischen Bereich

Hier sind drei Gruppen von Meß- und Beobachtungsaufgaben zu unterscheiden:

α) Die Messung meteorologischer Größen in der bodennahen Atmosphäre einschließlich aerologischer Messungen mittels Radiosonden.

β) Die Ermittlung von Zuständen und Vorgängen in der mittelhohen und hohen Atmosphäre vom Boden aus und

γ) Die Gewinnung von Meßdaten unter Zuhilfenahme von Raketen und Satelliten.

Zur ersten Gruppe gehören die Messungen und Registrierungen der meteorologischen Elemente in Bodennähe und in den mittels Flugzeugen und Radiosonden zugänglichen Teilen der Troposphäre und der unteren Stratosphäre, die sog. „Aerologischen Messungen", die im allgemeinen mittels der bei bodennahen Messungen üblichen Meßverfahren durchgeführt werden. Zu ihnen zählen auch die verschiedenen an die Radiosondenmeßweise angepaßten Spezialverfahren zur aerologischen Ermittlung des Gehaltes an radioaktiver Substanz, zur Untersuchung der kosmischen Strahlung, zur Ozonbestimmung, zur Strahlungs- und Strahlungsbilanzmessung, zur Ermittlung luftelektrischer Größen u. a. m. Allen Messungen dieser Art ist durch die Tragfähigkeit der Ballone bei etwa 40 km Höhe eine Grenze gesetzt. Einzelheiten dazu s. z. B. im „Meteorologischen Taschenbuch" von F. LINKE (1933 ff.).

Die zweite Gruppe betrifft die Ermittlung von Zuständen und Vorgängen in der höheren Atmosphärenschicht vom Boden aus.

Ozonmessung

Das atmosphärische Ozon liegt zwar noch im Bereich der mittels Radiosonden erreichbaren Höhe, doch sind auch hier Messungen vom Boden aus möglich:

Der Gesamtbetrag des atmosphärischen Ozons läßt sich spektroskopisch nach dem sog. „Dobson-Verfahren" bestimmen. Dies beruht auf dem Intensitätsvergleich zweier an der langwelligen Flanke der „Hartley-Bande", einem im langwelligen Ultraviolett gelegenen breiten Absorptionsgebiet des Ozons, gelegenen Wellenlängen verschieden

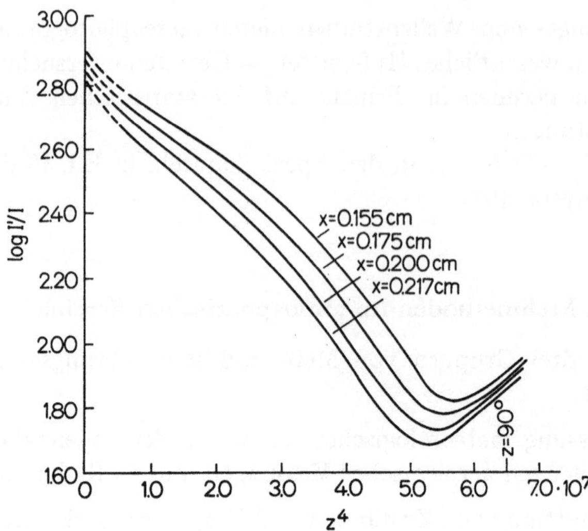

Abb. 152. Der „Umkehreffekt" nach Messungen in Delhi. (Aus R. M. Goody, 1954)

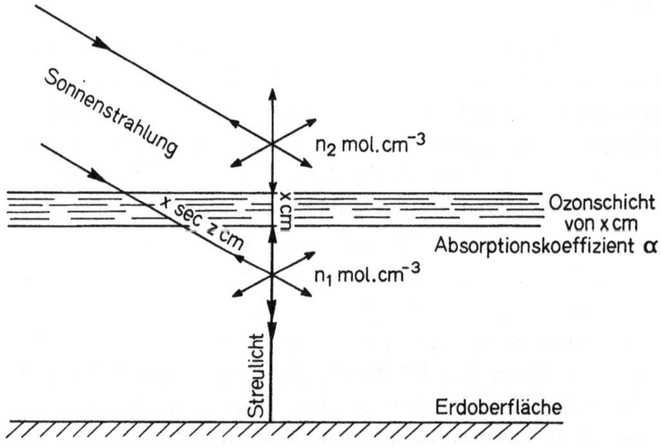

Abb. 153. Schematische Erklärung des „Umkehreffektes"

starken Absorptionsgrades — z. B. 3200 Å und 3110 Å. Die Messung kann sowohl im direkten Sonnenlicht als auch im zenitalen Streulicht erfolgen.

Die Höhenlage und der vertikale Aufbau der Ozonschicht lassen sich aus dem sog. „Umkehreffekt" abschätzen: Das oben genannte Intensitätsverhältnis (F. W. P. Götz) im zenitalen Streulicht ändert sich mit dem Zenitabstand der Sonne in der in Abb. 152 dargestellten Art. Das Umkehren des Verhältnisses bei etwa 86° Zenitdistanz erklärt sich gemäß Abb. 153 dadurch, daß bei Annäherung an Sonnenuntergang der Intensitätsschwund in der stärker absorbierenden Wellenlänge durch Streu-

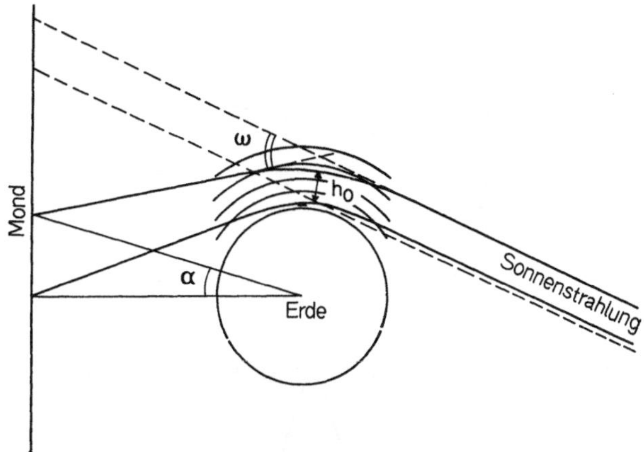

Abb. 154. Prinzip der Bestimmung der vertikalen Ozonverteilung aus Beobachtungen
bei Mondfinsternissen

licht aus höheren Bereichen kompensiert wird. Die Abhängigkeit des
„Umkehrpunktes" von der Zenitdistanz der Sonne gestatten den Rück-
schluß auf die Höhenlage der Schicht und die Abschätzung ihres Vertikal-
aufbaues.

Eine andere Möglichkeit zur Bestimmung der vertikalen Ozonverteilung bietet die spektrale Untersuchung des Schattenrandes bei
Mondfinsternissen (vgl. Abb. 154). Durch die Wirkung der Erdatmosphäre
wird ein Teil der Sonnenstrahlung abgelenkt und vergrößert auseinander-
gezogen in den Schattenbereich auf dem Mond projiziert. Durch seine
spektrale Zusammensetzung spiegelt es die Änderung des Lichtes beim
Durchgang durch die Atmosphäre wieder.

Die *Temperatur an der Stratopause* kann aus Schallbeobachtungen
abgeleitet werden. Vom Erdboden ausgehender Schall ist nur bis zu
Entfernungen von wenigen Zehnern von Kilometern hörbar. Jenseits
einer meist ringförmigen „Zone des Schweigens" wird dann der Schall
von etwa 150 km Abstand wieder deutlich hörbar. Zonen des Schweigens
und Hörbarkeitsgebiete können sich mit zunehmender Entfernung
mehrfach wiederholen.

Die Erklärung ergibt sich aus der Temperaturabhängigkeit der
Schallgeschwindigkeit v gemäß

$$(102) \qquad\qquad v = \sqrt{\gamma\, RT/M} = \text{etwa } 20\, \sqrt{T}$$

$\gamma\ = c_p/c_v$
$R =$ Gaskonstante
$T =$ absolute Temperatur
$M =$ Molekulargewicht.

Aus der geometrischen Berechnung von Schallstrahlen, die die Schall-
quelle horizontal verlassen, lassen sich unschwer ihre Aufwärtskrümmung

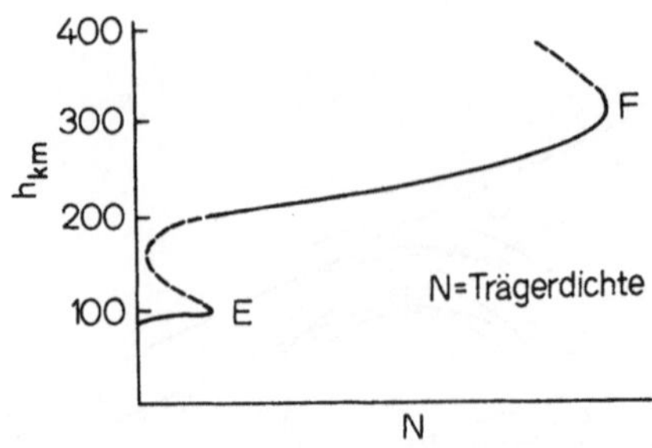

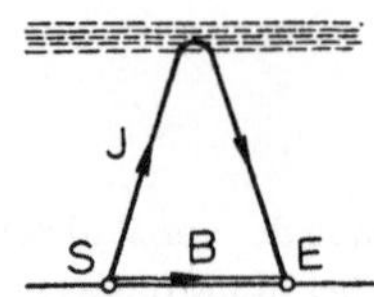

Abb. 155. Schema der elektrischen Echolotung. Es bedeuten: *N* Trägerdichte;
E und *F* Bezeichnung der reflektierenden Schichten; *S* Sender; *E* (unteres Bild)
Empfänger; *B* Bodenwelle; *J* Ionosphärenwelle

in der Troposphäre und die zur Umkehr notwendige Temperatur sowie
deren Höhenlage bestimmen. Außerdem ergeben sich dabei Aussagen
über die Windverhältnisse in diesen Höhen.

Aus *Meteorbeobachtungen* (stereoskopische Bahnvermessung, Bestimmung der Höhen des Aufleuchtens und Verglühens, Helligkeits-
untersuchungen u. a.) können Angaben über den Dichteverlauf, die Temperatur und die Luftbewegungen in Höhen von etwa 60—120 km Höhe
gewonnen werden (s. z. B. R. M. Goody, 1954). Aus Radarbeobachtungen
der (ionisierten) Bahnspuren und ihrer Verschiebungen lassen sich Druck,
Skalenhöhe und Wind in Abhängigkeit von der Höhe ableiten (s. u. a.
R. L. F. Boyd und M. J. Seaton, 1954).

Die *Methoden der Ionosphärenforschung* beruhen durchweg auf der
elektrischen Echolotung (vgl. Abb. 155), die die Laufzeit senkrecht oder
schräg einfallender elektromagnetischer Impulse in Abhängigkeit von
der Trägerwelle ermittelt und daraus auf die Elektronendichte am Re-
flexionspunkt schließt.

Da die Gruppengeschwindigkeit beim Eindringen in die ionisierten
Schichten abnimmt, ergibt die Laufzeit die „scheinbare Höhe" des Re-
flexionspunktes. Zur Ermittlung der „wahren Höhe" s. z. B. R. Rawer
(1953, 1967).

Über die zwischen den reflektierenden Schichten und über ihnen
herrschenden Verhältnisse lassen sich auf diesem Wege praktisch keine
bzw. nur summarische Aussagen machen — so z. B. aus der Beobachtung
der Dispersion, die aus einem von einem Blitz ausgehenden Signal einen
sog. „whistler" entstehen läßt (s. H. Odishaw, 1964, und K. Rawer
und K. Suchy, 1967).

Schwierigkeiten bereitet die Analyse der im Bereich der *D*-Schicht herrschenden Verhältnisse wegen der hier sehr stark erhöhten Absorption infolge höherer Stoßzahlen zwischen Elektronen und Luftmolekülen bzw. -atomen. Gewisse Aufschlüsse lassen sich hier aus Ausbreitungsbeobachtungen von Längstwellen (Kilometerwellen) und „spherics" — elektromagnetischen Impulsen, die von Blitzentladungen ausgehen — erzielen. Mittels eines 1955 von J. A. Fejer entwickelten „Doppelimpuls-Verfahrens", das sich des sog. „Luxemburg-Effektes" bedient, kann das Vertikalprofil der Elektronendichte ermittelt werden (s. K. Rawer und K. Suchy, 1967).

Polarlichtuntersuchungen auf stereometrischer Grundlage liefern die Höhenverteilung und ihre Veränderung unter dem Einfluß der Sonnenbestrahlung und geben einen Anhalt über die in diesen Höhen im Tag-Nacht-Rhythmus eintretenden Dichteschwankungen. — Die Identifizierung der spektralen Emissionen des Polarlichtes vermittelt Aussagen über die in diesen Höhen herrschende Zusammensetzung der Luft. — Spektrographische Feinanalyse der Hauptlinien (6300 Å und 5577 Å) und der Stickstoffbanden bei 4278 Å und 3914 Å gestatten es, aus der Dopplerverbreiterung bzw. der Banden-Feinstruktur Temperaturwerte abzuleiten.

Die dritte Gruppe umfaßt die heute möglichen Messungen unter Zuhilfenahme von Raketen, Satelliten und Raumsonden.

In meßmethodischer Hinsicht setzt damit eine außerordentlich vielseitige Neuentwicklung ein. Sie ist gegenüber den Meßmethoden, die in den unteren mittels Radiosonden erreichbaren Atmosphärenschichten zur Anwendung kommen, durch zwei wesentliche Veränderungen gekennzeichnet: Alle Messungen von rasch fliegenden Meßträgern aus stellen besondere Ansprüche an eine möglichst trägheitsarme bzw. -freie Erfaßbarkeit der Meßdaten. Außerdem liefern die Bahn und die Bahngeschwindigkeit der Träger selbst weitere Meßdaten und die Möglichkeit der Ausdeutung*.

Bis etwa 100 km Höhe steht die Messung des Luftdruckes im Vordergrund. Für den Radiosondenbereich — d.h. bis zu Drucken von einigen mm Hg — kann das normale Membran-Manometer verwandt werden. Für kleinere Drucke ist zunächst das „Pirani-Manometer" zu erwähnen, das auf der Abkühlung eines erhitzten Drahtes beruht und etwa für den Druckbereich 2 mm Hg bis zu $3 \cdot 10^{-3}$ mm Hg verwendbar ist. Für kleinere Drucke bis zu etwa 10^{-6} mm Hg werden „Ionisations-Manometer" verwandt. Sie beruhen auf der Messung der druckabhängigen Ionenbildung durch Elektronen oder α-Teilchen (vgl. Abb. 156).

---

* Eine Zusammenstellung der für Raketenmessungen geeigneten Instrumentarien und Meßaufgaben findet sich bei R.L.F. Boys und M. J. Seaton (1954), einen kurzen orientierenden Überblick vermittelt ein Buch von E. Burgess (1956). Angaben zur Satellitenmessung finden sich in jedem modernen Werk über die Hochatmosphäre und die Raumforschung (s. z.B. J.A. Ratcliffe, 1960; H. Odishaw, in der Reihe „Space Research" u.a. a.O.).

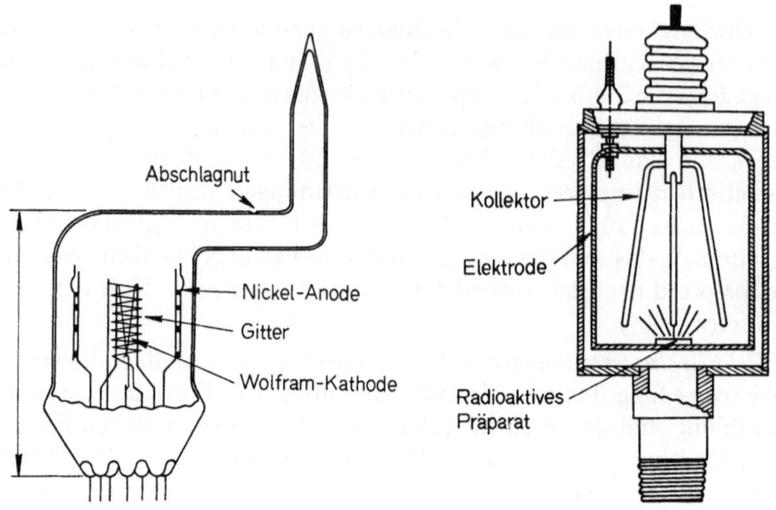

Abb. 156. Links: Philips-Ionisations-Manometer. Rechts: Alphatron-Ionisations-
Manometer

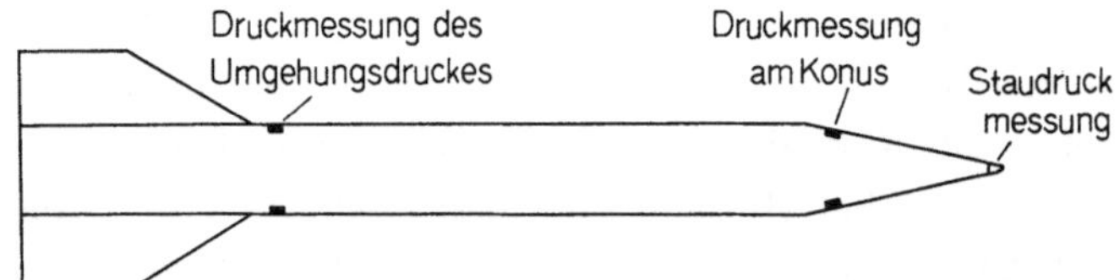

Abb. 157. Anordnungen zur Druckmessung am Raketenkörper

Das „Philips-Ionisations-Manometer" (Abb. 156, links) ist ein
kleines Gasentladungsrohr, das in seinem Aufbau dem einer Radioröhre
ähnelt. Die von der Kathode ausgehenden Elektronen erzeugen eine vom
Druck abhängige Menge von Gasionen, die im Anodenkreis zur Messung
gelangen. Die Elektronen werden auf ihrem Lauf durch ein Magnetfeld
in Spiralbahnen gezwungen, die ihren Weg bis zum Mehrhundertfachen
verlängert. — Im „Alphatron" dient als Ionenquelle ein α-strahlendes
radioaktives Präparat. Im „Vibrations-Manometer" nach R. HAVENS
u. a. werden in zwei mit Pirani- oder Ionisations-Manometernbestückten
Meßkammern rhythmische Volumenänderungen erzeugt. Die etwa 6 cm³
großen Kammern sind durch feine Öffnungen mit dem Außenraum verbunden. Die Amplitude der erzeugten Wechselspannung gibt ein Maß
für den Außendruck. Der Meßbereich umfaßt Drucke von 10^3 mm Hg
bis herab zu 10^{-5} mm Hg.

Durch Vergleich der Druckmessung an verschiedenen Stellen der
fliegenden Rakete lassen sich die Dichte ϱ der Luft und die Geschwindigkeit v der Rakete bestimmen. Am Zylinderkörper der Rakete (Abb. 157)
wird der in der Umgebung herrschende Luftdruck p gemessen. In der
Raketenspitze ergibt sich infolge Stau der höhere Druckwert P. Zwischen

beiden Werten bestehen nach der Theorie für Überschallgeschwindig-
keiten (Machzahl größer als 1) die Beziehungen

$$(103) \qquad\qquad P = 0{,}92\,\varrho\,v^2 + 0{,}46\,p$$

für 2-atomige Gase $(c_p/c_v = \tfrac{7}{5})$ und

$$(104) \qquad\qquad P = 0{,}88\,\varrho\,v^2 + 0{,}44\,p$$

für 1-atomige Gase $(c_p/c_v = \tfrac{5}{3})$. (Alle Angaben in CGS-Einheiten.) Gleichzeitige Messung von P und p ergibt also bei bekanntem v die Luftdichte
und umgekehrt. Messungen am Konus des Raketenkopfes lassen sich
ebenfalls auf p reduzieren. — Aus Druck und Dichte ergibt sich dann
unter Verwendung der Gasgesetze und der statischen Grundgleichung
die Temperatur.

Eine andere Methode der Dichtemessung beruht auf der Messung
der Fallgeschwindigkeit kugelförmiger Körper, die in entsprechender
Höhe ausgestoßen werden.

Kommt in größeren Höhen die mittlere freie Weglänge der Gasteil-
chen in die Größenordnung der Dimensionen der Öffnung der Meßkammern von Druckelementen, so stellt sich deren Inneres auf Dichte-
gleichheit mit dem Außenraum ein. Unter Berücksichtigung gewisser
Korrekturen (z. B. der Innentemperatur und anderer Störeinflüsse) und
Eichungen können jetzt unmittelbar die Luftdichte und ihr Höhen-
verlauf gemessen werden.

Ein *künstlicher Erdsatellit* liefert auf dreierlei Weise Informationen
über den von ihm durchflogenen Raum:

1. Zunächst gibt er durch seine Bahn als künstlicher Himmelskörper
und durch seine Bremsung Aufschlüsse über die Dichte.

2. Als bewegter Sender gibt er durch seine Trägerwelle Aufschluß
über den Ionisationszustand.

3. Schließlich vermittelt er durch die Angaben der ihm mitgegebenen
Spezialmeßeinrichtungen entsprechende Aussagen der gewünschten Art.

Die Bahnbestimmung eines Satelliten erfolgt auf verschiedenen
Wegen: Aus Radarbeobachtungen und aus Peilungen der Trägerwelle
ergeben sich Richtung und Bahngeschwindigkeit. Beobachtungen der
Frequenzänderungen der Trägerwelle als Folge des Doppler-Effektes
liefern Relativgeschwindigkeiten in bezug auf den Meßort. Zusammen mit
der Gesamtumlaufzeit von einer Kulmination zur anderen lassen sich nach
den Kepplerschen Gesetzen alle erforderlichen Angaben gewinnen.

Auf die Möglichkeit zur Bestimmung der Erdgestalt aus der Bahn-
beobachtung von Satelliten wurde schon in Teil I (Kapitel 3) hingewiesen.

Die Bremsung eines Satelliten in dem Hochvakuum, das er in der
Hochatmosphäre durchläuft, ist zwar außerordentlich gering, aber doch

groß genug, um sich im Laufe der Zeit durch eine Beeinflussung der Bahn bemerkbar zu machen.

Die Bremsung durch den Luftwiderstand stört das Gleichgewicht zwischen Zentripetalkraft und Zentrifugalkraft des Flugkörpers, verringert seinen Bahnabstand von der Erde und damit seine Umlaufzeit P. Im Prinzip läßt sich daraus unter gewissen Voraussetzungen die Dichte ermitteln nach der Beziehung (vgl. S. 154):

$$(105) \qquad \frac{dP}{dn} \sim -3\,P\,\frac{F}{M} \cdot \oint \varrho\,(h)\,ds$$

F = mittlerer effektiver Widerstandsquerschnitt des Satelliten
M = Satellitenmasse
n = Umlaufzahl
ϱ = Dichte
h = Höhe.

Gl. (105) läßt sich annähern durch die Beziehung

$$(106) \qquad \frac{dP}{dn} = -a - 2\,b\,n$$

wo a der Dichte im anfänglichen Perigäum der Satellitenbahn Rechnung trägt und b in Beziehung zum Dichtegradienten in dieser Höhe steht. Die Näherung läßt sich auf den ersten Teil der Lebensdauer eines Satelliten anwenden. Die Zahlenwerte von a ergaben sich für die ersten Satelliten (Sputnik I, II und III, Explorer I und Vanguard I) zu 0,14, 0,19, 0,05, 0,03 und 0,0017 sec/n, die Werte von b für die drei erstgenannten Satelliten zu 0,000088, 0,000053 und 0,0000066 sec/n² [H. K. PAETZOLD: Z. angew. Physik **11**, 234—243 (1959); Raketentechnik u. Raumforschung **3**, 45—49 (1959)].

Zur Ermittlung der Temperatur dient die aus der Statischen Grundgleichung (s. Teil IV, Kapitel 3) folgende Beziehung

$$(107) \qquad \frac{d\varrho}{\varrho} = \frac{dz}{H} - \frac{dT}{T} + \frac{dm}{m} + \frac{dg}{g}$$

ϱ = Dichte
z = Höhe
H = „Skalenhöhe"
T = Temperatur
m = mittlere Molekularmasse
g = Schwerebeschleunigung.

Sie erfordert Kenntnis — oder plausible Annahme — über die Gaszusammensetzung in den betreffenden Höhen.

Ein wichtiges Hilfsmittel bietet die Untersuchung der Schwankungen der Empfangsfeldstärke, die durch den sog. „Faraday-Effekt" zustande kommen. Dieser Effekt beruht darauf, daß beim Durchgang der zum Teil polarisierten Wellen durch ein ionisiertes Medium eine Drehung der Polarisationsebene eintritt, die zu der zwischen dem Sender und dem Empfänger vorhandenen Gesamt-Elektronenzahl in Beziehung steht. Die Frequenz f_{Fa} des so bewirkten Faraday-Fadings ist gegeben durch

$$(108) \qquad f_{Fa} = \frac{dN_e}{dt} \cdot \frac{f_H \cdot \cos \varepsilon}{f^2} \cdot \frac{e^2}{2 \pi c m}$$

$f_H \quad$ = Gyrofrequenz der Elektronen im Magnetfeld der Erde
$N_e \quad$ = Gesamt-Elektronenzahl
dN_e/dt = zeitliche Änderung von N_e
$\varepsilon \quad$ = Winkel zwischen der Bahntangente des Satelliten und der Richtung der magnetischen Feldlinien.

Bezüglich der umfangreichen Spezialinstrumentation von Satelliten und Raumsonden muß auf die einschlägige Einzelliteratur verwiesen werden.

6. Messungen in den in Teil V behandelten Spezialgebieten

a) Radioaktivität

Die Messung erfolgt in bekannter Weise durch Ermittlung der Strahlenwirkung mittels Ionisationskammer, Zählrohr oder anderer geeigneter „Detektoren". Ein Unterschied zur üblichen kernphysikalischen Meßtechnik besteht darin, daß in der Regel bei geophysikalischen Untersuchungen nur sehr geringe Mengen zur Verfügung stehen. Dies bedingt sehr hohe Ansprüche an die Empfindlichkeit. Außerdem sind in vielen Fällen geeignete Anreicherungsverfahren erforderlich.

Besondere Bedeutung kommt der *Emanometrie* zu. Bei dieser werden die in einem Ionisationsgefäß enthaltenen Emanationsmengen durch ihre α-Strahlen-Ionisierung erfaßt. Dabei muß der Nachlieferung der ebenfalls strahlenden Zerfallsprodukte Rechnung getragen werden. Die entsprechenden Korrekturen werden theoretisch unter Anwendung der radioaktiven Umwandlungsgesetze oder experimentell durch Beschickung mit bekannten Emanationsmengen aus Standardlösungen bestimmt. Einzelheiten dazu s. z.B. bei H. Israël (1940, 1957, 1961).

Die Messung der kurzlebigen Thorium-Emanation (Tn-Rn^{220}) erfordert die Verwendung von emanometrischen Strömungsverfahren (s. H. Israël u. Mitarb., 1965, 1967, 1968).

Weitere Angaben zur radioaktiven Meßtechnik s. u.a. bei W. I. Baranow (1959) und G. Schumann (1962).

b) Luftelektrizität

Die Meßtechnik auf atmosphärisch-elektrischem Gebiet erfordert vor allem Messungen von elektrischen Feldstärken bzw. Potentialdifferenzen und deren Variationen und solche von meist sehr kleinen Strömen bei der Ermittlung der Leitfähigkeit der Luft und der in ihr enthaltenen Ionen sowie bei der Erfassung der in der Atmosphäre stattfindenden Ladungsverschiebungen. Hinzu kommen Bestimmungen der Ladungsdichte in einem bestimmten Luftvolumen und auf Suspensionen und anderen Spezialaufgaben.

Die Meßprinzipien sind durchweg einfach. Die Besonderheit liegt darin, daß die Meßanlagen zur Dauerregistrierung unter allen atmosphärischen Bedingungen geeignet sein müssen. Dies stellt zum Teil ungewöhnlich hohe Ansprüche an die Isolation und verlangt die Entwicklung von Spezialisolatoren mit entsprechendem Schutz gegen äußere Einwirkungen, in erster Linie gegen Feuchtigkeitseinflüsse.

Die Anpassung der am Boden üblichen Meßverfahren an Flugzeuge als Meßträger sowie ihre Kombination mit Radiosonden bereitet keine grundsätzlichen Schwierigkeiten.

Im Zusammenhang mit der Gewitterforschung ergeben sich Sonderaufgaben bei Blitzuntersuchungen (Zeitzerlegung des Vorganges, Spektralmessung zur Ermittlung der Temperatur im Blitzkanal, Zählung und Ortung von Blitzen durch Peilung u. a. m.).

Eine Darstellung der gesamten Meßtechnik auf diesem Gebiet findet sich bei H. ISRAËL, 1957, 1961, 1968).

c) Schwebstoffe

Auch hier liegen die Verhältnisse ähnlich: Die Methoden beruhen auf bekannten physikalischen und chemischen Meßprinzipien, die den meist nur sehr geringen zur Vermessung vorhandenen Substanzmengen angepaßt werden müssen (s. z. B. CHR. JUNGE, 1963).

Soweit sich die Schwebeteilchen infolge ihrer kleinen Dimensionen der mikroskopischen und ultramikroskopischen Sichtbarkeit entziehen, müssen sie durch Wasserdampfkondensation im „Kondensationskernzähler" sichtbar gemacht oder durch Ladungsbestimmung im „Ionenzähler" erfaßt werden. Auch Elektronenmikroskopie kommt zur Anwendung.

Literatur

Baranow, W. I.: Radiometrie. [Übersetzung aus dem Russischen.] Leipzig: Teubner 1959.

Bartels, J.: Gezeitenkräfte. In: Handbuch der Physik, Bd. 48, S. 734—774. Berlin-Göttingen-Heidelberg: Springer 1957.

— Geophysik. Fischer-Bücherei 1960.

—, u. P. ten Bruggenkate: (Hrsg.): Landolt-Börnstein, Zahlenwerte und Funktionen aus Physik, Chemie und Astronomie, Geophysik und Technik, 6. Aufl., Bd. III. Berlin-Göttingen-Heidelberg: Springer 1952.

Boyd, R. L. F., and M. J. Seaton: Rocket exploration of the upper atmosphere. London: Pergamon Press 1954.

Brancazio, P. J., and A. G. W. Cameron: The origin and evaluation of atmospheres and oceans. New York: J. Wiley & Sons, Inc. 1964.

Burgess, E.: Raketen in der Ionosphärenforschung. Eine Einführung in die Probleme der Funkortung, Fernlenkung und Fernmessung von Höhenraketen und Meßsatelliten. (Lehrbücherei der Funkortung, Bd. 4.) Garmisch-Partenkirchen: Deutsche Radar-Verlagsges. 1956.

Chalmers, J. A.: Atmospheric electricity. London: Pergamon Press 1957. (Neuauflage 1958.)

Chapman, S., and J. Bartels: Geomagnetism (2 Bde.). London: Oxford University Press 1940 u. 1951.

COSPAR-CIRA-Reference Atmosphere (Committee on Space Research — COSPAR International Reference Atmosphere). Amsterdam: North-Holland Publ. Co. 1961.

Coulomb, J.: La constitution physique de la terre. Paris 1952.

— Séismométrie. In: Handbuch der Physik, Bd. 47, S. 24—74. Berlin-Göttingen-Heidelberg: Springer 1956.

Craig, R. A.: The upper atmosphere, meteorology and physics. New York: Academ. Press 1965.

Defant, A.: Ebbe und Flut des Meeres, der Atmosphäre und der Erdfeste. Verständliche Wissenschaft. Berlin-Göttingen-Heidelberg: Springer 1953.

— Flutwellen und Gezeiten des Meeres. In: Handbuch der Physik, Bd. 48, S. 846—927. Berlin-Göttingen-Heidelberg: Springer 1957.

—, u. F.: Physikalische Dynamik der Atmosphäre. Leipzig 1958.

Dietrich, G.: Allgemeine Meereskunde. Berlin: Bornträger 1957.

Fanselau, G. (Hrsg.): Geomagnetismus und Aeronomie. Berlin: VEB Verlag der Wissenschaften. Beginn 1959 und später.

Faul, H. (editor): Nuclear geology. New York 1954.

Faust, H.: Der Aufbau der Erdatmosphäre. Eine zusammenfassende Darstellung unter Einbeziehung der neuen Raketen- und Satellitenergebnisse. Braunschweig: Vieweg & Sohn 1968.

Ficker, H.: Wetter und Wetterentwicklung, 4. Aufl. (Verständliche Wissenschaft, Bd. 15.) Berlin-Göttingen-Heidelberg: Springer 1952.

Fleagle, R. G., and J. A. Businger: An introduction to atmospheric physics. New York: Academ. Press 1963.

Flügge, S. (Hrsg.): Handbuch der Physik, Bd. 47—49. Berlin-Göttingen-Heidelberg: Springer 1957 ff. (zum Teil noch im Erscheinen). Modernste ausführliche Gesamtdarstellung der Geophysik.

Goody, R. M.: The physics of the stratosphere. Cambridge: University Press 1954.

Haalck, H.: Lehrbuch der angewandten Geophysik. Berlin: Bornträger 1953 (Teil I) und 1958 (Teil II).

— Physik des Erdinneren. Leipzig: Akad. Verlagsges. 1959.

Hann-Süring (Hrsg. R. Süring): Lehrbuch der Meteorologie, 5. Aufl. Leipzig: Keller 1939—1951.

Higgins, J. E.: The solar extreme ultraviolet spectrum between 30 March 1966 and 17 January 1967. AFCRL (Air Force Cambridge Research Laboratories) Environmental Papers, Nr. 280 (1968).

Inglis, D. R.: Theories of the earth's magnetism. Rev. Modern Phys. 27, 212—248 (1955).

Israël, H.: Atmosphärische Elektrizität, Teil I: Grundlagen, Leitfähigkeit, Ionen; Teil II: Felder, Ladungen, Ströme. Leipzig: Akadem. Verlagsges. 1957 (Teil I), und 1961 (Teil II). Englische Ausgabe im Druck.

— M. Horbert, and C. de la Riva: The thoron content of the atmosphere and its relation to the exchange conditions. Final Technical Report to Contract No. DA-91-591-EUC-3761, Aachen 1967, 135 S.

— — — Final Technical Report to Contract No. DAJA 37-67-C-0563, Aachen 1968.

—, and G. W. Israël: Mesaurements of the thoron content of the atmosphere and their application in meteorology, with an appendix: Investigations on atmospheric radon. Final Technical Report to Contract No. DA-91-591-EUC-3483, Aachen 1965, 60 S.

—, u. A. Krebs (Hrsg.): Kernstrahlung in der Geophysik — Nuclear radiation in Geophysics. Berlin-Göttingen-Heidelberg: Springer 1962.

Jordan, P.: Die Expansion der Erde. Folgerungen aus der Diracschen Gravitationshypothese. Braunschweig: Vieweg 1966. (Sammlung „Die Wissenschaft", Bd. 124.)

Jung, K.: Kleine Erdbebenkunde. (Verständliche Wissenschaft, Bd. 37.) Berlin-Göttingen-Heidelberg: Springer 1953.

— Figur der Erde. In: Handbuch der Physik, Bd. 47, S. 534—639. Berlin-Göttingen-Heidelberg:Springer 1956.

Junge, Chr. E.: Air chemistry and radioactivity. New York: Academ. Press 1963.

Kraus, E.: Die Entwicklungsgeschichte der Kontinente und Ozeane. Berlin 1959.

Kuiper, G. P.: The atmosphere of the earth and the planets. Chicago: Chicago University Press 1952.

La Coste, L. J. B.: Measurements of gravity at sea and in the air. Rev. Geophysics 5, 477—526 (1967).

Linke, F. (Hrsg.): Meteorologisches Taschenbuch. Leipzig: Akadem. Verlagsges. 1933 (Bd. 2), 1939 (Bd. 4); Neue Ausgabe (Hrsg. F. Baur) 1953 (Bd. 2), 1957 (Bd. 3).

Malone, T. E.: Compendium of meteorology. Boston, Mass.: Am. Meteorol. Soc. 1951.

Nawrocki, P. I., and R. Papa: Atmospheric processes. Bedford, Mass.: Geophys. Corporat. 1961.

Nicolet, M.: La structure de l'hétérosphère terrestre. In: The space environment. — Le milieu spatial (Hrsg. von A. Ehmert). Berlin-Göttingen-Heidelberg-New York: Springer 1964.

Odishaw, H.: Research in geophysics, vol. I: Sun, upper atmosphere, and space; vol II: Solid earth and interface phenomena. Cambridge, Mass.: MIT Press 1964.

Rajewsky, B.: Strahlendosis und Strahlenwirkung, 2. Aufl. Stuttgart: G. Thieme 1956.

— Wissenschaftliche Grundlagen des Strahlenschutzes. Karlsruhe: G. Braun 1957.

Rankama, K., and Th. G. Sahama: Geochemistry. Chicago: Chicago University Press 1950.

RATCLIFFE, J. A.: Physics of the upper atmosphere. New York: Academ. Press 1960.

RAWER, K.: Die Ionosphäre. Groningen: Noordhoff 1953.

—, and K. SUCHY: Radio observations of the ionosphere. In: Handbuch der Physik, Bd. 49, Teil II, S. 1—546. Berlin-Heidelberg-New York: Springer 1967.

ROLL, H. U.: Oberflächenwellen des Meeres. In: Handbuch der Physik, Bd. 48, S. 671—733. Berlin-Göttingen-Heidelberg: Springer 1957.

RUBEY, W. W.: Geologic history of sea water. In: The origin and evaluation of atmospheres and oceans (edit. by P. J. BRANCAZIO and A. G. W. CAMERON). New York: J. Wiley & Sons 1964.

RUNCORN, S. K.: Continental drift. New York: Academ. Press 1962 (International Geophys. Ser., vol. 3), 1962.

SCHERHAG, R.: Neue Methoden der Wetteranalyse und Wetterprognose. Berlin-Göttingen-Heidelberg: Springer 1948.

SCHUMANN, G.: Meßmethoden. In: Kernstrahlung in der Geophysik — Nuclear radiation in geophysics (Hrsg. von H. ISRAËL und A. KREBS). Berlin-Göttingen-Heidelberg: Springer 1962.

SHUMSKIY, P. A., A. N. KRENKE, and I. A. ZOTOKOV: Ice and its change. In: Research in geophysics (edit. by H. ODISHAW), vol. II. Cambridge, Mass.: MIT Press 1964.

STERN, A. C.: Air pollution, vol. I: Air pollution and its effects; vol. II: Air pollution; analysis, monitoring and surveying; vol. III: Air pollution and their control (in preparation). New York: Acad. Press 1968.

Space Research — Proceedings of the international space science symposia. Amsterdam: North Holland Publ. Co. (Seit 1960 8 Bände erschienen).

SUTTON, W. G. L.: Micrometeorology. New York: McGraw Hill 1953.

SVERDRUP, H. U.: Oceanography. In: Handbuch der Physik, Bd. 48, S. 608—670. Berlin-Göttingen-Heidelberg: Springer 1957.

TOPERCZER, M.: Lehrbuch der allgemeinen Geophysik. Wien: Springer 1960.

USSA-Reference-Atmosphere. (**U.S. Standard Atmosphere.**) Washington, D.C.: Government Publishing Office 1962. Siehe auch: US Standard Atmosphere Supplements, Washington, D.C., 1966.

VENING MEINESZ, F. A.: Die Entstehung von Faltengebirgen, Mittelgebirgen, von Kontinenten und Ozeanen. In: Verhandlng. d. Geolog. Bundesanst., Wien, 1959.

WEGENER, A.: Die Entstehung der Kontinente und Ozeane. Braunschweig: Vieweg 1915; 4. Aufl. 1961.

[illegible], J. A., "Physics of the Upper Atmosphere." New York Academic Press, 196[illegible].

[illegible], E. "The Complete Gas Laser." Rockcliff 195[illegible].

[illegible], "Theorie und Anwendung der Laplace-Transformation." Berlin-Heidelberg-New York: Springer 19[illegible].

[illegible], "Mathematical Methods for Physicists." New York-London: Academic Press 19[illegible].

[illegible], W. W. "Radiative Transfer and Spectral Line Formation." [illegible].

[illegible], S. "Radiative Transfer." New York: Dover 19[illegible].

[illegible], R. "Neue Methoden der Wärmeanalyse und Wärmemessung." Göttingen-Heidelberg: Springer 19[illegible].

[illegible] "[illegible]." Heidelberg: Springer 19[illegible].

[illegible], P. A. A. B. [illegible] and J. V. [illegible]. "[illegible]. Research in Progress [illegible]." M.I.T. Press 19[illegible].

[illegible], A. G. [illegible]. "[illegible]." New York: [illegible].

[illegible] [illegible].

[illegible] [illegible].

[illegible] [illegible].

Sachverzeichnis

Abkühlung der Erdinneren 5
Abplattung des Erdkörpers 11, 19
Aerologische Messungen 205
Aerosole 194, 195
Aerosolkreislauf 194
Aerosolquellen 193
Aitken-Kerne 195
Aktivierung, radioaktive — der
   Atmosphäre 171
Aktivität, erdmagnetische 72ff., 74, 75,
   82, 83,
Albedo 122
Altersbestimmung, radioaktive 163,
   175, 176
Argus-Experiment 161
Atmosphäre 2, 110ff.
—, Aufbau und Zusammensetzung 115
—, Entstehung 113
—, „Grimminger“-Modell 118
—, Temperaturaufbau 112
—, Wärmehaushalt 124
Atmosphärische Elektrizität 180ff.
Ausgleichsfläche, isostatische 15
Austausch 131, 186, 193, 195
—, Untersuchungen auf radioaktiver
   Grundlage 178
Austauschkoeffizient 132

Bai-Störungen 80, 87
Benndorfscher Satz 37
Berg- und Talwind 125
„Berliner Phänomen“ 137
Beweglichkeit der Luftionen 181
Blitzforschung 189
Bodenforschung, geophysikalische 14
Bouguer-Anomalie 16
Breite, Schwankungen der geo-
   graphischen 18
Bremsung der Satelliten 211, 212

C^{14} 172, 173, 174, 179
Chandlersche Periode 19
Charakterzahlen, erdmagnetische 75
CIRA-Atmosphäre 156, 157
Clairautsches Theorem 9
COSPAR-Atmosphäre 156, 157
Curie 167

D-Schicht 140
Datierung, radioaktive 176, 177
Deklination 45, 48
—, Messung 201
Dichte im Erdinneren 40
Dichtebestimmung in der Hoch-
   atmosphäre 211, 212
Dipol, exzentrischer 47
—, zentrischer 46, 55
Dipolfeld, erdmagnetisches 56
Doppelkompaß 203
Drehwaage 197
Dreiteilung des Erdinneren 42

E-Schicht 140, 146
Echolotungen, ionosphärische 147,
   148
Eisen-Meteoriten 42, 169
Ekliptik 17
Elektrizität, atmosphärische 180ff.
Emanometrie 213
Emergenzwinkel 37, 38
Entmischung, atmosphärische 117,
   119, 140
Entweichgeschwindigkeit 114
Epizentrum 28
Erdbahn, Länge der 3
Erdbeben 27ff.
—, Auslösung 32
—, Energie 28
—, Entstehung 32
—, Häufigkeit 27
—, Herdtiefe 26
—, Klassifizierung 27
—, Stärkeskala 31
—, Verteilung 27, 28
Erdbebenwellen 33ff.
—, Einsatz 35
—, Geschwindigkeiten der 33, 39
Erde, Abkühlung 4, 5
—, Abplattung 4, 6, 11
—, Dichtezunahme im Erdinneren 9
—, Dimensionen 3
—, Elastische Konstanten im Inneren
   40
—, Entstehung 3
—, Figur 5, 7, 8, 10, 17

Erde, Innenaufbau 39

—, magnetisches Moment der 55

—, Massenverteilung 7, 8

—, mittlere Dichte 3

—, Winkelgeschwindigkeit 9, 19

Erdellipsoid, Internationales 14

Erdgestalt und Schwere 8

Erdinneres, physikalische Konstanten 41

Erdkern 38

Erdkörper, Innenaufbau 5

—, Expansion des 26

Erdkruste 16

—, Gliederung der 23

—, Verformungen 27

Erdmagnetische Aktivität 72ff., 74, 75, 82, 83

Erdmagnetische Stürme 66, 74ff.

—, äquivalente Stromsysteme 78

—, Einsätze 74, 76, 77

—, Sturmphasen 75

—, Sturmzeit 74, 77

Erdmagnetische Variationen 67ff., 68, 69, 70, 71, 72, 73, 80, 81

— —, aperiodische 72, 80, 81

— —, periodische 71, 73, 80, 81

Erdmagnetismus 2, 43ff.

—, äußerer und innerer Anteil 54, 55

—, Dipolfeld 55

—, Einheiten 47, 48, 49, 50

—, Elemente des 48

—, Karten der magnetischen Elemente 52, 53, 54

—, Kraftlinienverteilung im Außenraum 44, 45, 47, 48

—, Theorien des 61ff., 62, 63, 64

—, Umpolungen 61

Erdmasse 8

Erdrotation, Schwankungen der 20

Erdvermessung 5, 6

Eulersche Periode 19

Exhalation 171, 172

Exosphäre 112, 113, 157ff., 158, 159, 161

F-Schicht 141

F_1-Schicht 146

F_2-Schicht 146, 147, 148

Fallgeschwindigkeit kleiner Teilchen 193

Fallout 174

Faraday-Fading 212, 213

Feld, atmosphärisch-elektrisches 180, 181

Feldstärke, erdmagnetische 44, 49

Feldstärke, luftelektrische 180

Feldwaage 202

Feuchtdiabate 129, 130

Feuchtlabilität 131

Flux-Gate-Magnetometer 203

Föhnentstehung 130

Funkstörungen 149

Gauß-Analyse 46, 51, 54, 55

Gegenstrahlung der Atmosphäre 123

Geodäsie 8

Geoid 7, 8, 12, 13

Geophysik, Einteilung der 2

Geophysikalische Meßmethoden 196ff.

Geosynklinalen 26

Geotektonische Bewegungen 27

Gesteinsdichte 13

Gewitterelektrisierung 189

Gewittererwartung, globale 183

Gewittergenerator 187, 188

Gewitterwolke, Ladungsaufbau 188, 189

Gezeiten der festen Erde 20, 21

Gezeitenhub 105

Gezeiten, Meeres- 95, 96, 102ff., 103, 104

Giant pulsations 79, 80

Glashauswirkung der Atmosphäre 123

Glazeologie 107ff.

Gleichgewicht, isostatisches 23

Gleichgewichtszustände, atmosphärische 131

Gletscher, Erosion 108

—, Fließgeschwindigkeit 108, 109

—, Moränen 107, 108, 109

Golfstrom 97, 98

Göttinger Magnetischer Verein 65, 72

Gravimeter 197

Gravitationskonstante 6, 8, 13

Grenzfrequenzen 145, 146, 147, 148

Gyrofrequenz 145

H_2O, Molekülassoziationen 88

Hangwind 126

Hartley-Bande 205

Herdtiefe 30

Heterosphäre 113

Himmelsstrahlung 122

Hochatmosphäre, Dichte 154, 155

Hochdruckgebiet („Hoch") 127, 128

Homosphäre 112, 113

Horizontalintensität 48, 201

Horizontalpendel 199

Hydrologie 106ff.

Hydrosphäre 2, 88 ff.
Hypozentrum 29, 31
Hypsometrische Karte der Erdoberfläche 22

Initialwellen 101
Inklination 48, 201
Inlandeis 108
Ionenzähler 214
Ionisations-Manometer 209, 210
Ionogramm 144
Ionosphäre 112, 113, 144 ff., 147, 148
—, Elektronendichte 145, 149
—, Höhenaufbau 149
Ionosphärenforschung, Methoden der 208
Ionosphärenschichten, Tagesvariationen 146, 147, 148
Isogonen 45, 46
Isostasie 14, 15, 16

Jetstream 133, 134

Kapillarwellen 99, 100
Kennziffern, erdmagnetische 75
Kippthermometer 204
Kohlenstoff, radioaktiver (C^{14}) 164, 165
Kondensationskerne 194
Kondensationskernzähler 214
Kondensationsniveau 129
Kontinentalklima 124
Kontinentalschollen, Drift der 25
Kontinentalverschiebung, Theorie nach WEGENER 24
Konvektionsströmungen, subkrustale 27
Korpuskularstrahlung der Sonne 73
Kosmische Strahlung, zeitliche Konstanz der 177
Krustenbewegungen 22
Krustenmagnetisierung 62, 65
Kuhn-Rittmann-Theorie des Erdinneren 42

Land- und Seewind 125
Larmorfrequenz 203
Laufzeitkurven 35, 37
Leitfähigkeit der Luft 181
Leuchtende Nachtwolken 138
Lithosphäre 2, 3 ff., 19, 88, 167
Longitudinalschwingungen, seismische 33
Lotabweichungen 6, 8, 14, 21
Love-Wellen 34

Luftelektrische Meßtechnik 213, 214
Luftelektrischer Stromkreis, weltweiter 184
Luftelektrisches Feld, Tagesgänge 182, 183, 185, 186
Luftionen 181, 194, 195
Luftkörper 128
Luftmassen 128
„Luxemburg-Effekt" 209

M-Wellen 34
Machzahl 211
Magnetometer 201, 203
Magnetosphäre 51, 87 ff., 113
Magnetpole, Lage der 47
Maritimes Klima 125
Meer, Gezeitenschwankungen des Meeresspiegels 7, 21
Meeresbecken 89
Meereswellen 95, 98, 99
Meerwasser, Eigenschaften 89, 92, 93, 94
Mercalli-Skala 28
Mesopause 113
Mesosphäre 112, 113, 137 ff.
Messungen mittels Raketen, Satelliten und Raumsonden 209 ff.
Meteorbeobachtungen 208
Meteoriten 5, 42, 169
—, Gehalt an radioaktiver Substanz 5, 159
Meteorologie 121 ff.
Meteorologische Meßaufgaben 205
Meterkonvention 6
Mikropulsationen, erdmagnetische 79, 80
Milligal 11
Mineralien, radioaktive 167
Mögel-Dellinger-Effekt 149
Mondablösung 26
Monsune 125

Nachthimmelslicht 138, 139
Newcombsche Periode 19
Newtonsches Massenanziehungsgesetz 8
Niveausphäroid 7
Normalschwere 14
Nutation 17, 18

Oberflächenwellen, seismische 33, 36
Orogenese 26
Ozeanböden, Gliederung 90, 91
Ozeanische Bewegungen 95, 96
Ozeanographie 89 ff.
Ozeanographische Messungen 203

Ozon   134ff.
—, Bildung und Vernichtung   135
—, Höhenverteilung   135, 136
—, jahreszeitliche Schwankung   137
—, Meridionalverteilung   137
—, Meßmethoden   205ff.
Ozonmessungen bei Mondfinsternissen
   207

P-Wellen   33, 35, 36
Paläomagnetismus   59
Partikelstrahlung der Sonne   81, 82,
   84, 85
Passate   126
Pendel   196, 197, 198
Permanentfeld, erdmagnetisches   50
Photosynthese   115
Pirani-Manometer   209
Polarfront   127
Polarlicht   77, 150ff., 209
—, geographische Verteilung   150, 151
—, Höhenverteilung   150, 152
—, Spektrum   85, 152, 153
Polbewegungen   18, 19
Polfluchtkraft   25
Polhöhenschwankungen   20
Polwanderung   60
Präzession   17
Präzessionsbewegung der Satelliten   10
Pulsationen, erdmagnetische   87

Querwellen   34

Radioaktive Elemente, Bildung durch
   kosmische Strahlung   163, 164,
   165
— —, künstliche   163, 165
— —, natürliche   162, 163
Radioaktivität   2, 162ff.
— der Atmosphäre   172, 173
— und Erdwärme   171
— der Gesteine   167, 168, 169
— der Gewässer   170, 171
—, Zerfalls- und Umwandlungsgesetze
   166
Radioaktivitätsverteilung und
   Aerosolkreislauf   179
Radiosonden   205
Radiostrahlung der Sonne   156, 157,
   159
Rayleighwellen   33, 34
Reduktion der Schweremessungen
   11, 12, 13, 14
Reflexionsbedingung, ionosphärische
   146

Reibungseinfluß bei atmosphärischen
   Bewegungen   127, 128
Reibungstiefe, ozeanische   96
Restfeld, erdmagnetisches   55, 57
Righeit   33
Ringstrom, erdmagnetischer   77, 85
Röntgenstrahlung der Sonne   141
Rotationsachse, Präzession der   18

S-Wellen   33, 35, 36
S_D-Variation   77
S_q-Variation   68, 81
Säkularvariation   57, 58, 59, 65
Satelliten, Bahnbestimmung   211
—, Bremsung   154, 156
Schalenaufbau des Erdinneren   40
Schallbeobachtungen   207
Scheindiffusionskoeffizient   131, 132,
   178
Scherungswellen   33, 34
Schwebstoffe   192ff., 193, 214
Schwere, Breitenabhängigkeit   10
Schwerebeschleunigung   8
Schwereformel, Internationale   10, 14
Schweremessung   196
Schwerepotential   9
Schwerereduktion   11, 12, 13, 14
Schwerewellen, ozeanische   99, 100
Schumann-Frequenzen   87
Schwebstoffe   192
Seebeben   31
Seegang   95, 98, 102
Seehöhe   8
Seiches   102, 103
Seismogramme   35, 36, 37
Seismographen   199, 200
Sial   16, 22, 23
Sima   16, 22, 23
Skalenhöhe   116, 212
Solarkonstante   81
Solar-terrestrische Beziehungen   80
Solarer Wind   159
Sonnen-Aktivität   84, 141
Sonnenentfernung   3
Sonnenfleckenrelativzahl   72, 74, 81
Sonnen-Korona   81
Sonnenrotation   73, 82, 83
Sonnenspektrum im extremen UV
   140, 141, 142, 143
Spallation   164
Spallationsprodukte   164
Spaltprodukte, langlebige, in der
   Atmosphäre   175
Spektroheliogramm   84
spherics   189

Spulen-Magnetometer 201
Spurengase in der Atmosphäre 191,
192, 194, 196
Spurenstoffe, atmosphärische 2,
190ff., 195
Staub 194
Stein-Meteoriten 42, 169
Strahlung und Aufbau der Atmosphäre
119, 120
—, Eindringtiefe in die Atmosphäre
120
Strahlungsabsorption 119
Strahlungsalter kosmischer Materie
177
Strahlungsbilanz, atmosphärische
122, 123
Strahlungshaushalt der Atmosphäre
124
Stratopause 113
Stratosphäre 112, 113, 132ff., 134
Strömungen im Erdmantel 27
Stromsysteme in der Hochatmosphäre
67, 68, 69
Synoptische Arbeitsweise 1, 196

Teilchenbahnen im Magnetfeld 86
Thermopause 113, 158, 159
Thermoremanenz 59, 62
Thermosphäre 112, 113, 140ff.
Thetys-Zone 30
Tiden 105
Tiefdruckgebiet (,,Tief") 127, 128
Tiefenzirkulation, ozeanische 98
Torsionsmodul der Gesamterde 21
Trägheitsmomente der Rotationsachse
17
Transversalschwingungen, seismische
33
Triftstrom 96, 97
Tritium (H^3) 164, 165, 179
Trockenadiabate 129, 130
Tropopause 113, 132, 133, 134
Troposphäre 111, 113, 121ff.

Umkehreffekt 206
Umpolungen, erdmagnetische 61

Van Allen-Strahlungsgürtel 113, 153,
159, 160, 161
Variationen, kurzzeitige der erdmagne-
tischen Größen 65ff.
Variometer 202
Verdichtungswellen 33, 34
Vorläuferwellen 34, 35, 36
vorticity 133

Wärmeproduktion durch radioaktive
Substanzen 4, 171
Wasser, ,,freies" 88, 89
—, ,,gebundenes" 88, 89
—, ,,juveniles" 89
Wasserkreislauf, Süßwasser- 105,
106
Wassermassen, ozeanische 93, 94,
95
Wasserwellengeschwindigkeiten 100,
101
Wasserwirtschaft 107
Wechselwellen 33
Wellenstrahlung der Sonne 73
Weltzeitgang des luftelektrischen
Feldes 183
Westdriftkräfte 25
Wiederholungstendenz erdmagnetischer
Störungen 73, 75
Wiederkehrwellen 35, 36
Wind, isobarenparalleler 127
—, solarer 159

Zentrifugalkraft 9
Zerfallsreihen des Uran[238], Uran[235] und
Thorium[232] 163
Zirkulation, globale atmosphärische
123, 126
—, ozeanische 95, 96, 98
Zöllner-Pendel 198
Zone des Schweigens 207

Universitätsdruckerei H. Stürtz AG Würzburg